Adelheid Müller

Mathematisches Denken verstehen lernen

Rechenschwierigkeiten in der Sekundarstufe I und II
erkennen und bewältigen

Klett | Kallmeyer

Bibliografische Information der Deutschen Nationalbibliothek
Die Deutsche Nationalbibliothek verzeichnet diese Publikation in der Deutschen Nationalbibliografie; detaillierte bibliografische Daten sind im Internet über http://dnb.d-nb.de abrufbar.

Impressum

Adelheid Müller
Mathematisches Denken verstehen lernen
Rechenschwierigkeiten in der Sekundarstufe I und II erkennen und bewältigen

1. Auflage 2020

Redaktion: Dirk Haupt, Leipzig
Realisation: Tu Anh Mai
Druck: MedienhausPlump, Sigloch
Printed in Germany

ISBN: 978-3-7727-1424-5

Adelheid Müller

Mathematisches Denken verstehen lernen

Rechenschwierigkeiten in der
Sekundarstufe I und II erkennen und bewältigen

Klett | Kallmeyer

Einleitung 7

1 Strukturen mathematischen Verarbeitens 9

1.1 Einblick in die Denkweise von Schülerinnen und Schülern 10
1.1.1 Fallbeispiel: Tom, 13 Jahre alt 10
1.1.2 Das Triple-Code-Modell (TCM) 11
1.1.3 Die Denkweise von Tom 16
1.1.4 Mechanisches Rechnen 16
1.1.5 Die Balance von mathematischem Vorstellen und mechanischem Bearbeiten 17
1.2 Entwicklung des Zusammenspiels im Denken mit Blick auf das Triple-Code-Modell 20
1.2.1 Mathematische Repräsentationen im Kleinkindalter – Clara als Kleinkind 20
1.2.2 Bedingungen für die (frühe) Verarbeitung mathematischer Informationen 23
1.2.3 Vernetzung mathematischer Bedeutung mit Sprache und Symbolen – Clara im Kindergartenalter 25
1.2.4 Entwicklungsfalle Nummernvorstellung – Timon (4 Jahre alt) zählt 27
1.2.5 Grundlegung der räumlich-analogen Zahlenvorstellung – Clara und die Turmhöhe 30
1.2.6 Bildung der räumlich-analogen Zahlenvorstellung – Clara in der Grundschule 30
1.2.7 Zusammenfassung 34
1.3 Die Bildung mathematischer Beziehungen mit Blick auf das TCM 36
1.3.1 Addition – im Verständnis der natürlichen Zahl enthalten 36
1.3.2 Multiplikation – eine Anzahl von Anzahlen 37
1.3.3 Proportionale Beziehungen 38
1.3.4 Johannas Versteckspiel und Umkehrvorstellungen: Subtraktion, Division und mehr 41
1.3.5 Brüche – umgekehrt proportionales Wachstum 44
1.3.6 Von Stammbrüchen zu allgemeinen Brüchen und einfachen Operationen 45
1.3.7 Verschachtelte Vorgänge 50
1.3.8 Variablen – Minibehälter 54
1.3.9 Einige Bemerkungen zu „minus“ 55

1.3.10 Die zentrale Rolle der Geometrie 56
1.3.11 Algebra – quälend oder anregend? 59
1.3.12 Noch komplexer – die Semantik ist nicht mehr direkt greifbar 64
1.3.13 „Hauptsache, das Ergebnis stimmt" oder „Der Weg ist das Ziel?" – Ein Fallbeispiel aus der Kursstufe 66
1.4 Zum Schluss von Kapitel 1 68

2 Dyskalkulie in der Sekundarstufe – wenn sich das Denken sträubt 75
2.1 Definition von Dyskalkulie aus unterschiedlichen Blickwinkeln 76
2.1.1 Bewusstes und automatisiertes Verarbeiten mathematischer Zusammenhänge 79
2.1.2 Einfluss der Balance der Verarbeitungsmodi auf die Funktionalität 83
2.2 Dyskalkulie in der Unterstufe 87
2.2.1 Fallbeschreibung einer Schülerin aus der 5. Klasse 87
2.2.2 Rückblick auf die Grundschulzeit 95
2.2.3 Mathematikbezogene Phänomene in der Unterstufe 99
2.2.4 Spezifische Phänomene bei räumlichen Vorstellungsschwierigkeiten 106
2.2.5 Allgemeine dyskalkuliebedingte Phänomene 107
2.2.6 Zusammenfassung 108
2.3 Dyskalkulie in der Mittelstufe 109
2.3.1 Fallbeschreibung einer Schülerin der 8. Klasse 109
2.3.2 Mathematikbezogene Phänomene 110
2.3.3 Allgemeine dyskalkuliebedingte Phänomene 121
2.3.4 Fallbeschreibung einer Schülerin der 10. Klasse 122
2.4 Dyskalkulie in der Oberstufe 130
2.4.1 Meine Dyskalkuliegeschichte oder auch „Das Matheproblem" 131
2.4.2 Silas aus der Oberstufe 134
2.4.3 „Hochbegabt, aber kein Mathe können?!" 138
2.4.4 Phänomene bei Dyskalkulie in der Oberstufe – Überblick 142
2.5 Praktische Hinweise 143
2.5.1 Zur Diagnostik von Dyskalkulie 144
2.5.2 Förderdiagnostik bezogen auf die schichtweise Bildung der Verarbeitungsmuster 146

2.5.3 Begleiterkrankungen (Komorbidität) 150

3 Verständnis locken 152

3.1 Verständnisorientierte Anregungen für den Lernprozess 154
3.1.1 Impulse für ausgewählte mathematische Inhalte 156
3.1.2 Kopfrechnen – Grundlage für mathematisches Verständnis(?) 157
3.1.3 Dreisätze mit einfachem Prozentrechnen 161
3.1.4 Vorstellen von Brüchen 163
3.1.5 Bruchrechnen – ungleichnamige Addition und Subtraktion 166
3.1.6 Bruchrechnen – Punktrechnungen 168
3.1.7 Einige Bemerkungen zur Algebra 172
3.1.8 Zusammenfassung 174
3.2 Prinzipielles zur Therapie von Dyskalkulie in der Sekundarstufe bzw. im Erwachsenenalter 175
3.2.1 Fallbeispiel Markus 176
3.2.2 Eingrenzen der Therapieziele bei einer Dyskalkulietherapie in den Sekundarstufen I+ II+ 178
3.2.3 Grundlegende Aspekte zur Verständnisbildung in der Dyskalkulietherapie (Sekundarstufen I+II+) 180
3.2.4 Dyskalkulietherapie mit inneren Widerständen – Rückblick einer Studentin 190
3.2.5 Zur Wirksamkeit einer Therapie – Fallbeispiel einer erwachsenen Frau mit Dyskalkulie 193
3.2.6 Zusammenfassung 199

Verzeichnis verwendeter Begriffe und Abkürzungen 200

Literaturverzeichnis 203

Downloadverzeichnis 205

Hinweise zum Downloadmaterial 208

Einleitung

Fast in jeder Klasse begegnen uns Schülerinnen und Schüler, die wir nicht einordnen können: Insgesamt erbringen sie ordentliche Leistungen und lernen verlässlich – doch mathematisch arbeiten sie irgendwie irritierend: Manche Tests fallen vernünftig aus, in anderen sind Fehler, die in dieser Klassenstufe eigentlich nicht mehr auftauchen dürften.

Was geht in diesen Lernenden vor? Wie denken sie eigentlich? Über welche Schwierigkeiten stolpern sie z. B. bei $\frac{1}{3} + \frac{1}{4} = \frac{2}{7}$? Wie können wir besser auf Schwierigkeiten eingehen? Wie können wir sie angemessen fördern?

Dieses Buch möchte dazu einladen, die Denkwelt der Lernenden zu besuchen, und geht auf die Entwicklung individueller Lernangebote ein. Hierfür werden Erkenntnisse der Gehirnforschung systematisch mit praktischen Erfahrungen aus der Begleitung junger Menschen und Erwachsenen mit Rechenschwierigkeiten verbunden. Das Verständnis der Verarbeitungsprozesse der Lernenden spielt bei allen Überlegungen eine zentrale Rolle: 1. um die Denkprozesse in ihrer Komplexität verstehen zu können und 2. für die Entwicklung therapeutischer Konzepte und didaktischer Impulse zum Aufbau von mathematischem Verständnis ab der Sekundarstufe. Dabei erweisen sich neurokognitive Erkenntnisse und insbesondere das *Triple-Code-Modell* (Dehaene 1992) als sehr aufschlussreich.

Nach vielen Jahren des Beobachtens und Analysierens – und auch nach vielen Fortbildungen für Lehrende – ist nun ein Buch entstanden, das drei unterschiedliche thematische Schwerpunkte setzt: Das erste Kapitel handelt von der Entwicklung des mathematischen Verständnisses von jungen Menschen, das zweite beschreibt Schwierigkeiten und Stolpersteine bei der Lösung mathematischer Aufgaben und das dritte stellt Möglichkeiten der Förderung in Unterricht und Therapie vor.

Strukturen mathematischen Verarbeitens (Kapitel 1) eröffnet neue Perspektiven auf das mathematische Denken und bietet eine Grundlage, um Schwierigkeiten von Mathematiklernenden zu verstehen und sich in das Schülerdenken hineinzuversetzen. Zudem ist es als Basis für weiterführende fachliche Diskussionen gedacht. Das Kapitel geht ausdrücklich auf Stolpersteine in der mathematischen Entwicklung wie die Verarbeitung von Brüchen und die Algebra ein und wird durch Fallbeispiele veranschaulicht.

Tiefgreifende Schwierigkeiten mit Mathematik (Dyskalkulie) werden in Kapitel 2 behandelt. Hier geht es um die Balance von mechanischem und verständnisorientiertem Verarbeiten. Dafür sind das Zusammenspiel und die Qualität von automatisierten und bewussten Verarbeitungsprozessen von Bedeutung. Anhand von Fallbeispielen der Unter-, Mittel- und Oberstufe werden Symptome und Hintergründe von Dyskalkulie beleuchtet. Die Ausführungen greifen auf das Denkverständnis aus Kapitel 1 zurück und schließen mit praktischen Hinweisen z. B. zur Diagnostik ab.

In Kapitel 3 werden Anregungen entfaltet, die Schülerinnen und Schüler provozieren, quantitative Beziehungen in den Fokus zu nehmen. Das wird anhand von Bruchrechnen und dem Umgang mit Algebra in Kapitel 3.1 beispielhaft konkretisiert. Für die Förderung von mathematischem Verständnis bei Menschen mit Dyskalkulie gelten besondere Regeln und Bedingungen – diesen ist Kapitel 3.2 gewidmet.

Die besonderen Herausforderungen durch Dyskalkulie für das gesamte Leben werden durch drei Fallbeispiele veranschaulicht. Hier gilt mein besonderer Dank den Menschen, die ihre Fallgeschichten niederschrieben und für dieses Buch zur Verfügung stellten, um anderen Menschen den Umgang mit Dyskalkulie zu erleichtern.

Herzlich danken möchte ich den vielen Menschen, die mich in unzähligen Sitzungen an ihren inneren Verarbeitungsprozessen teilhaben ließen – das ermöglichte dieses Buch.

All jenen, die mich unterstützt haben – sei es durch positive Impulse, durch Mitdenken oder durch Gegenlesen danke ich sehr.

1 Strukturen mathematischen Verarbeitens

Neurokognitive Forschungen der letzten 30 Jahre eröffneten völlig neue Möglichkeiten, Menschen beim Denken zuzuschauen. Für das mathematische Denken ist das besonders interessant, weil die komplexe Verarbeitungsdynamik, bei der verschiedene Vorstellungsebenen beteiligt sind, sichtbar gemacht werden konnte. Stanislas Dehaene und Kolleginnen und Kollegen vermochten dadurch ein Modell – das *Triple-Code-Model* für mathematisches Verarbeiten – zu entwerfen, das nach derzeitiger Forschungslage *das* entscheidende neurokognitive Modell für das Rechnen ist. Ich verwende dieses Modell, um mathematische Denkprozesse von Geburt an bis ins Studienalter in der Praxis systematisch zu verstehen und konstruktiv zu begleiten. Die Synthese der praktischen Erfahrung aus der Einzelarbeit mit vielen jungen Menschen mit dem neurokognitiven Blickwinkel aus der Forschung ermöglichte die Bildung und Erprobung der Strukturhypothesen. So konnten *Strukturen mathematischen Verarbeitens* als Grundlage für das Verständnis mathematischer Denkprozesse entstehen – eine Grundlage, die weiter ausgebaut, erforscht oder auch korrigiert werden kann.

Mit besonderem Blick auf das Zusammenspiel von mathematischem Verständnis und mechanischem Bearbeiten wird in Kapitel 1.1 anhand des Bruchrechenbeispiels Tom in den neurokognitiven Blickwinkel eingeführt.

In Kapitel 1.2 begleitet das Fallbeispiel Clara durch die Entwicklung der Verknüpfung der verschiedenen Vorstellungsebenen für das mathematische Arbeiten von Geburt bis zur Bildung der räumlich-analogen Zahlenverarbeitung vor und während der Grundschulzeit. Auf wichtige und auch später noch wirksame Entwicklungsfallen wird mit dem Fallbeispiel Timon eingegangen.

Kapitel 1.3 ist der Bildung mathematischer Beziehungsvorstellungen gewidmet.

Für alle erläuterten mathematischen Beziehungen steht der Aufbau einer abstrakten Bedeutungsvorstellung im Mittelpunkt. Das beginnt bei Strichbeziehungen (+/–) und führt über multiplikative und proportionale Zusammenhänge zur Verarbeitung von Brüchen. Das Bruchverständnis ist häufig fragil und wird deshalb ausführlich behandelt. Gedankliche Konzepte wie die Vorstellungsfähigkeit zur Handlungsumkehrung und zur Schachtelung von Prozessen sind für das Verständnis vieler Operationen wichtig. Sie werden deshalb gesondert erläutert und ihre Funktion für die Verarbeitung von Brüchen oder Termen veranschaulicht. Außerdem wird die besondere

Bedeutung von geometrischen Vorstellungskompetenzen für die mathematische Verständnisbildung illustriert.

Viele Schülerinnen und Schüler finden keinen Zugang zur Algebra. In den Abschnitten zu Variablen und zu Algebra werden gedankliche Wege und Hindernisse im Umgang damit geschildert. Abschließend wird das Schülerdenken beim Bearbeiten komplexer mathematischer Gebilde beleuchtet. Ein Fallbeispiel aus der Kursstufe führt erneut zur Frage der Gewichtung von Verständnis und Schema.

In jedem Kapitel sind Größenbeziehungen für mathematische Zusammenhänge grafisch aufbereitet – abgeleitet aus räumlich-analogen Zahlenvorstellungen, die derzeit als zentral für das mathematische Verständnis gelten.

1.1 Einblick in die Denkweise von Schülerinnen und Schülern

Was passiert im Kopf der Lernenden? Der folgende Gesprächsausschnitt mit einem 13-jährigen Schüler der 8. Klasse einer Gemeinschaftsschule soll als Grundlage dienen, um Grundzüge der Denkdynamik beim Rechnen modellhaft zu erläutern.

Wir steigen mitten ins Gespräch ein (G = Gegenüber, hier Therapeutin; T = Schüler Tom):

1.1.1 Fallbeispiel: Tom, 13 Jahre alt

…

G: Zeichne jetzt $\frac{1}{3} + \frac{1}{4}$.

…

(Tom soll alle Zeichnungen anfertigen, ohne abzumessen.[1])

T:

(Abb. 1: $\frac{1}{3} + \frac{1}{4}$)

G: Wie ist das Ergebnis der Rechnung?

T: Weiß nicht. Da gibt's so eine Regel. Ich würde sagen $\frac{2}{7}$.

G: Aha, zeichne $\frac{2}{7}$.

1 Ohne abzumessen? Weil die proportionale Vorstellung aktiviert werden soll – siehe auch Kapitel 3.

(T zeichnet parallel zu $\frac{1}{3} + \frac{1}{4}$ eine Länge für $\frac{1}{7}$, dann 7 davon hintereinander. Er bemerkt, dass die 7 Abschnitte insgesamt kürzer als die Längeneinheit 1 sind, und zeichnet dann 2 etwas größere Längenabschnitte als $\frac{2}{7}$.)

T:

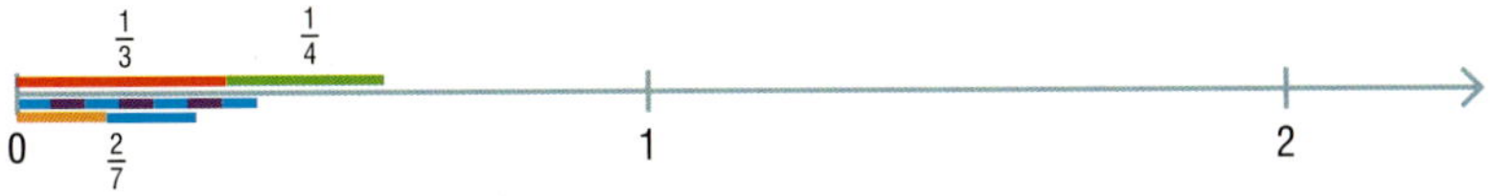

(Abb. 2: Prüfung von 7teln und Gestaltung neuer 7tel)

G: Hm. Die $\frac{2}{7}$ sind jetzt aber viel kleiner als $\frac{1}{3} + \frac{1}{4}$?

T: Da muss man halt noch weitergehn. Noch mehr dazu.

G: Das ist aber dann nicht mehr $\frac{1}{3} + \frac{1}{4}$. Das ist eine andere Rechnung, oder? Stell dir vor, ein Kunde will $\frac{1}{3}$ von einem Baguette und dann noch $\frac{1}{4}$ davon. Du gibst ihm dann $\frac{2}{7}$ Baguette. Ist der zufrieden?

T: Da muss man halt dann irgendwie ... was dazulegen ...

G: Wie ist das noch mal mit dem Zusammenzählen – was gibt 1 Mensch + 1 Backstein?

T: (spontan) Das geht nicht. Nur Gleiches ... warte (denkt nach) ... Ich hab's: Der Hauptnenner ist 12.

T: (notiert) $\frac{1}{3} + \frac{1}{4} = \frac{4}{12} + \frac{3}{12} = \frac{7}{12}$

G: Kannst du mir am Zahlenstrahl erklären, was da passiert und weshalb du einen Hauptnenner benutzt? (Ich fertige die Zeichnung $\frac{1}{3} + \frac{1}{4}$ neu an, um für ihn die Übersicht beim Einzeichnen zu erhöhen.)

T:

(Abb. 3: T zeichnet die 12tel-Stücke ein und erklärt die Zuordnung zu $\frac{1}{3}$ bzw. zu $\frac{1}{4}$ und weshalb gleiche Stückchen nötig sind und weshalb dadurch ein gleicher Nenner benutzt wird.)

...

Wie denkt Tom?
Wie kommt es, dass er eine mathematisch passende zeichnerische Darstellung von $\frac{1}{3} + \frac{1}{4}$ liefert und gleichzeitig das Ergebnis $\frac{2}{7}$ anbietet?

1.1.2 Das Triple-Code-Modell (TCM)

Ein Blick in die mathematische Verarbeitungsweise des Gehirns kann den Zusammenhang erhellen. Der Neurowissenschaftler Stanislas Dehaene fasste das Zusammenspiel mathematischer Vorstellungen in das *Triple-Code-Modell* (Dehaene 1992, 1999). Es zeigt, dass wir beim Rechnen gleichzeitig drei unterschiedliche Vorstellungsarten verwenden, die in verschiedenen

Gehirnarealen bearbeitet werden. Die Funktionseinheit Gehirnareal-Vorstellungsart wird von Dehaene in Module unterteilt:

- Im *visuell-arabischen Modul* werden mathematische Symbole wie Ziffern, Rechen- und Formelzeichen verarbeitet. Da diese Funktionseinheit nicht auf die Verarbeitung arabischer Ziffern beschränkt ist, verwende ich in diesem Buch die Bezeichnung *Zeichenmodul*. Die Verarbeitung mathematischer Zeichen ist in der Sehrinde in beiden Hirnhälften lokalisiert.
- Das *sprachlich-alphabetische Modul* ist für die Vorstellung mathematischer Informationen in Wortform (gesprochen und geschrieben) zuständig. Hierzu gehören mathematische Regelsätze, Zahlnamen, auswendig gelernte 1x1-Aufgaben, mathematische Beschreibungen und Textaufgaben. Lokalisiert ist diese Funktionseinheit nur in der linken Gehirnhälfte im Broca- und Wernickeareal.
- Das *semantische Modul* spielt nach bisherigen Erkenntnissen eine zentrale Rolle für das mathematische Verständnis. Hier werden Zahlen als räumlich-analoge Ausdehnungen (mentaler Zahlenstrahl) repräsentiert, verglichen und zueinander in Beziehung gesetzt. Die semantische oder bedeutungstragende Funktionseinheit liegt in einem Gehirnareal, das generell für die Integration räumlicher Informationen zuständig ist (im Parietallappen in beiden Gehirnhälften). Die Bedeutung mathematischer Zusammenhänge wird somit im gleichen Gehirnareal bearbeitet wie geometrische Zusammenhänge. Mit ähnlichen Vorstellungswerkzeugen: Größenausdehnungen, die zueinander in Beziehung gesetzt werden. Das *semantische Modul* scheint demnach eng verknüpft mit der Verarbeitung geometrischer Informationen. Dieser Zusammenhang ist für das Verständnis und die Unterstützung mathematischen Denkens wie auch für dessen Entwicklung von Bedeutung. Ich werde hierauf in Kapitel 1.2 näher eingehen.

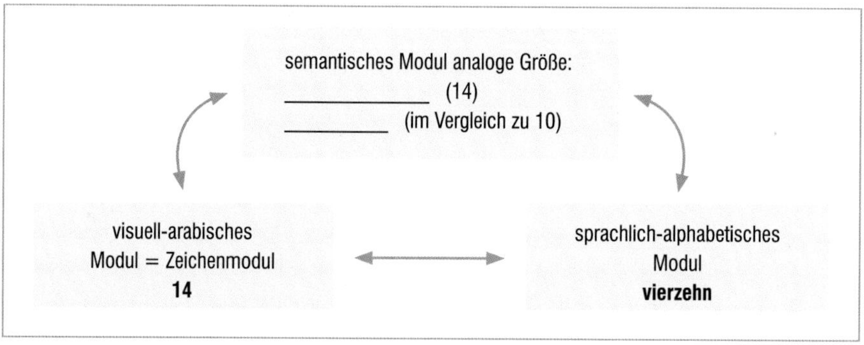

Abb. 4: Triple-Code-Modell angelehnt an Dehaene (1992), ergänzt durch die Mengenvorstellung und die Vergleichslänge von 10 im semantischen Modul

Die Verarbeitung mathematischer Informationen in den drei Funktionseinheiten oder Modulen ist im Gehirn miteinander vernetzt. Die folgende Grafik des Gehirns zeigt, *wo* sich die Funktionseinheiten befinden:

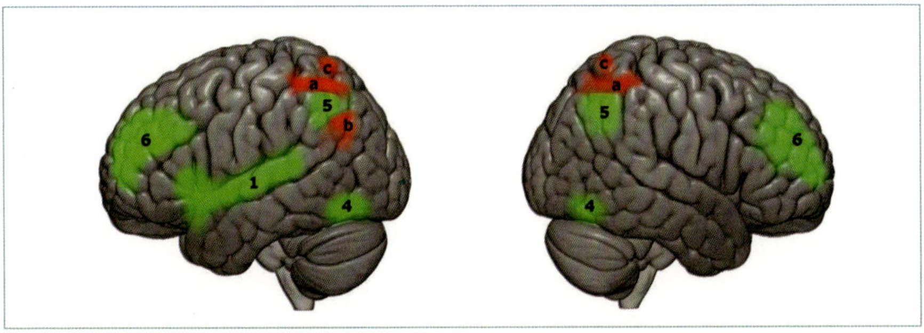

Abb. 5: Position der Funktionseinheiten im Gehirn; Darstellung aus der Dissertation von Johannes Blöchle (2018);
5 = räumlich-analoge Größenvorstellung (biparietal), 1 = Sprachcodierung (links-präfrontal),
4 = visuell-arabische Zahlenvorstellung (bi-okzipital)

Das folgende Beispiel veranschaulicht die Wirkungsweise: Überfliegen Sie folgende Rechnung: 89 – 15 = 14. Was geschieht? Sie wissen, dass das Ergebnis falsch sein *muss* – noch bevor Sie es exakt errechnet haben. Warum? Durch das Überfliegen der Rechnung aktivieren Sie das Gehirnareal, in dem Ziffern und Zeichen bearbeitet werden (Zeichenmodul, s. Abb. 4). Dieses ist durch Nervenverbindungen mit den passenden Informationen im Sprachmodul („Neunundachtzig minus …") und im *semantischen Modul* (Längen im Vergleich) vernetzt. Die Vernetzung bewirkt eine automatisierte Mitaktivierung der verbundenen Module. Automatisiert heißt, dass wir die Mitaktivierung normalerweise nicht bemerken. Etwa wie wenn wir Zimt und Nelken riechen und plötzlich ein Weihnachtslied summen (hier wäre die Information Zimt-Nelken-Geruch mit der Vorstellung eines Weihnachtsliedes verknüpft).

Die Mitaktivierung des *semantischen Moduls* bewirkt die Vorstellung einer analogen Größenbeziehung zu 89 – 15:

Abb. 6: Vorstellung der analogen Größenbeziehung von 89 – 15 und spontanes Erkennen der unpassenden Größe von 14

Das gelesene Ergebnis 14 wird – im Längenverhältnis passend – ebenfalls als analoge Größe vorgestellt und steht nun im Widerspruch zu der durch die

Subtraktion verbleibenden Ergebnislänge (grün)! Da dies automatisiert – also nicht bewusst geschieht – nehmen wir lediglich das *mathematische Gefühl* wahr, das uns das Resultat der sehr schnell ablaufenden Verarbeitung präsentiert: „14 kann nicht stimmen."

Die *eigentliche* Vorstellung der mathematischen Operation ereignet sich demzufolge nonverbal: Nicht in Ziffernform, sondern in Form von Längenrepräsentationen, die zueinander in Beziehung gesetzt werden.

Die zusätzliche Versprachlichung und das Niederschreiben in Zeichenform sind dennoch äußerst nützlich und für das Bearbeiten exakter und komplexer mathematischer Handlungen unverzichtbar: Durch Sprache und Ziffern können wir mathematische Informationen mit anderen austauschen; wir können gemeinsam mit anderen Grundbedingungen festlegen, Rechenhandlungen normieren (z. B. „+" bedeutet zusammenfügen) und verschaffen uns durch das Notieren vieler Rechenschritte eine Erinnerungsstütze für das Bearbeiten.

Im *semantischen Modul* setzen wir also Größen auf geometrische Weise zueinander in Beziehung und stellen dadurch Operationen[2] dar – hier die oben bereits erwähnte Subtraktion 89 – 15:

Abb. 7: Ungefähre räumlich-analoge Vorstellung von 89–15

Die Darstellung in Form von analogen Größen stellt nun das *Prinzip* der Handlung adäquat, die *Größe* jedoch nur ungefähr dar – genauer: Die Zahlgrößen werden in *Relation zueinander* vorgestellt (s. a. Grond, Schweiter & von Aster 2013, S. 46). Das heißt, je größer der prozentuale Abstand der Zahlen, umso leichter wird ihr Unterschied erkannt – unabhängig von ihrer absoluten Größe. Diesen sogenannten Distanzeffekt beschreibt Dehaene ausführlich (1999, S. 79 ff.). Die räumlich-analoge Vorstellung der Rechnung 89 – 15 könnte demnach auch auf alle folgenden Rechnungen passen: 90 – 14; 91 – 15; 91 – 16; 90 – 16; 89 – 14; 89 – 16; 90 – 15; 88 – 14; 88 – 15.

Zur Kontrolle von *exakten* Rechnungen ab einer Größe von etwa 10 benötigen wir deshalb parallel zur Größenvorstellung der Operationen auch die Symbolschreibweise, denn die Nutzung von Symbolen erlaubt ein Kombinieren unterschiedlicher Größenpakete. Durch das Stellenwertsystem kombinieren wir Anzahlen von Einern, von Zehnerpaketen, von Hunderterpaketen usw. (365 = 3 Hunderterpakete, 6 Zehnerpakete, 5 Einer). Das Verwenden von Symbolen ermöglicht uns somit, genau zu rechnen.
89–15 exakt gerechnet:

2 Weitere Operationen werden in späteren Kapiteln (2 und 3, siehe Titel im Inhaltsverzeichnis) dargestellt.

89 – 5 (im *semantischen Modul* 9 – 5 als Größen) = 84.
84 – 10 (im *semantischen Modul* 80 – 10 als Größen) = 74.

Die *genaue* Bearbeitung der Rechnung erfordert einen differenzierten Umgang mit der jeweiligen Anzahl von Zehnern und von Einern. Das bedeutet zusätzliche Arbeit für das Gehirn, die in vielen Situationen jedoch gar nicht notwendig ist: Beim Entscheiden von Kosten für ein Projekt (Urlaub, Abendessen ...) *überschlagen* wir Preise – das *exakte* Verwalten der Kosten erledigen wir mit dem Taschenrechner. Allerdings muss der Taschenrechner korrekt gefüttert werden: Ob wir –, ·, : oder + eintippen, entscheiden wir mithilfe der räumlich-analogen Zahlen- und Operationsvorstellung im *semantischen Modul.* Zur wissenschaftlichen Begründung der inneren Größenvorstellung wurden von Dehaene und Kolleginnen/Kollegen drei messbare Effekte angeführt. Der *Distanzeffekt* besagt, dass wir die Größe einer Zahl umso schneller einschätzen können, je größer der Unterschied zu Vergleichszahlen ist. Der *Größeneffekt* beschreibt, dass, je kleiner der relative Abstand zweier Zahlen ist (z. B., wenn der absolute Abstand gleich bleibt bei wachsender Größe der Zahlen), desto schwerer uns der Größenvergleich fällt. Der *SNARC-Effekt* schließlich schildert, dass wir zur Entscheidung, ob eine Zahl gerade oder ungerade ist, bei kleinen Zahlen schneller mit der linken Hand reagieren und bei großen mit der rechten (beide Hände liegen auf einer Sensortaste). Das analoge Wachstum der Länge, also des Zahlenstrahles, wird automatisch in Schreibrichtung von links nach rechts vorgestellt. In Kulturen mit umgekehrter Schreibrichtung ist der *SNARC-Effekt* von rechts nach links nachweisbar.

ZUSAMMENFASSUNG

Mathematische Inhalte werden nach dem *Triple-Code-Modell* auf drei Vorstellungsebenen – nach Dehaene in drei Modulen – gleichzeitig bearbeitet. Das sprachlich-alphabetische Modul steht für die Bearbeitung von Zahlnamen und mathematischem Faktenwissen (z. B. 1x1 auswendig, Regelsätze, Textaufgaben). Mathematische Ziffern und Zeichen werden im *visuell-arabischen Modul* (hier: *Zeichenmodul*) repräsentiert. Eine auf Längenvorstellungen basierende, abstrakte Verarbeitung mathematischer Informationen findet in einer Gehirnregion statt, die auch für die Integration räumlicher Informationen zuständig ist. Dehaene nennt diese Funktionseinheit *semantisches Modul*. Zahlen werden darin als räumlich-analoge Ausdehnung (mentaler Zahlenstrahl) repräsentiert und in relativer Form verglichen, verknüpft und in Beziehung gesetzt. Das *semantische Modul* spielt nach bisherigen Erkenntnissen eine zentrale Rolle für das mathematische Verständnis. Beim Rechnen interagieren die drei Funktionseinheiten oder Module durch neuronale Vernetzung auf komplexe Weise.

1.1.3 Die Denkweise von Tom

„Wie denkt Tom?", war die Frage, die uns zum *Triple-Code-Modell* geführt hat. Wie kann es sein, dass Tom eine mathematisch passende Darstellung von $\frac{1}{3}+\frac{1}{4}$ zeichnet und gleichzeitig das Ergebnis $\frac{2}{7}$ anbietet?

Abb. 8: $\frac{1}{3}+\frac{1}{4}=?$

Tom kann die Größenvorstellung (bzw. semantische Vorstellung) von einfachen Brüchen wie $\frac{1}{4}$ oder $\frac{1}{3}$ produzieren. Das zeigt die Zeichnung. Parallel dazu ist Tom gewohnt, Rechnungen in Symbolform ($\frac{1}{3}+\frac{1}{4}$) zu bearbeiten. Die beiden Vorstellungsebenen sind bei ihm jedoch nicht zuverlässig verbunden. Das Subtraktionsbeispiel 89 – 15 zeigte, wie durch ein zuverlässiges Zusammenspiel von Ziffern- und semantischer Vorstellung ein grob unpassendes Ergebnis sofort als falsch erkannt wird und dass im Konfliktfall (wenn das Ziffernergebnis nicht zum Größenergebnis passt) die Größenvorstellung richtungsweisend ist. Dieses Zusammenspiel ist bei Toms Addition von $\frac{1}{3}+\frac{1}{4}$ nicht verlässlich gebildet, nicht selbstverständlich vorhanden. Ihm ist nicht klar, dass $\frac{2}{7}$ nicht zutreffen kann. Und später, als er damit umgeht, dass $\frac{2}{7}$ zu klein ist, kann er den Konflikt zwischen der Annahme, dass seine Rechenregel zum Ergebnis $\frac{2}{7}$ führt, jedoch die Größe nicht passt, schwer lösen. Im Subtraktionsbeispiel hat die semantische Vorstellung eindeutig Vorrang – hier tendenziell die Vorstellung in Ziffernform. Das führt zu dem Vorschlag: „Da muss man halt dann irgendwie [...] was dazulegen [...]" Er versucht also die mangelnde Größe auszugleichen, um das Ergebnis $\frac{2}{7}$ passend zu machen.

1.1.4 Mechanisches Rechnen

Die räumlich-analoge Größenvorstellung ist für das mathematische Verständnis zentral und wirkt bei Lösungsentscheidungen richtungsweisend. Wenn Lösungsentscheidungen jedoch hauptsächlich auf auswendig gelernten Rechnungen und Regeln basieren, führt dies zu mechanisch dominiertem Rechnen. Die Akteure spulen dann ein Rezept ab, ohne die mathematische Bedeutungsvorstellung nennenswert mit einzubeziehen: $\frac{1}{3}+\frac{1}{4}=\frac{2}{7}$ „Zähler mit Zähler und Nenner mit Nenner". Das Rezept stimmt – nur eben für eine andere Operation. Im vorliegenden Fall wirkt im Zusammenspiel der drei Vorstellungsebenen im *Triple-Code-Modell* ein Übergewicht der Sprach- und Zeichenvorstellung. Die semantische Vorstellung ist wenig einbezogen:

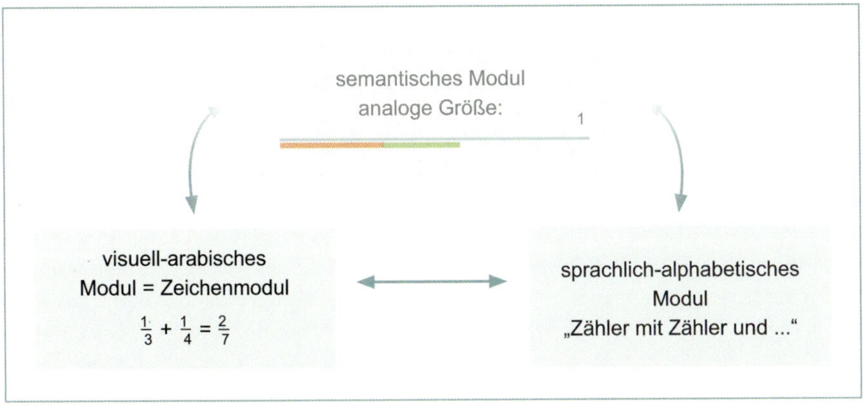

Abb. 9: Dominanz der Bearbeitungsaktivität im Zeichenmodul sowie im sprachlich-alphabetischen Modul bei mechanischem Rechnen (unter Nutzung des Triple-Code-Modells von Dehaene 1992)

Mechanisches Rechnen begegnet uns, wenn Lernende viele Aufgaben des gleichen Typs hintereinander lösen. Die mathematische Bedeutung wird dann immer weniger mitgedacht, weil sich die Rechenschritte ohnehin wiederholen.[3] Mechanisches Rechnen begegnet uns aber auch, wenn Schülerinnen und Schüler einen mathematischen Zusammenhang nicht verstehen: Dann bietet es sich für sie an, den Lösungsweg auswendig zu lernen. Deswegen werde ich in Kapitel 1.3 auf Strategien eingehen, die geeignet sind, um insbesondere semantische Verarbeitungen zu provozieren – um „Verständnis zu locken".

Manche Lernende haben gar keine andere Wahl, als Lösungswege und Rechenregeln auswendig zu lernen, weil ihr mathematisches Vorstellungsvermögen nicht mitspielt. Dann handelt es sich um eine tiefgreifende Rechenstörung. Darauf werde ich in Kapitel 1.2 eingehen.

1.1.5 Die Balance von mathematischem Vorstellen und mechanischem Bearbeiten

Wenn wir zweckmäßig rechnen, sind die mathematische Vorstellung im *semantischen Modul* und das mechanische Abrufen auswendig gelernter Elemente im *sprachlich-alphabetischen Modul* und im *Ziffernmodul* eng miteinander verwoben. Im *Triple-Code-Modell* ist dies durch Verbindungspfeile zwischen dem *semantischen Modul* (mathematische Vorstellung), dem *Zeichenmodul* (notierte Rechnungen) und dem *sprachlich-alphabetischen Modul* (Regeln) angedeutet. In der folgenden Abbildung 10 wird dargestellt,

3 Zu wiederholendem Üben mehr in Kapitel 1.3.

wie die Vorstellungsebenen konstruktiv ineinandergreifen können – wenn die mathematische Vorstellung im Konfliktfall tonangebend bleibt. Wir haben das Bruchrechenbeispiel $\frac{1}{3}+\frac{1}{4}=\frac{2}{7}$ bereits analysiert und herausgefunden, dass nicht der mathematische Sinn (bearbeitet im semantischen Modul) im Zentrum stand, sondern auswendig gelernte Elemente wie Regelsätze verbunden mit Ziffernbildern. Hier nun ein möglicher zweckmäßiger Verlauf des Zusammenspiels von erinnerten Regeln und Rechenaufschrieben mit mathematisch-sinnhaften Vorstellungen für $\frac{1}{3}+\frac{1}{4}$:

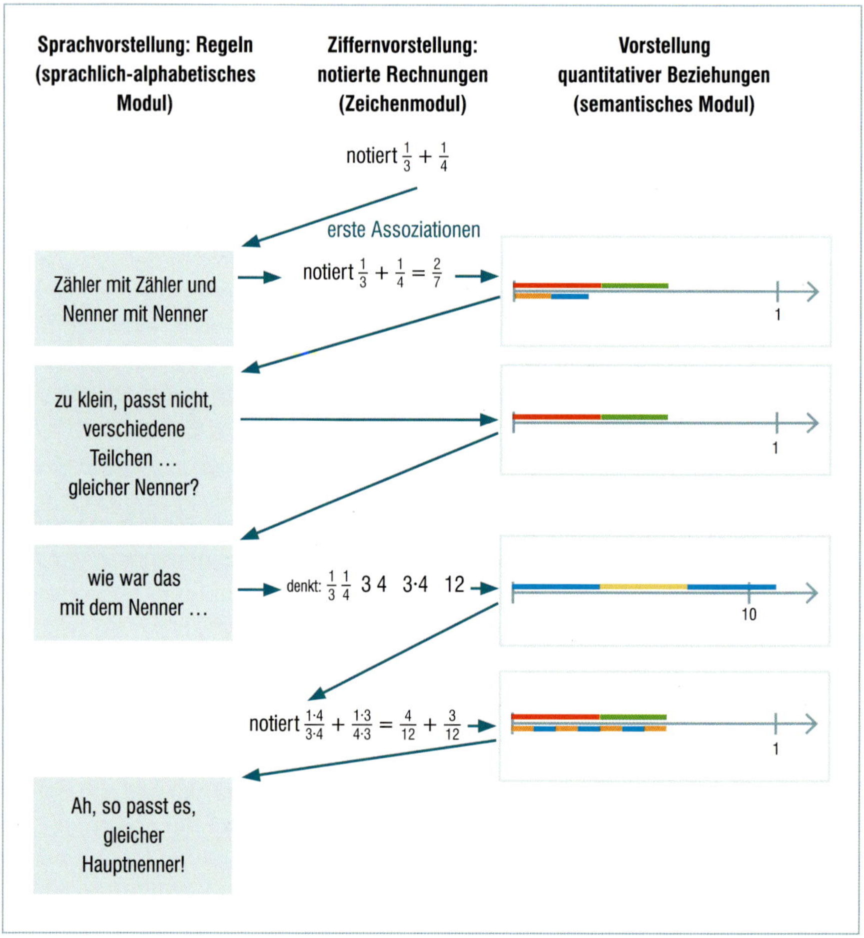

Abb. 10: Möglichkeit des funktionalen Zusammenspiels der drei Vorstellungsebenen zur Lösung von $\frac{1}{7}+\frac{1}{4}=\frac{7}{12}$

Zu Beginn des Lösungswegs assoziiert der Lernende eine Lösungsregel – die allerdings zur ähnlich aussehenden Multiplikationsaufgabe passt ($\frac{1}{3} \cdot \frac{1}{4} \leftrightarrow \frac{1}{3} + \frac{1}{4}$). Die im Hintergrund mitaktivierte Größenvorstellung von $\frac{1}{3} + \frac{1}{4}$ leitet eine Korrektur des Fehlweges ein. Die Größenvorstellung wirkt bei allen weiteren Schritten mit und erleichtert das Finden des passenden Ergebnisses.

So oder so ähnlich kann sich die Denkdynamik ereignen – eine *exakte* Klärung der jeweiligen Denkschritte ist nicht unser Ziel. Unser Ziel ist es aber, uns so weit in das Schülerdenken hineinzuversetzen, dass wir die *prinzipielle* Dynamik beim Verarbeiten mathematischer Zusammenhänge verstehen. Diese dient als Grundlage, um die didaktische und therapeutische Begleitung von Schülerinnen und Schülern adäquater und damit leichter und erfolgreicher gestalten zu können. Wenn wir zu verstehen beginnen, wie sich mathematische Verarbeitungsstrukturen im Kopf von Lernenden zusammenfügen, können wir Unterrichtsgestaltung und Unterstützung besser anpassen: Wir können Fehler hinsichtlich der Verarbeitungsweise analysieren und mit passender Förderung darauf reagieren. Auf die Förderung wird in Kapitel 3 des Buches näher eingegangen, auf dysfunktionale Verarbeitungsweisen in Kapitel 2.

In den nächsten beiden Kapiteln wird beschrieben, wie sich das gedankliche Zusammenspiel bis zur Sekundarstufe bildet: eine Kurzfassung der Entwicklung mathematischen Denkens aus Sicht der Praxis.

ZUSAMMENFASSUNG

Bei zweckmäßigem Rechnen wirken auswendig gelernte Rechenhandlungen und das Vorstellen mathematischer Beziehungen eng verzahnt ineinander: Sie ergänzen und korrigieren sich gegenseitig – wobei im Zweifelsfall das Verständnis (Vorstellung mathematischer Beziehungen) dominiert. Wenn das Verständnis beim Bearbeiten von Rechnungen nicht oder zu wenig mitwirkt, gewinnen mechanisierte Rechenhandlungen die Oberhand. Dann dominieren die Aktivitäten des Zeichenmoduls und des sprachlich-alphabetischen Moduls im *Triple-Code-Modell* – mit bedeutsamen Folgen für das mathematische Arbeiten.

Einige Bücher rund um das Thema

- *Der Zahlensinn und warum wir rechnen können*. Stanislas Dehaene (von 1999 bis 2012 22 Auflagen): Das Buch ist in drei Teile gegliedert. Dehaene beschreibt in Teil I nicht nur den Umgang von Erwachsenen mit Zahlen, sondern auch von Tieren und Babys. Teil II ist der Vielfalt der Sprache der Zahlen, den Rechenverfahren und Rechenkünstlern gewidmet. In Teil III geht Dehaene auf die Neurologie rund um das Rechnen ein. Das Buch ist mit vielen, teils auch historischen Falldarstellungen angereichert und kurzweilig gestaltet.

- Sehr aktuelle und vertiefende Forschungen zur neurokognitiven Dynamik und zum *Triple-Code-Modell* finden sich in der Doktorarbeit von Johannes Blöchle (2018). Darin wird auf der Grundlage des *Triple-Code-Modells* als „wichtigstem und ergiebigstem theoretischem Rahmen für die wissenschaftliche Untersuchung der neurokognitiven Grundlagen der Zahlenverarbeitung“ (S. 4) das Zusammenspiel von Gehirnarealen, die für die Rechenfähigkeit spezifisch (= domänenspezifisch) sind und solchen, die für übergreifende Fähigkeiten zuständig sind, beleuchtet: *Substantiating and specifying the neurocognitive architecture of numerical cognition: Bridging the gap between domain specific and domain general cognitive processes.* Die Doktorarbeit ist im Internet frei zugänglich.
- *Rechenstörungen bei Kindern*. Herausgegeben von Michael von Aster und Jens-Holger Lorenz (Neuauflage 2013). Das Buch ist in zwei Hauptteile gegliedert: Eine kognitiv-neurowissenschaftliche Perspektive und eine psychologisch-pädagogische Perspektive auf Rechenstörungen und auf mathematisches Denken bis ins Grundschulalter. Die Entstehung von Rechenstörungen, empirische Untersuchungen im Zusammenhang von Rechenstörungen und Fördermöglichkeiten werden beleuchtet.
- Der Aufsatz *Neuropsychologie numerischer Repräsentationen* (Grond, Schweiter, von Aster S. 39–58) beschreibt Unterschiede der Bearbeitungsaktivität der drei Module des *Triple-Code-Modells* für Kinder mit und ohne Rechenstörungen des Grundschulalters.

1.2 Entwicklung des Zusammenspiels im Denken mit Blick auf das Triple-Code-Modell

Wie oben beschrieben wirken nach dem *Triple-Code-Modell* drei Verarbeitungsebenen eng verzahnt ineinander. Erst das komplexe Zusammenspiel der getrennten und doch verzahnten Verarbeitung von Zeichen, Sprache und abstrakter Bedeutung mathematischer Inhalte führt zu einem erfolgreichen Umgang mit Mathematik – wobei der Verarbeitung von *Bedeutungszusammenhängen* eine besonders tragende Rolle zugerechnet wird. Auf den folgenden Seiten skizziere ich, welche Faktoren für die Entwicklung dieser Dynamik über den Zeitraum von der Geburt bis zur Sekundarstufe zusammenwirken:[4]

1.2.1 Mathematische Repräsentationen im Kleinkindalter – Clara als Kleinkind

Clara (etwa 2,5 Jahre alt) spielt mit Lisa und Max. Sie sitzen auf dem glatten Fußboden und Max schubst einen Ball, der im Weg liegt, über den Fußboden.

4 Auf verschiedene Modelle zu Aspekten der rechnerischen Entwicklung wird am Ende des Kapitels unter „Texte rund um das Thema“ verwiesen.

Alle blicken dem Ball nach. Da hat Clara die Idee, dass jeder ein Auto rollen lassen könnte. Sie steht auf und holt drei Autos aus einer Kiste, behält eines und gibt Lisa und Max jeweils eines.

Clara greift gezielt drei Autos – nicht vier, nicht zwei. Sie verarbeitet Lisa, Max und sich selbst als eine bestimmte Menge und wendet diese Mengenvorstellung auf Spielautos an. Sie löst die Eigenschaft Menge (eine bestimmte Anzahl einzelner Objekte einer Art) von den Kindern und überträgt die Eigenschaft Menge auf Spielautos – eine abstrakte Handlung, über die sie im Alter von 2,5 Jahren schon verfügt. Viele unterschiedliche Experimente[5] zeigen, dass schon Säuglinge über einen gewissen Zahlensinn verfügen. Sie reagieren beispielsweise besonders beeindruckt, wenn zwei Mäuse hinter einer Abdeckung verschwinden und nur noch *eine* Maus dort sitzt, nachdem die Wand herabgelassen wird:

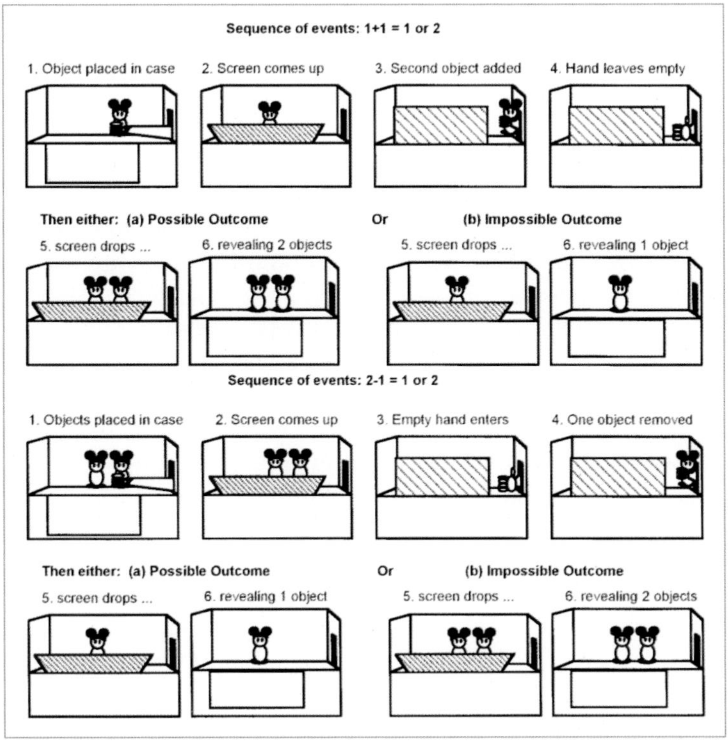

Abb. 11: Untersuchungen zum Verhalten von Kleinkindern, die mit richtigen und falschen Ergebnissen nach dem Hinzufügen oder Wegnehmen von Figuren konfrontiert wurden (aus Wynn 1992)

5 Im Kapitel 1.2 im bereits erwähnten Buch von Dehaene „Der Zahlensinn und warum wir rechnen können" werden unterschiedliche Methoden zur Untersuchung des frühen Zahlensinns beschrieben.

Auf YouTube kann man die von Wynn (1992) konzipierten Experimente verfolgen. Auch die Mächtigkeit größerer Mengen wie 5 und 10 kann von Säuglingen schon unterschieden werden. Mit zunehmendem Alter können Kinder immer kleinere relative Unterschiede erkennen.

Wir Menschen würden den anfangs sehr rudimentären Zahlensinn nicht ausbauen, wenn wir keinen Grund, keine Notwendigkeit dafür hätten. Die Kontrolle nicht nur von Mengen, sondern allgemein von *quantifizierbaren* Eigenschaften unseres Körpers und der Welt, in der wir leben, erleichtert unser Dasein: Gezielt nach der Brust oder einem Spielzeug greifen zu können hilft uns zu leben. Diese Handlungen beinhalten die Einschätzung eines Abstands im Vergleich zur Länge des eigenen Arms. Wir sind von Kind an permanent mit Längenausdehnungen, mit Mengen, mit Gewichten, generell mit mess- oder zählbaren Merkmalen konfrontiert, die für unser Dasein relevant sind:

Passt der Löffel in meinen Mund? Komm ich an das Spielzeug da oben dran? Kann ich über dieses Spielzeug steigen? Passt das Auto durch die Öffnung? Auf welchem Teller sind mehr Erdbeeren? Wie schnell kann ich um diese Ecke rennen?

Lauter Angelegenheiten, die entschieden werden mithilfe von Vorstellungen, die Größen abstrahierend vergleichen.

Auch Clara stellt sich die Menge drei nicht ohne Grund vor. Sie hat ein Spiel im Sinn, bei dem es praktisch ist, dass jeder ein Auto bewegt.

Ein Kleinkind kann noch im Alter von 1,5 Jahren versuchen, in ein Puppenhaus zu steigen, weil die Vorstellung der Größenverhältnisse noch wenig ausgeprägt ist. Das ändert sich fast wöchentlich. Eineinhalbjährige können sich hingebungsvoll damit beschäftigen, verschieden große Knöpfe in den Schlitz einer Kaffeedose zu schieben. Fast plastisch scheint sich das mentale Abtasten des Längenverhältnisses Knopf zu Schlitz und die Verarbeitung der räumlichen Lage des Knopfes beim Kind zu entwickeln. Die pure Lust am Dazulernen und die Nützlichkeit des Gelernten im Alltag beschleunigen den Lernprozess.

Ein einjähriges Kind kann kaum einschätzen, wo es selbst hindurchkriechen kann. Ein fünfjähriges Kind hingegen kann schon einen ungefähren Plan der Kindertageseinrichtung zeichnen – eine enorme Entwicklung der Vorstellung von Größenproportionen, Raum-Lage-Beziehungen und von Mengen, also von mathematisch relevanten Merkmalen.

Die Bildung dieser Kompetenzen geschieht durch aktive gedankliche Handlungen, bei denen bestimmte Informationen aus einer Situation herausgelöst werden: Merkmale, die – wenn es um mathematische Bildung geht – eine Zählbarkeit oder Messbarkeit aufweisen.

1.2.2 Bedingungen für die (frühe) Verarbeitung mathematischer Informationen

Absolute Vorbedingung für jedes Lernen oder für jede Selbstbildung ist, dass ein Kind weder physisch noch psychisch akuten Mangel erleidet. *Spezifische* innere Voraussetzungen, um *quantifizierbare* Merkmale aus einer Sachlage gedanklich herauslösen bzw. selektiv darauf zugreifen zu können, habe ich in der folgenden Abbildung 12 skizziert.

Als basale Voraussetzung ist die Wahrnehmungsfähigkeit zu nennen. Eine Anzahl oder Länge, ein Volumen oder Gewicht müssen gesehen oder betastet werden können, damit überhaupt ein Interesse entwickelt werden kann. Die Sinnesorgane müssen intakt sein.

Gleichzeitig ist es vorteilhaft, wenn das Objekt – das ein Spielzeug, ein Nahrungsmittel oder ein räumlicher Zusammenhang sein kann – für das kindliche Erleben irgendwie relevant ist. Das Kind sollte etwas mit dem Objekt zu tun haben oder anfangen können, damit überhaupt sein Interesse geweckt wird.

Das Objekt von Interesse kann jedoch nur innerlich abgebildet werden, wenn geeignete gedankliche Werkzeuge dafür zur Verfügung stehen. Das heißt, um einen geometrischen Sachverhalt (Raum, Spielzeug …) verstehen zu können, ist neben der Wahrnehmungsfähigkeit auch die entsprechende räumliche Vorstellungskompetenz notwendig. Diese kann durch Einschränkungen der körperlichen Entfaltung Defizite aufweisen (beispielsweise bei Vernachlässigung, Überbehütung, Erkrankungen oder anderen körperlichen Einschränkungen). Wenn ein Kind bewegungseingeschränkt ist, kommt es selten auf die Idee, sich Abstände und Größen vorzustellen, die außerhalb seines Bewegungsbereiches liegen. Das hat Folgen: Wenn diese Vorstellungen kaum ausgeprägt sind, werden wenige Spiele gewählt, die darauf gründen. Im Vergleich zu anderen Kindern hinkt die mathematische Aktivität dann zunehmend hinterher. Die räumliche Vorstellungskompetenz ist eine *spezifisch* mathematische Fähigkeit, wohingegen die Wahrnehmungsfähigkeit, die Aufmerksamkeitssteuerung, die Gedächtnisfunktion und die Sprachfähigkeit nicht nur zur Entwicklung mathematischer Kompetenzen grundlegend wichtig sind.

Zur Ausbildung der räumlichen Vorstellungsfähigkeit rechne ich hier auch die *mentale Kontrolle der Handlungsrichtung*. Ein kleines Beispiel: Johanna (2,5 Jahre alt) und Simon (4 Jahre alt) spielen Verstecken im Garten. Simon versteckt sich hinter einer Badewanne. Ein kleiner Teil seines Hinterns ragt noch hervor, das meiste ist jedoch nicht mehr sichtbar. Als Johanna dran ist, geht sie zu einem Busch und hält ihr Gesicht in den Busch hinein. *Sie* kann Simon nicht mehr sehen – doch es fällt ihr noch schwer, sich in die Perspektive von Simon hineinzuversetzen und damit die Blickrichtung umzukehren (s. hierzu noch Weiteres in Kapitel 1.3.4).

Vertieft werden die Lernprozesse rund um mathematische Zusammenhänge, wenn die kindliche Aufmerksamkeit ein Merkmal nicht oberflächlich streift, sondern bei diesem *verweilen* kann: Zeit und innere Fokussiertheit sind dazu notwendig. Deshalb können Defizite in der Aufmerksamkeitssteuerung (z. B. ADS) die Entwicklung mathematischer Kompetenzen erschweren.

Schließlich ist es erforderlich, dass die verarbeiteten Informationen gespeichert werden können, sonst müssen sie immer wieder neu erlernt werden. Dazu sind intakte Gedächtnisfunktionen notwendig.

Abb. 12: Grundlegende Faktoren für die Verarbeitung quantifizierbarer Informationen

Alle fünf Faktoren sind für das frühe Erfassen mathematischer Informationen notwendig. Ab dem zweiten Lebensjahr gewinnt auch die Sprache ein zunehmendes Gewicht.

Wenn etwa ab dem dritten Lebensjahr gesprochene mathematische Informationen bedeutungsgerecht benutzt werden – etwa „groß", „länger", „viel", „schwer", „zwei"–, kann sich die gedankliche Auseinandersetzung mit mathematischen Informationen vervielfältigen: Beim Hören und später beim Sprechen der Größen-, Mengen- bzw. Relativgrößenbegriffe wird jedes Mal die damit verbundene semantische Vorstellung aktiviert – sofern die zum mathematischen Wort passende Vorstellung bereits gebildet *und* bedeutungsadäquat synaptisch verknüpft ist. Näheres dazu im nächsten Abschnitt nach der Zusammenfassung.

ZUSAMMENFASSUNG

Bereits Babys können rudimentäre mathematische Informationen mit der räumlichen Vorstellung verarbeiten (nach dem *Triple-Code-Modell* im *semantischen Modul*). Die Notwendigkeiten, den eigenen Körper zu erhalten und in der Umwelt zurechtzukommen, sowie die angeborene Lust am Lernen sind wichtige Triebkräfte für die Weiterentwicklung der Verarbeitung. Auch beim lebenserhaltenden Umgang mit Nahrung, Kleidung, Behausung und Umwelt spielen Quantitäten immer eine Rolle. Grundlegende Bedingungen für mathematisches Lernen sind: intakte Sinnesfunktionen für die Wahrnehmungsfähigkeit; Interesse an quantitativen Zusammenhängen; eine adäquate räumliche Vorstellungsfähigkeit; die Fähigkeit, die Aufmerksamkeit adäquat steuern zu können, und intakte Gedächtnisfunktionen sowie später die Fähigkeit, quantitative Beziehungen adäquat versprachlichen zu können (neben einer ausreichenden physischen und psychischen Versorgung, die für jedes Lernen Vorbedingung ist). Zu mathematischen Informationen werden zählbare und messbare Eigenschaften sowie geometrische Zusammenhänge gerechnet.

1.2.3 Vernetzung mathematischer Bedeutung mit Sprache und Symbolen – Clara im Kindergartenalter

Solange unsere mathematischen Vorstellungen nur semantischer Natur sind, haben wir Schwierigkeiten, sie auszudifferenzieren. Wenn wir einzelnen Vorstellungen Namen geben, können wir ihre Eigenschaften genau eingrenzen und mit anderen darüber sprechen – oder uns schriftlich austauschen, wenn wir uns zusätzlich Symbole ausdenken. Vernetzte Informationen werden außerdem im Gehirn besser verankert und häufiger aktiviert: Nicht nur eine quantitative Herausforderung lässt uns die entsprechende mathematische Repräsentation aktivieren, sondern auch das Hören der dafür passenden Worte oder das Anschauen der entsprechenden Symbole.

Sehen wir uns in Abbildung 13 an, wie sich Bedeutungsverarbeitung im Umgang mit Sprache und Symbolen bei der 2,5-jährigen Clara, die ich am Anfang dieses Kapitels vorgestellt habe, ereignen kann: Clara will mit zwei Kindern Autos fahren lassen. Da die Anzahl hierbei relevant ist, stellt sie sich die Menge vor und überträgt die Mengenvorstellung ••• von den Kindern auf die Spielautos. Ein Erzieher geht vorbei und sagt: „Ah – du holst drei Autos." Clara verbindet dadurch ihre Mengenvorstellung mit dem Wort „drei". Ein anderes Mal hält sich Clara in der Bauecke auf. Sie stellt sich ein Tor vor (noch eine mathematische Repräsentation) und begreift, dass sie dafür drei Bauklötze benötigt. Nun nutzt sie die Mengen- und die Sprachvorstellung von „drei", indem sie mitteilt, dass sie „drei" möchte. Wie nebenbei – jedes Mal, wenn Sprachkodierung und semantische Vorstellung von „drei" gleichzeitig aktiviert werden – bilden sich im Gehirn entsprechende synaptische Verbindungen. Deutlich später – mit 4 bis 6 Jahren – wird das passende Symbol dazu kodiert.

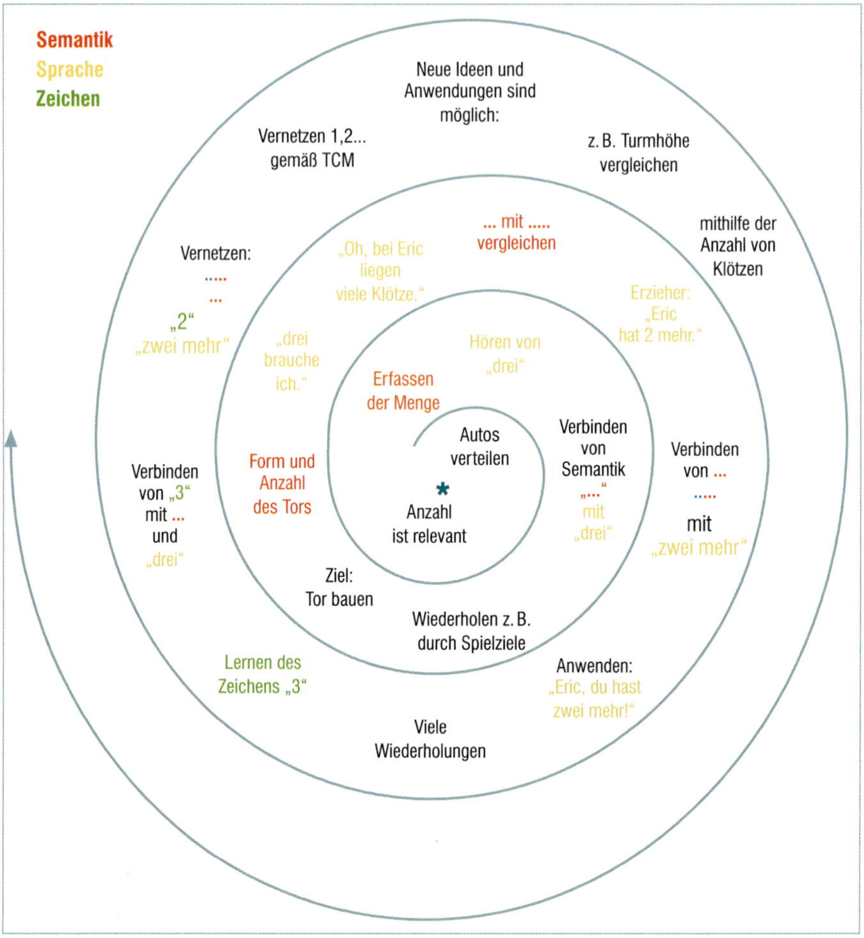

Abb. 13: Vernetzung der mathematischen Bedeutung mit Sprache und Symbolen

Abbildung 13 stellt den Prozess sehr verkürzt dar – solche oder ähnliche Situationen ereignen sich mehrfach täglich über viele Wochen und Monate. Clara kennt mit fünf Jahren viele Zahlwörter und benutzt sie bedeutungsgerecht. Von manchen kennt sie sogar die Zeichen und verbindet sie mit der Mengenvorstellung (Semantik) und dem Wort. Immer noch hält sie sich gern in der Bauecke auf. Einmal stellt sie fest, dass ihr Nachbar über mehr Bauklötze verfügt als sie. Wieder löst sie die quantitative Information gedanklich von den Bauklötzen und stellt sich den Unterschied vor. Ein Erzieher kommentiert: „Eric hat zwei mehr.“ Wieder verbinden sich die Vorstellungen der Bedeutung und der Sprache und dann – Clara ist im Vorschulalter – auch die Symbolvorstellung dazu (Vernetzungen gemäß dem Triple-Code-Modell).

Voilà – damit ist die gedankliche Verarbeitungsdynamik gemäß dem *Triple-Code-Modell* schon weit vorbereitet – bei Clara.

Nicht bei allen Kindern gelingt dies so glatt, denn zum einen ist die Entwicklung recht komplex (siehe Abbildung 12: mindestens sechs Einflussfaktoren) und zum anderen lauern unterwegs Entwicklungsfallen:

1.2.4 Entwicklungsfalle Nummernvorstellung – Timon (4 Jahre alt) zählt

Manche Kinder sind stärker mit zähl- und messbaren Zusammenhängen beschäftigt und andere weniger. In der Regel lernen jedoch *alle* in der Betreuungseinrichtung und zu Hause Zahlwörter: durch Reime, beim Abzählen im Morgenkreis, beim Nennen des Datums usw. Sie lernen, die Zahlwörter in einer bestimmten Reihenfolge aufzusagen – dennoch sind die Worte zunächst *noch nicht* mit einer mathematischen Bedeutung verknüpft (siehe auch Hartmann et al. 2019, S. 45). Sie sind noch mathematisch leer.

Zu Beginn des „Abzählens" stimmen der Sprachrhythmus und die Fingerbewegungen selten überein – es ist eher ein Rollenspiel. Mit der Zeit gelingt das rhythmische Zählen. Nehmen wir als Beispiel Timon (4 Jahre alt), der Ringe abzählt:

eins zwei drei vier fünf

Vergegenwärtigen Sie sich die Zählszene. Timon deutet auf einen Ring und spricht „eins"; er deutet wieder auf einen Ring (den nächsten) und spricht „zwei". Immer deutet er auf *einen* Ring und spricht ein Zahlwort. Timon ist ein Kind, das sich wenig mit zähl- und messbaren Zusammenhängen beschäftigt. Er spielt sehr gern Rollenspiele. Dieses Zählen macht er, weil der Erzieher ihn dazu aufgefordert hat. Sein Bedürfnis, die Mächtigkeit der Ringmenge zu kennen, ist in diesem Moment gering. Generell ist er nicht so sehr an Mengen und räumlichen Beziehungen interessiert.

Welche Bedeutung wird in Timons Denken zu den jeweiligen Zahlworten repräsentiert? „Zwei" steht für den *zweiten* Ring in der Reihe; „drei" für den *dritten* Ring. Eine Positionsbezeichnung in einer Reihe: Nummer zwei, Nummer drei. Jedes Nummernwort (und später auch Nummernsymbol) repräsentiert *einen* Ring. Timon hatte im Gegensatz zu Clara keine *innere* oder *eigene* Motivation, um die Mächtigkeit der Menge zu erfassen. Bei Clara hingegen ergab sich das Interesse am Erfassen und Vorstellen der Quantität aus ihrer Spielsituation. Die zusätzliche Benutzung des Zahlwortes erwies sich als äußerst hilfreich für sie. Timon findet man selten in der Bauecke, eher im Verkleidungszimmer. Turmhöhen und -breiten, geometrische Zusammenhänge beim Bauen interessieren ihn wenig. Brettspiele auch nicht. Er hat häufig das Bedürfnis, seiner Fantasie in Rollenspielen Ausdruck zu verleihen. Auch Zählen ist für ihn eher ein Rollenspiel. Für Clara folgt das Benennen einer Anzahl dem Verarbeiten derselben. Timon lernt *zuerst* das Zahlwort und muss dieses mit einer Bedeutung verbinden. Da ist Timon kein Einzelfall. Die meisten Kinder beginnen schon nach dem zweiten Geburtstag, die Zahlwortreihe korrekt zu sagen, die semantisch passende Verwendung der Zahlwörter erfolgt jedoch erst ein Jahr später (s. auch Hartmann et al. 2019, S. 45).

Die Nummernvorstellung oder ordinale Zahlenvorstellung kann so fest mit Zahlworten und Zahlzeichen vernetzt sein, dass die *Nummernvorstellung* (und weniger die Zahlgrößenvorstellung) zu einem tragenden Teil des Rechnens wird. Die meisten Additionen und Subtraktionen der ersten Klasse können hiermit – durch Hoch- und Herunterzählen – hilfsweise gelöst werden. Auch *zählend* gelöste Rechnungen bekommen das gewünschte Häkchen der Lehrkraft. Allerdings ist die Lust am Rechnen möglicherweise geringer, weil der Sinnzusammenhang im Hintergrund fehlt. Die Ersatzstrategie des zählenden Rechnens kann – ebenso wie andere häufig praktizierte Verarbeitungswege – zur inneren Gewohnheit werden. Das Abschreiten einer Reihenfolge von Nummern beim Rechnen ereignet sich dann automatisch.

Auch die Ersatzstrategie entwickelt sich – wie andere Verarbeitungsstrategien – weiter und wir können sie in maskierter Form in der Sekundarstufe finden, z. B. beim Arbeiten mit dem Koordinatensystem: Die *geometrische* Bedeutung der Zahlen ist in solchen Fällen kaum verstanden: Markierungszahlen sind lediglich als Positionsmarker kodiert und repräsentieren nicht die dazugehörenden bedeutungstragenden *Streckenlängen* (s. hierzu Abb. 14).

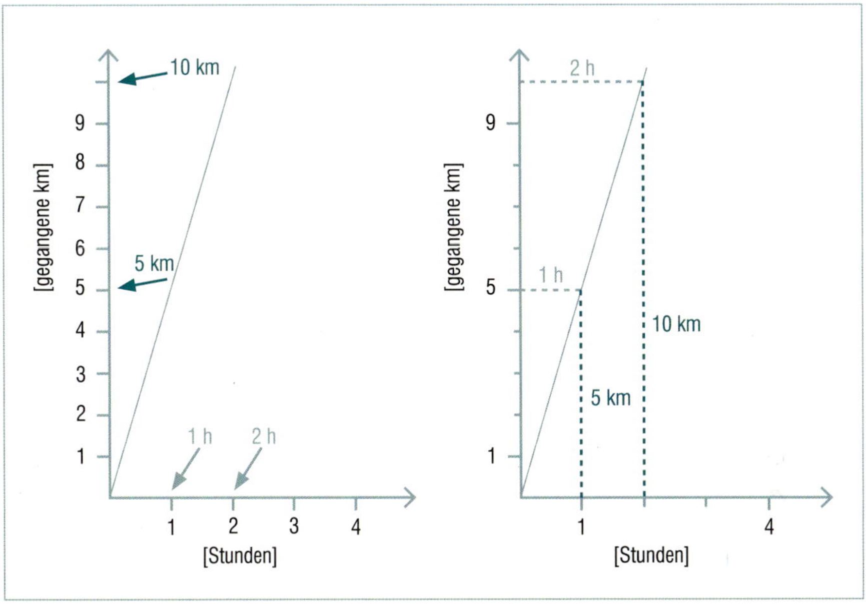

Abb. 14: Links: Markierungszahlen als mechanische Positionsmarker – die Gerade kann richtig eingetragen werden, ohne dass die Größe der Werte verarbeitet wird; rechts: Markierungszahlen als Endpunktmarkierungen von implizierten Strecken bzw. Größen. Bei vorhandener räumlich-analoger Vorstellung reichen wenige Markierungszahlen zur Orientierung.

Beim Bearbeiten von Funktionen in der Oberstufe ist dann nicht klar, dass f(x) eine Länge darstellt, mit deren Hilfe eine Flächenberechnung bzw. ein Integral zustande kommt. Eine dominante Codierung von Zahlen als Positionsanzeiger führt auch immer wieder zu spontanen Zahlenstrahlskizzen folgender Art:

Abb. 15: Beispiel einer Zahlenstrahlzeichnung, die immer wieder bei dominanter Nummernvorstellung vorkommt: Die Bedeutung der Markierungen als Endpunkte einer Eineranzahl ist nicht impliziert.

Größenvorstellungen sind nach dem *Triple-Code-Modell* tragende Grundlage des Zahlenbilds. Wir haben in Kapitel 1.1 gesehen, dass wir Zahlen semantisch als *Längen* repräsentieren, als räumlich-analoge Ausdehnungen. Am Beispiel von Clara zur Vernetzung mathematischer Bedeutung mit Sprache und Symbolen konnten wir beobachten, wie sich Mengenvorstellungen mit passenden Sprach- und Symbolkodierungen verbanden. Wie verläuft die weitere Entwicklung hin zur räumlich-analogen Zahlenstrahlvorstellung?

1.2.5 Grundlegung der räumlich-analogen Zahlenvorstellung – Clara und die Turmhöhe

Clara hat ihr räumliches Vorstellungsvermögen bis zum 5. Lebensjahr weiterentwickelt: Sie vermag Abstände so gut einzuschätzen, dass sie von Weitem weiß, wie hoch ihr Arm reichen wird oder ob sie ein Hindernis überspringen können wird. Auch Körperformen kann sie sich so vorstellen, dass sie sich z. B. die Form einer Lücke in einem Bauwerk ausdenken kann. Mengen bis etwa vier vermag sie auf einen Blick zu erfassen. Sie ist fähig, geometrische Informationen von Objekten zu lösen und abstrakt zu verarbeiten: Einzellängen; kombinierte Längenausdehnungen wie Breite, Höhe und Länge; Mengen. So kann – wie in Abbildung 16 beschrieben – die Idee entstehen, die Höhe von Türmen durch Zählen von Bauklötzen zu bestimmen:

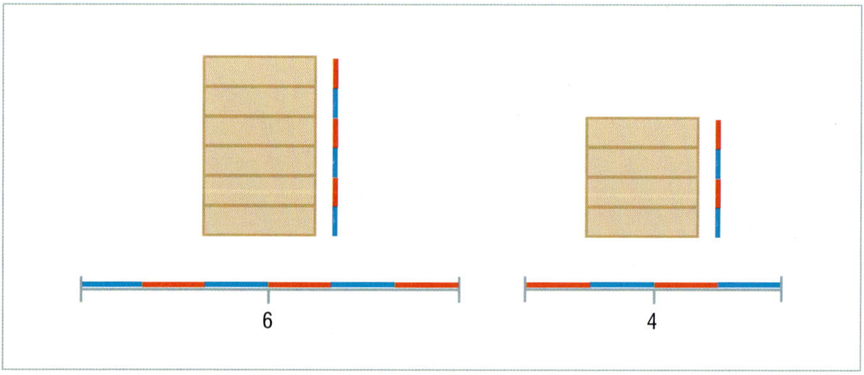

Abb. 16: Die Höhenverarbeitung bei Bauklotztürmen kann als mentale Grundlage für den räumlich-analogen Zahlenstrahl dienen.

Dazu verarbeitet Clara die Höhenausdehnungen der gestapelten Bauklötze: Die Klötze der Türme liegen so, dass immer gleiche Höhenabschnitte entstehen – eine Menge gleicher Höhenschritte.

Das ist die mentale Grundlage des räumlich-analogen Zahlenstrahles: abstrahierte Längenabschnitte, die hintereinander aufgereiht oder übereinandergestapelt sind. Sie sind vom Objekt gelöst und damit übertragbar.

1.2.6 Bildung der räumlich-analogen Zahlenvorstellung – Clara in der Grundschule

Eine Übertragung von abstrahierten Längenabschnitten auf die Darstellung von Strecken, Zahlenstrahlen oder Achsen des Koordinatensystems bietet sich prinzipiell an.

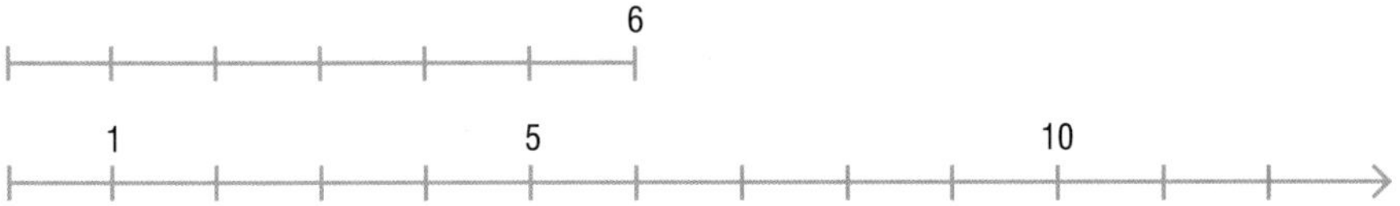

Abb. 17: Eine Anzahl von Längenabschnitten verschmilzt und ermöglicht Längenvergleiche von 10 zu 6 etc.

Clara verarbeitet vor und in der Grundschulzeit auch im Alltag Ansammlungen von (vorgestellten) Schrittlängen: beim Abmessen der Fußballtore mit den Füßen auf einer Wiese, beim Bauen einer Hütte im Wald usw. Dadurch verbessert sich ihre Vorstellung von Längenproportionen.

Das Wissen um die Einzelschritte in der 10er-Strecke ist dann implizit und automatisiert. Eineranzahlen können nunmehr als nicht unterteilte Strecken proportional zueinander verarbeitet werden – wie hier für die Entscheidung, dass die mit „7?" markierte Strecke im Vergleich zur 10er-Strecke zu klein ist:

Abb.18: Längenvergleich

Die Einschätzung wird ganz selbstverständlich und automatisiert getroffen und erfordert kein *bewusstes* Nachdenken mehr. Dadurch wird Arbeitsgedächtniskapazität für schwierigere Aufgaben frei. *Das ist ein wichtiger Schritt – auf diese Weise werden automatische Plausibilitätskontrollen von Ergebnissen möglich.*

Von Aster (von Aster & Lorenz 2013, S. 22) beschreibt in seiner Grafik zur Entwicklung des mentalen Zahlenstrahles die Reifungsprozesse in den beteiligten Gehirnarealen. Die grundlegenden Mengenvorstellungen und die abstrakten Zahlenstrahlvorstellung bilden sich in der biparietalen Region (s. Abb. 2, Kap. 1.1) – dem Sitz des semantischen Moduls. Zahlnamen und Zahlzeichen werden wie hier abgebildet im Vorschulalter und zu Beginn der Grundschule in den Gehirnregionen der visuellen Verarbeitung (biokzipital) und der Sprachverarbeitung (linkspräfrontal) entwickelt und sollen die Bildung des räumlich-analogen Zahlenstrahls (4. Stufe in Abb. 19) unterstützen:

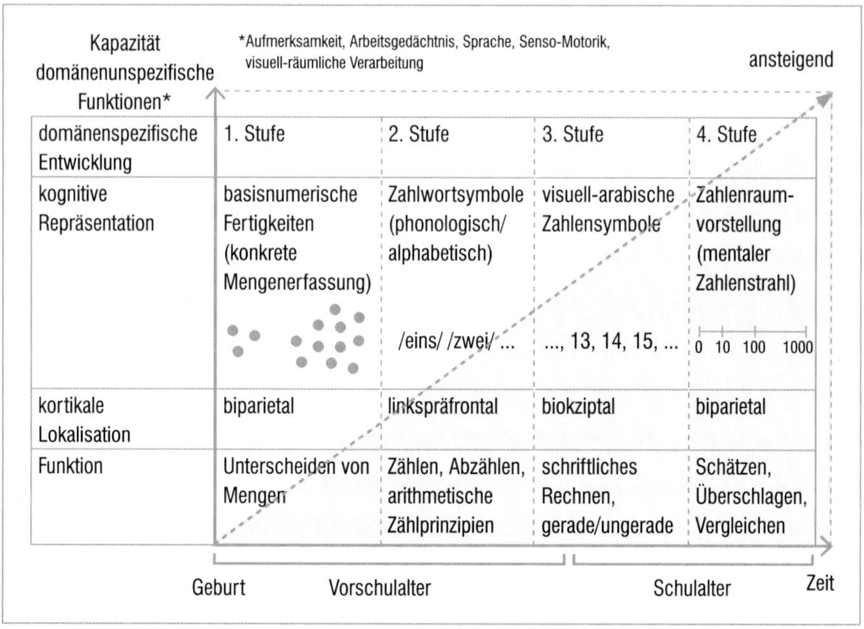

Abb. 19: 4-Stufenmodell der Entwicklung der Zahlen verarbeitenden Hirnfunktionen (nach von Aster & Lorenz 2013, S. 22)

Clara ist spätestens ab der 2. Klasse nicht mehr darauf angewiesen, sich einzelne Mengen als Punkteansammlungen vorzustellen. Sie kann Anzahlen in Längenform bearbeiten: Additionen, Vergleiche, Subtraktionen. Auch schon einfache Vervielfachungen und Verteilungen – Operationen, die bereits eine einfache Bündelungsvorstellung benötigen.

Der mentale Zahlenstrahl wird dabei nicht als abbildhafte Vorstellung verwendet, sondern als ein inneres Werkzeug, um Quantitäten und deren Beziehungen zu kontrollieren bzw. zu modellieren. Aus Sachaufgaben können dadurch gezielt Quantitäten herausgelöst und verarbeitet werden:

Beispiel 1: Sabrina und Max machen zusammen eine Fahrradtour. Nach 20 km ruhen sie sich eine Stunde lang aus. Max sagt: „Bis zur Burg sind es jetzt noch 30 km." Wie lang ist die Fahrradtour der beiden?

Abb. 20: Abstrakte Längenvorstellung von „20 km + 30 km"

Die semantische Verarbeitung der Sachaufgabe wird sich ähnlich wie in Abbildung 20 ereignen. Dabei ist nicht die genaue Ausgestaltung relevant, sondern die Abstraktion als Längen, hier als Addition. Die Rechnung in Ziffernform folgt: 20 km + 30 km = 50 km.

Beispiel 2: Sabrina und Max planen eine 3-tägige Fahrradtour. Jeden Tag wollen sie 25 km fahren und unterwegs vier Burgen besuchen. Wie viel Kilometer sind sie am Ende gefahren?

Abb. 21: Abstrakte Längenvorstellung von „3 · 25 km = 75 km"

Hier die mentale Verarbeitung einer Vervielfachung, die anschließend in Ziffernform verschriftlicht wird: 3 · 25 km = 75 km.

Mathematische Zusammenhänge werden im *semantischen Modul* als Längenabstraktionen in *ungefährer Weise* verarbeitet, quasi als Schätzvorstellung. Die *Genauigkeit* der Rechnung wird durch die Verwendung des Stellenwertsystems erreicht. Auch hier wirken Zeichenvorstellung und räumlich-analoge Größenvorstellung geschickt zusammen:

Beispiel 3: Betrachten Sie die Ziffernfolge 25: Die Ziffer rechts steht für eine Anzahl einzelner Schritte oder Einer, die Ziffer links daneben für eine Anzahl von Bündelungen aus jeweils 10 dieser Einer. Wenn sie so nebeneinandergeschrieben sind, beinhaltet dies, dass sie addiert werden.

Abb. 22: Räumlich-analoge Vorstellung einer Zehnerbündelung und des Aufbaus der Zahl 25

Für einen effektiven Umgang mit zweistelligen Zahlen müssen der innere Aufbau sowohl der Ziffernkombination (Beispiel 3) als auch Größenvorstellung (Abb. 22) *und* die Kombination aus beidem verstanden und automatisiert sein.

Die räumlich-analoge Zahlenvorstellung wird häufig zeichnerisch genutzt, um mithilfe von Balkendiagrammen und Grafen mathematische Beziehungen von zählbaren Merkmalen darzustellen:

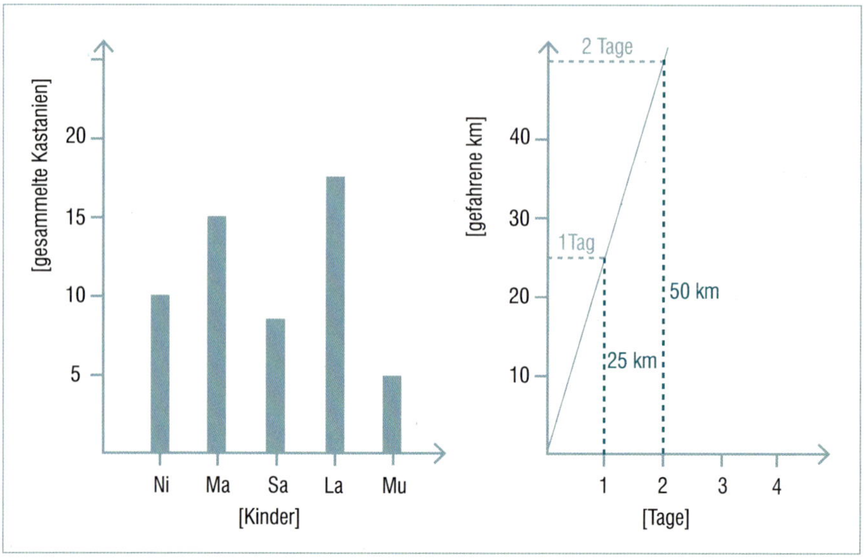

Abb. 23: Räumlich-analoge Längenverarbeitung bei Balken- und Liniendiagrammen

1.2.7 Zusammenfassung

Bis etwa zum dritten Lebensjahr entwickelt sich die Verarbeitung mathematischer Informationen überwiegend nonverbal, obwohl Zahlworte bereits ausgesprochen werden. Danach können mathematische Begriffe wie „zwei", „mehr", „lang" oder „weit" zunehmend bedeutungsadäquat verwendet werden. Das führt im Gehirn zur Vernetzung der semantischen mit der passenden sprachlichen Information. Jedoch wird bereits *vor* der Vernetzung beider Vorstellungsebenen das Aufsagen der Zahlnamen eingeübt. In dieser Phase steht der Nummerncharakter der Zahlworte (Elemente einer Reihenfolge) im Vordergrund. In manchen Fällen bleibt die Nummernvorstellung bis ins Vorschulalter dominant. Das kann auch weitergehend zu mathematisch dysfunktionalen Kodierungen führen: Die Mächtigkeit einer Zahl ist dann nicht die selbstverständliche Repräsentation – der Nummerncharakter ist gleichstark oder stärker kodiert. Das spätere sogenannte „zählende Rechnen" ist eine Folge davon.

Wenn mathematische Begriffe bedeutungsadäquat benutzt werden und genügend Erfahrungsräume und Verarbeitungszeiten zur Verfügung stehen, differenzieren sich mathematische Begriffe und mathematische Vorstellungen gemeinsam weiter aus. Das geschieht in Form aktiver mentaler Zugriffe auf quantitative Eigenschaften einer Sachlage. Besonders häufig werden Längen- und Mengenvorstellungen benötigt (Umgang mit Höhen, Breiten, Abständen,

Anzahlen). Zur Kontrolle von Längen erweist es sich als vorteilhaft, diese in Schritte einzuteilen. So entsteht die räumlich-analoge Zahlenvorstellung.

Abb. 24: Bildung und Vernetzung der räumlich-analogen Zahlenvorstellung (Geburt bis zur ersten Grundschulzeit)

Die zusätzliche bedeutungsadäquate Benutzung von Symbolzeichen führt zur *Triple-Code*-Vernetzung. (An-)Zahlen und geometrische Zeichnungen werden ab der Einschulung häufig benutzt und erweitert. Der Prozess fördert die Bildung und Vernetzung (der drei Vorstellungsebenen Größen, Symbole und Namen) von mathematischen Informationen, sodass weitere Differenzierungen wie z. B. Bündelungsvorstellungen für das Stellenwertsystem und Komponenten der Multiplikationen bzw. Divisionen möglich werden. Abbildung 24 fasst die Bildung der räumlich-analogen Zahlenvorstellung von der Geburt bis in die erste Grundschulzeit zusammen.

Einige Texte rund um das Thema

- Laut Unterhausen und Gasteiger (2018) ist die Verarbeitung räumlicher Strukturen wichtig für die Entwicklung des mathematischen Denkens. Zum Aufbau des geometrischen Verstehens gibt es wenige empirische Forschungen. Die Autorinnen untersuchen die Verarbeitung einfacher Flächenformen durch 4- bis 6-Jährige und bieten eine Zusammenschau bisheriger Forschungen zum Aufbau geometrischer Verarbeitungskompetenzen.

- Benz, Peter-Kroop & Grüßing (2015) gehen in ihrem Buch „Frühe mathematische Bildung" auf mögliche Bedeutungen des Bereichs „Raum und Form" für das Mathematiklernen ein (Kapitel 5). Weitere Hinweise zu Entwicklungsmodellen finden Sie im Folgenden bei *Einige Texte rund um das Thema* am Ende von Kapitel 1.

1.3 Die Bildung mathematischer Beziehungen mit Blick auf das TCM

Das Spiel mit den abstrakten Größenvorstellungen geht weiter. Mentale Päckchen werden gepackt und verwaltet, Umkehrungen betrachtet, Einer zerteilt und dann wird alles auch noch verknüpft und ineinander verschachtelt. Für das mathematische Verständnis ist die abstrakte Längenvorstellung zentral – in diesem Kapitel werden wir nun den semantischen Hintergrund wichtiger Operationen und Elemente grundlegend betrachten.

In Kapitel 1.2 hatten wir uns mit der Entwicklung des Erfassens einfacher quantitativer Zusammenhänge beschäftigt. Die innere Motivation für die Verarbeitung mathematischer Zusammenhänge nahm dabei einen wichtigen Raum ein. In diesem Kapitel konzentrieren wir uns nun auf die Darstellung der abstrakten Verständnisprozesse. Das bedeutet nicht, dass die inneren Gründe, um über quantitative Prozesse nachdenken zu wollen, weniger wichtig wären. Sie werden in Kapitel 3 noch mal beleuchtet.

1.3.1 Addition – im Verständnis natürlicher Zahlen enthalten

Die mentale Größenvorstellung von Additionen und Subtraktionen ist sehr eingängig – Einer hinzufügen oder entfernen – Strecke verlängern oder verkürzen. Sobald der Aufbau einer natürlichen Zahl in entwicklungsangemessener Größe verstanden ist, sind die Grundzüge der Addition mitverstanden, denn die größenadäquate Zahlenvorstellung *enthält* den additiven Aufbau der Zahl aus Einsen.[6] Auch die Regel, dass nur Anzahlen der gleichen Art addiert werden können, erklärt sich aus dem verstandenen Zahlaufbau von selbst: Eine Anzahl, die beliebige verschiedene Einheiten versammelt, ist nicht von Nutzen und nicht sinnvoll (z. B. 1h + 1m = 2?). Das Erlernen des Zeichens „+" in Verbindung mit den *Worten* „plus" oder „und" bereitet nur ganz selten Schwierigkeiten – weniger selbstverständlich ist die präzise Vorstellung der dazugehörigen operativen Bedeutung. Dabei ist diese zentral für das Ver-

6 Vgl. hierzu „Der Zahlenteufel" von Enzensberger (1997). Die Autorin erläutert den Zahlaufbau bewusst *ohne* Rückgriff auf das Teile-Ganze-Konzept, das in einigen Modellen verwendet wird. Dieses ist z. B. im *Kompetenzstufenmodell* von Fritz & Ricken (2008) beschrieben.

ständnis der Addition. Für das Verständnis der Subtraktion ist zusätzlich die im Kap. 1.3.4 dargestellte Problematik zu bedenken.

1.3.2 Multiplikation – Anzahl von Anzahlen

Multiplikationen verlangen eine weitere Abstraktionsebene: Plötzlich werden Anzahlen von Anzahlen behandelt. Was bedeutet dies für die abstrakte Größenvorstellung der Operation? Für die semantische Vorstellung von Multiplikationen benötigen wir eine geeignete Repräsentation der **„Anzahl von Anzahlen"** bzw. des „wie oft einer Anzahl". Hierzu ein Vergleich der Längenverarbeitung einer Addition und einer **einfachen Multiplikation**:

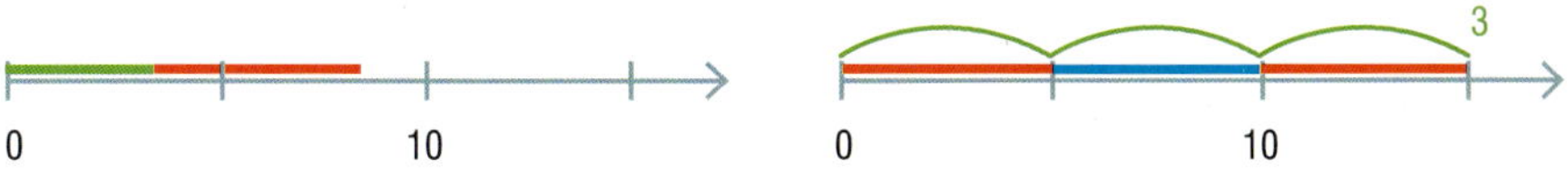

Abb. 25: Größenvorstellung von „3 + 5" im Vergleich zu „3 · 5" (Wie-oft-Zahl als Menge von Anzahlen)

Bitte vergleichen Sie die *Symbolschreibweise* beider Rechnungen: Sie gleichen sich bis auf eine Kleinigkeit in ihrer Mitte. Dennoch ist die Bedeutung der „3" völlig verschieden, was durch die Größenvorstellung offensichtlich wird. Wirkt die Größenvorstellung im Zusammenspiel der Vorstellungsebenen schwach mit, kommt der Verarbeitung der *Symbole* mehr Gewicht zu. Dadurch werden beide Rechnungen leichter verwechselt: $3 \cdot 5 = 8$ (siehe Kapitel 2 zu Dyskalkulie insbesondere Punkt-Strich-Verwechslungen). Deshalb ist es hilfreich, das Verarbeiten der *Größenvorstellung* bei der Vervielfachung zu festigen.

Auch das Stellenwertsystem gründet auf dem Konzept „Anzahlen von Anzahlen": Jeweils 10 Einer werden zu einem Zehner gebündelt, deren Anzahl auf dem Platz links neben der Einerstelle (Zehnerstelle) angezeigt wird. Durch den Ort (die „Stelle") wird festgelegt, von welchen Anzahlpaketen eine Anzahl angezeigt wird. Dies hört sich zunächst kompliziert an – und ist es auch für Menschen, die diese Vorstellung noch nicht so klar begriffen haben, dass sie sie selbstverständlich (automatisiert) beherrschen und damit anwenden können.

In Abbildung 25 hat die Wie-oft-Zahl noch den Charakter einer Menge aus Einzelpäckchen. Auf diese Weise kann die Abstraktionsebene „Anzahl von Anzahlen" zum Kennenlernen deutlich vorgestellt und verstanden werden. Ist das Konzept „Anzahl von Anzahlen" gut verstanden und automatisiert, kann auch die Wie-oft-Zahl zu einer Längenvorstellung mit impliziter Menge verschmelzen (wie beim Übergang der Mengenvorstellung zur räumlich-analogen Längenvorstellung).

Abb. 26: Größenvorstellung von 5 · 20 (Wie-oft-Zahl wächst proportional zu den 20ern)

Die dazugewonnene Abstraktionsebene der Anzahl von Anzahlen als komprimierte Längenvorstellung (Wie-oft-Strahl) eröffnet die semantische Verarbeitung weiterer mathematischer Beziehungen:

1.3.3 Proportionale Beziehungen

Geometrische Strukturen werden im gleichen *Verhältnis* vergrößert oder verkleinert. Das beginnt schon im Kindergartenalter. Clara zeichnet im Vorschulalter ein Haus:

Abb. 27: In etwa proportional verkleinerte Zeichnung eines Hauses eines 5,5-jährigen Kindes

Die proportionale mathematische Beziehungsvorstellung beginnt mit einer ungefähren geometrischen Verarbeitung. Proportionale Beziehungen als räumlich-analoge Zahlenvorstellungen verbunden mit der Zeichenschreibweise und der Sprachzuordnung ermöglichen dann einen exakten Umgang mit der proportionalen Vergrößerung. Hier z. B. in einer typischen Aufgabe zum Maßstab: Der Käfer ist 5 mm lang. Gezeichnet misst er 50 mm. Wenn ein Beinchen 1 mm lang ist …

1 mm : 10 mm
Die Verzehnfachung von 1mm auf 10 mm ist durch Zuordnung des 10er-Bündels zu 1 dargestellt.

Das Verständnis der Zuordnungen eröffnet Beziehungsvorstellungen in zwei Richtungen: Das Verhältnis von Bein zu Körperlänge (grün) und das Verhältnis von Käfer zu Bildgröße (rot und blau).

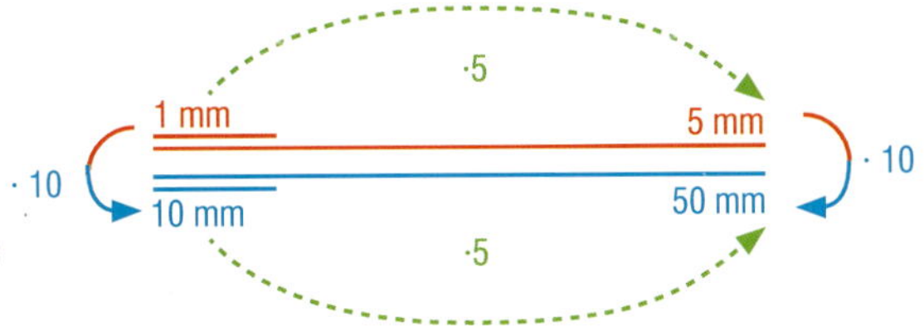

Abb. 28: Größendarstellungen einer Maßstabsaufgabe mit und ohne Beziehungspfeile

Viele Aufgaben in der Sekundarstufe gründen auf proportionalen Beziehungen: Maßstabsaufgaben, Dreisatzaufgaben, Prozentrechnen, Brüche (hierzu mehr im Kap. 1.3.4), Strahlensatzaufgaben, Rechnen an „ähnlichen" Formen, Steigungen von Graphen, trigonometrische Zusammenhänge. Dadurch ähnelt sich auch die Repräsentation der mathematischen Beziehung in Größenform. Gemeinsam ist allen, dass zwei Werte einander zugeordnet werden, die jeweils mit dem gleichen Faktor wachsen. Die häufig praktizierte Dreisatzschreibweise mit Handlungspfeilen beschreibt dieses Wachstum anschaulich. An den Beispielen Dreisatz- und Prozentaufgabe hier der Vergleich der Dreisatzschreibweise mit der Größendarstellung:

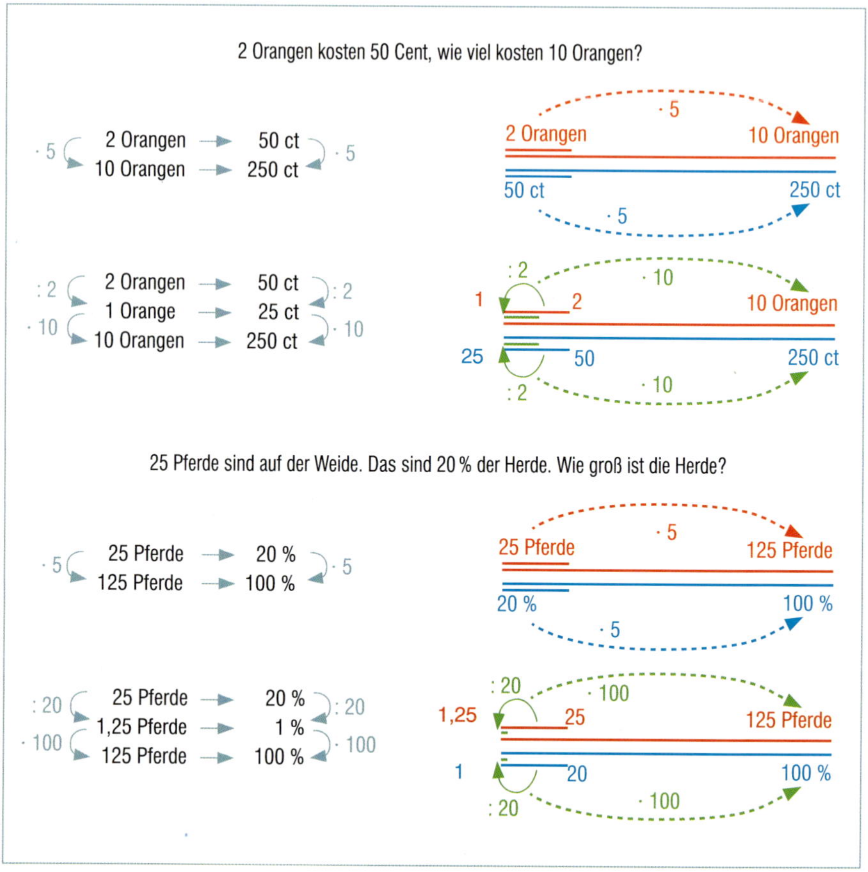

Abb. 29: Schema und Größendarstellung von Zweisatz-, Dreisatz- und Prozentaufgaben

Für das „Denken-Können" der hier aufgeführten Größendarstellungen sind ein vertieftes (und automatisiertes) Verstehen des größenadäquaten Zahlenaufbaus und der sich daraus bildenden einfachen Multiplikation unerlässliche Voraussetzungen. Prinzipiell gilt für die Veranschaulichungen, dass nicht die genaue Ausgestaltung relevant ist, sondern die mentale Fähigkeit mathematische Beziehungen größenadäquat und übertragungsfähig verarbeiten zu können. Als Beispiele habe ich hier sehr einfache Zusammenhänge gewählt.

Merkhilfe: Je komplizierter die Zahlen und die Aufgabenstellungen, umso vertiefter und gefestigter müssen die Einzelfähigkeiten sein, auf die beim Verarbeiten zurückgegriffen wird.

Im Dreisatzschema (Abb. 29) steht eine Divisionsrechnung. Ein flexibler Umgang mit proportionalen Beziehungen ist ohne die Division kaum denkbar (zum semantischen Hintergrund der Division siehe nächster Abschnitt).

1.3.4 Johannas Versteckspiel und Umkehrvorstellungen: Subtraktion, Division und mehr

In Kapitel 1.2 im Abschnitt *Bedingungen für die (frühe) Verarbeitung mathematischer Informationen* habe ich die 2,5-jährige Johanna beim Versteckspielen beschrieben. Sie hatte ihr Gesicht in den Busch gehalten und konnte dadurch niemanden mehr sehen. Sie verwandelte ihr eigenes Sehen in ein Nichtsehen und wähnte sich selbst damit unsichtbar für andere. Es gelang ihr noch nicht, die *Beobachtungsrichtung umgekehrt* zu denken. (Mathematische) Handlungen haben prinzipiell eine Verlaufsrichtung. Wenn wir uns Handlungen vorstellen, kontrollieren wir die Verlaufsrichtung. Wir wissen, ob wir die Handlung gerade vorwärts oder rückwärts denken. Solange wir Handlungen überwiegend vorwärts denken – mathematisch entspricht das z. B. der Vergrößerung einer Zahl durch Addition –, besteht wenig Notwendigkeit, die Verlaufsrichtung zu kontrollieren. Dies wird erst erforderlich, wenn wir Vorwärts- und Rückwärtsdenken abwechseln. Johanna entwickelt ihre Fähigkeit der mentalen Richtungskontrolle während der Kindergartenzeit weiter, sodass sie sich mit 5 Jahren wirklich vor den Blicken der anderen verstecken kann. Auch kann sie sich jetzt nicht nur vorstellen, wie ihr Bruder eine Kastanie *mehr* hat, sondern auch, wie er eine *weniger* hat. Zur Bearbeitung von Subtraktionen, Divisionen und Lückenaufgaben benötigen wir die Fähigkeit, die gedachte Handlungsrichtung kontrollieren und steuern zu können. Unser Richtungssinn – eine räumliche Vorstellungsfähigkeit – sorgt dafür, dass sich die Denkrichtung von links nach rechts anders anfühlt als von rechts nach links. Eine eindeutige Körperseitigkeit trägt dazu bei, dass wir den Unterschied einfacher zu fühlen erlernen.

Lesen Sie die Lückenaufgabe und versuchen Sie, sich selbst beim Denken zu beobachten: $835 - \square = 751$. Vermutlich denken Sie von 835 in Richtung 751, bemerken dabei, dass Sie abziehen müssen, weil 751 kleiner ist. Eventuell ermitteln Sie dabei die Differenz oder Sie kehren die Denkrichtung um und ermitteln die Differenz durch Addieren. Wahrscheinlich prüfen Sie das Ergebnis noch mal, indem Sie von vorn beginnen oder indem Sie *zurückrechnen*. Beim Lösen dieser Aufgabe haben Sie mehrfach die Denkrichtung gewechselt. Vermutlich gelingt Ihnen das so selbstverständlich, dass Ihnen die Wechsel gar nicht bewusst sind. Eine **Subtraktion** als Verkleinerungshandlung bedeutet, dass sich die automatisch vorgestellte Wachstumsrichtung[7] einer Zahl umkehrt: $70 - 5 = ?$

7 Damit ist gemeint, dass die Größenvorstellung einer Zahl von links nach rechts aufgebaut wird.

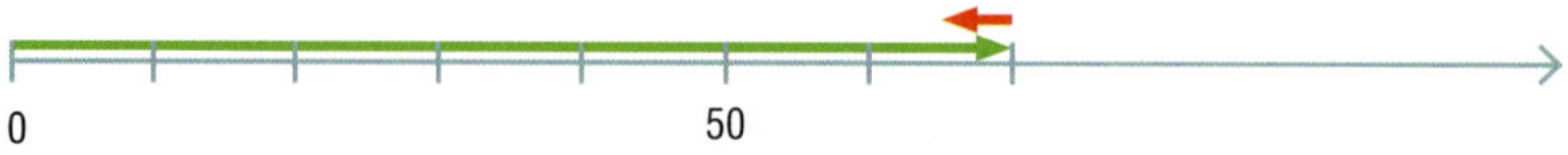

Abb. 30: Räumlich-analoge Subtraktionsvorstellung von 70 – 5

Manchmal denken wir Subtraktionen auch als Ergänzungshandlung, was eine weitere Umkehrung beinhaltet:

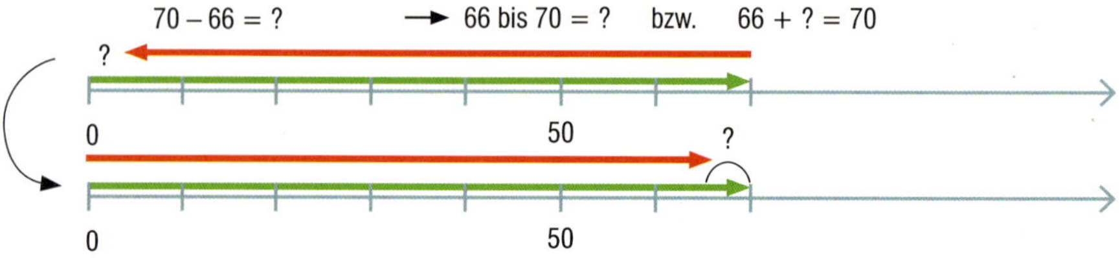

Abb. 31: Veränderung der Richtung von der Verkleinerung zur Ergänzung

Häufig ermitteln wir den ungefähren Größenunterschied automatisch und entscheiden dann, ob Ergänzung oder Verkleinerung die leichtere Methode ist. In jedem Fall ist die mentale Kontrolle der Richtung nötig, weil die von der Zahlenbildung gewohnte Wachstumsrichtung umgekehrt wird. Auch die Fähigkeit der Richtungskontrolle entfaltet sich erst nach und nach, zu Beginn unscharf und mühsam und schließlich automatisiert – manchmal gelingt der Aufbau der Fähigkeit nicht reibungslos (s. Fallbeispiel Kapitel 3.2.1).

In der Mathematik sind implizite Richtungswechsel sehr häufig. Wir hatten bisher als Beispiele Lückenaufgaben, Subtraktionen und geometrische Perspektivwechsel (s. o. Versteckspiel).

Nun zur **Division** 44 : 3 = ? Wie denken wir diese Aufgabe?

- A) 44 in drei Portionen aufteilen und die Größe der Einzelportion ermitteln?
- B) Oder wie oft passt 3 in 44?

Es gibt zwei Varianten, wie die Division „denkbar“ und als Rechnung lösbar ist, und wir entscheiden automatisiert mithilfe der Größeneinschätzung: 500 : 100 = ? Hier greifen die meisten automatisch zur Variante B: „Wie oft passt 100 in 500?“ 500 : 5 = ? Hier ist Variante A einfacher zu verarbeiten.

Beide Varianten befassen sich mit Anzahlen von Anzahlen und das Ergebnis beschreibt entweder die Größe eines Bündels oder die Anzahl der Bündel. Die Operation entspricht der *Umkehrhandlung einer Multiplikation*. Ohne Pfeile, die eine Handlungsrichtung vorgeben, passen drei unterschiedliche Punktrechnungen[8] und damit drei Sachaufgaben zur folgenden Größendarstellung:

8 Divisionen oder Multiplikationen

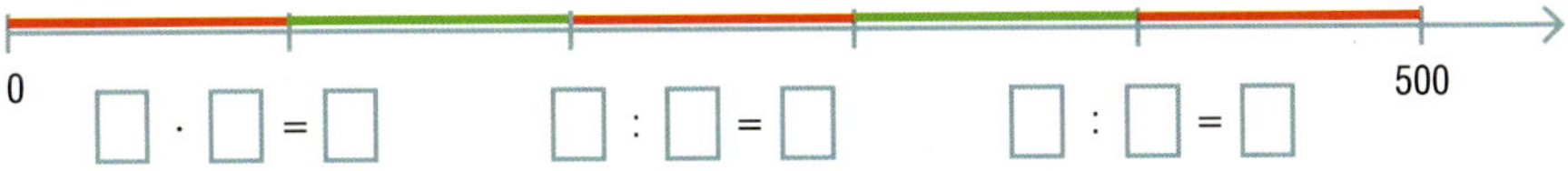

Abb. 32: Ohne die Handlungsrichtung zu kennen, passen drei verschiedene Punktrechnungen.

Für einen flexiblen Umgang mit Divisionen – sodass wir beispielsweise Rechnungen aus Sachzusammenhängen bilden bzw. in Sachzusammenhänge übertragen oder auch einfach ausrechnen können – sind alle bisher angesprochenen mathematischen Vorstellungen (inklusive ihrer Vertiefung und Festigung) notwendig.

Die Fähigkeit, konkrete und abstrakte Handlungen umgekehrt zu denken, also deren (Handlungs-)Richtung umkehren zu können, ist für die meisten mathematischen Zusammenhänge grundlegend. Natürlich unterscheidet sich die Komplexität der behandelten Handlungen enorm – auf der Ebene von Operationen reicht dies von Subtraktionen und Lückenzusammenhängen (einfache Gleichungen) bis zu Aufleitungen, auf der Ebene von Sachzusammenhängen von einfachen Lückenaufgaben bis hin zu komplexen Modellierungen. Sind Einzelhandlungen in einem Handlungsgefüge nicht gut verstanden, wird die Bearbeitung der Umkehrhandlungen große Schwierigkeiten bereiten. Das führt zu Schwierigkeiten beim Dividieren bei Dyskalkulie.

ZUSAMMENFASSUNG

Das Verständnis der Addition ist in einem funktionalen Zahlbegriff enthalten, denn jede natürliche Zahl (größer als 1) entsteht aus der Addition von Einsen (bzw. von Teilzahlen, die wiederum aus Einsen bestehen). Für das Verständnis der Multiplikation ist das Bilden mentaler Bündelungen notwendig. Auch das Stellenwertsystem basiert auf dem Bündelungskonzept. Die räumlich-analogen Operationsvorstellungen von Addition und Multiplikation sind jeweils eindeutig unterscheidbar zu festigen. Ein routinierter Umgang mit multiplikativen Zusammenhängen gemeinsam mit einer Verbesserung des geometrischen Umgangs mit proportionalen Vergrößerungen oder Verkleinerungen führt zur Vorstellung der proportionalen Zuordnung. Diese bildet die Grundlage, um Maßstäbe, Dreisätze, Prozentrechnen, Strahlensätze, Wahrscheinlichkeiten, Steigungen in Funktionen und trigonometrische Zusammenhänge zu verstehen. Für Umkehroperationen wie z.B. Subtraktionen, Gleichungen und Divisionen ist die innere Kontrolle der vorgestellten Handlungsrichtung – der sogenannte Richtungssinn – notwendig.

1.3.5 Brüche – umgekehrt proportionales Wachstum

Die Vorstellung von Stammbrüchen[9] knüpft an die Divisionsvorstellung der Variante A an, nur wird nicht irgendeine Anzahl portioniert, sondern die Eins – ein durchaus besonderer Schritt, denn plötzlich wird eine Einheit zerbrochen. Bei natürlichen Zahlen geht es um die Kontrolle der Anzahl. Dabei werden immer nur Einheiten hinzugefügt oder entfernt. Bei „Drittel" (bzw. „n-tel") geht es darum, die Eins in 3 (bzw. in n) gleiche Portionen zu unterteilen. Weshalb das überhaupt sinnvoll und nützlich ist – dazu mehr in Kapitel 3. Das Verständnis der Begriffe „Drittel" bzw. „n-tel" basiert auf der Fähigkeit, das Größenverhältnis des Teilstücks zu einem Einer erkennen und denken zu können (und zu wollen). Die geometrische Vorstellungskompetenz wird dafür in ähnlichem Maß herausgefordert wie bei den bereits beschriebenen Aufgaben zu proportionalen Zusammenhängen:

Abb. 33: Längenvorstellung von Brüchen

Die Größenvorstellung muss im Umgang mit Brüchen besonders sorgfältig gebildet und mit der Zeichen- und Sprachkodierung vernetzt und vertieft werden, weil in jeder Stammbruchzahl $\frac{1}{n}$ die Operation des Teilens eines Einers in n Stücke enthalten ist. Die steigende Nennerzahl bewirkt nicht einfach das Gegenteil einer steigenden natürlichen Zahl (s. Abb. 34). Eine 3 im Nenner bei „$\frac{1}{3}$" sowie das Wort „Drittel" soll automatisch eine völlig andere Größenvorstellung im *semantischen Modul* hervorrufen als das Zeichen „3" sowie das Wort „drei". Erhöhe ich 3 auf 4, wächst die *natürliche* Zahl 3 um 1 auf das $\frac{4}{3}$-fache, der Bruch $\frac{1}{3}$ *verkleinert* sich $\frac{4}{3}$-mal auf $\frac{1}{4}$:

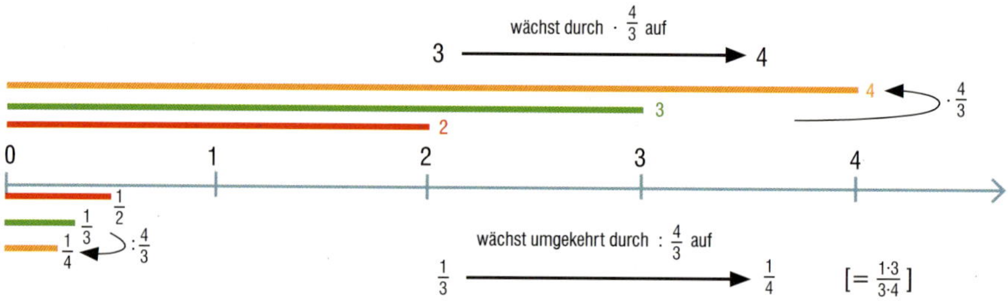

Abb. 34: Größenwachstum der natürlichen Zahlen (3 auf 4) im Vergleich zur Nennerzahl ($\frac{1}{3}$ auf $\frac{1}{4}$)

9 Zähler = 1

Das Größenwachstum[10] durch die steigende Nennerzahl verhält sich genau umgekehrt proportional zum Größenwachstum der natürlichen Zahlen. Dies ist viel schwieriger vorstellbar (und auch beschreibbar) als das übliche Wachstum natürlicher Zahlen, bei dem einfach immer ein Einer dazuwächst. Deshalb benötigt die Größenvorstellung von Brüchen deutlich mehr Übung als die natürlicher Zahlen, damit sie „sitzt".

Der umgekehrt proportionale Wachstumszusammenhang von Bruchzahlen im Vergleich zu natürlichen Zahlen (verdeutlicht in Abb. 34) weist eine direkte Verwandtschaft zu umgekehrt proportionalen Sachzusammenhängen auf (s. Abb. 35):

Der angesagte Friseur Glatzini schneidet die Haare von 20 Schülern an einem Tag. Er verstärkt sein Team durch Wuchsstark, Vollfön und Schnapp, die ebenso schnell arbeiten wie Glatzini. Wie viele Tage benötigt das Frisierteam dann, um 20 Schüler zu bedienen?

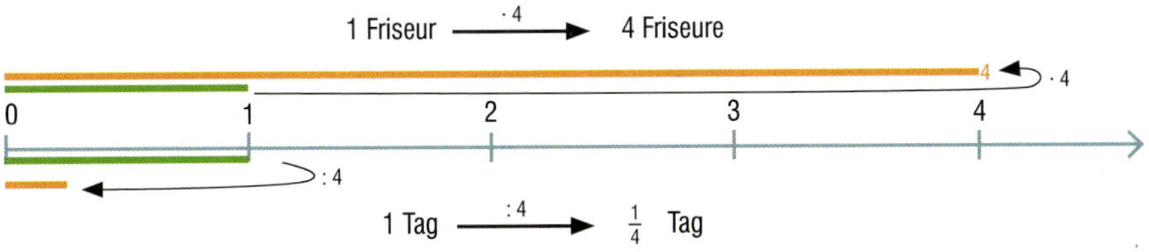

Abb. 35: Größenwachstum von 1 auf 4 (mal 4) bzw. von 1 auf $\frac{1}{4}$ (dividiert durch 4) bei einer umgekehrt proportionalen Sachaufgabe

Durch die verwandte abstrakte Semantik können umgekehrt proportionale Zusammenhänge leichter erfasst und verarbeitet werden, wenn die abstrakte Größenvorstellung von Brüchen und ihren Wachstumsbeziehungen gefestigt ist.

1.3.6 Von Stammbrüchen zu allgemeinen Brüchen und einfachen Operationen

Wenn die Größenvorstellung der Stammbrüche[11] gefestigt ist – die *Größe der Bruchzahl* beim Anblick der Bruchsymbole sozusagen *gefühlt* wird –, kann die Zählerzahl verändert werden. Das Zählerverständnis knüpft an die durch den grundlegenden Zahlaufbau gebildete additive Vorstellung an:

10 Die Verkleinerung als umgekehrtes Wachstum ist einbezogen.

11 $\frac{1}{n}$ Die Beschränkung auf den Zähler 1 ermöglicht die konzentrierte Verarbeitung der Nennergröße.

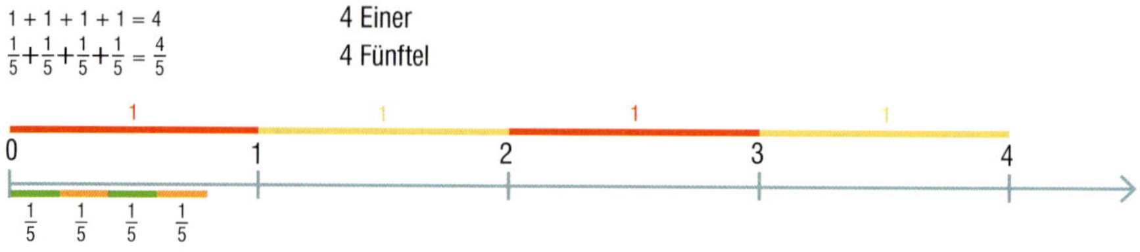

Abb. 36: Anzahlbestimmung oben von Einern und unten von Fünfteln

Die Zählerzahl repräsentiert – ähnlich einer natürlichen Zahl – eine Anzahl, nur eben eine Anzahl von Bruchstücken und nicht von Einsen. Wird ein Bruch umgeschrieben, z. B. $\frac{4}{5}$ in 4 : 5, ändert sich die Operationsvorstellung. „4" bestimmt dann nicht mehr die Anzahl von Fünfteln, sondern repräsentiert vier Einsen, die nach Variante A oder B geteilt werden.
$\frac{4}{5}$ bzw. 4 : 5 können demnach drei unterschiedliche Beziehungen darstellen, obwohl die Ergebniszahl immer „0,8" beträgt: „Vier Fünftel" oder „Vier in 5 Portionen geteilt" oder „wie oft passt 5 in 4?".

Längen- oder Kuchendarstellung?

Die Längenvorstellung scheint nach bisherigen Erkenntnissen eine zentrale Rolle für das Verständnis mathematischer Beziehungen zu spielen. Wenn wir Brüche als Längen darstellen, lassen sich Bruchverhältnisse leicht auf andere Größenzusammenhänge übertragen.

Ein Beispiel: Herr Allgäuer konnte dieses Jahr 20 kg Alpenkäse herstellen. Auf dem Markt verkauft er $\frac{4}{5}$ davon. Wie viel Prozent sind das? Wie viele Kilogramm muss er wieder nach Hause transportieren?

Abb. 37: Räumlich-analoge Vorstellung von $\frac{4}{5}$ von, 80 % von oder 16 kg von 20 kg

Kreis- oder Rechteckflächen sind Formen, die im Alltag vorkommen und so auch aufgeteilt werden. Deshalb ist es zweckmäßig, sie ebenfalls zur Bruchdarstellung zu nutzen.

Es ist sinnvoll, die Vorstellung der Stammbrüche und ihrer Vielfachen (z. B. $\frac{1}{5}$ oder $\frac{3}{5}$) *vor* der Übertragung auf andere Gesamtgrößen – wie etwa auf 20 kg Käse – gut zu festigen. Damit wird der spätere Umgang mit Bezugsgrößen einfacher: z. B. ist bei $\frac{2}{5}$ von 2 kg die Bezugsgröße 2 kg (und nicht wie sonst „1"). Das Ergebnis $\frac{4}{5}$ kg bezieht sich wiederum auf „1" wie jede Bruchzahl, für die kein spezieller Bezugsrahmen angegeben ist. In der Praxis beobachten wir häufig, dass die Bezugsgröße unklar ist: Bedeutet „$\frac{1}{5}$" „1 von 5" oder „1 in 5 Teile" oder „$\frac{1}{5}$ von 20 kg" oder noch etwas anderes?

Sind die Bedeutungen vom Nenner als bestimmtem Anteil von 1 und vom Zähler als Anzahl dieser Teilchen gut gefestigt, erschließen sich weitere Operationen leichter: **Die Addition (und die Subtraktion[12])** gleichnamiger Brüche ist dann mitverstanden (vgl. Abschnitt *Addition – im Verständnis der natürlichen Zahl enthalten*). Der Rückgriff auf die Regel für das Addieren, dass Zähler zusammengezählt werden und Nenner unverändert bleiben müssen, ist dann nicht unbedingt notwendig.

Eine Gleichung wie $\frac{1}{3} + \frac{1}{4} = \frac{2}{7}$ widerspricht dann automatisch dem „mathematischen Gefühl", das im Denkhintergrund die Größenzusammenhänge der Brüche repräsentiert. Der „Unsinn" der Gleichung wird offensichtlich, vor allem wenn die Möglichkeit gegeben ist, sich die Bedeutung der Rechnung in Ruhe vorzustellen: Wenn man mehrere ungleiche Teile zusammenfügt, kann man nicht benennen „*wie viel* man *wovon* hat" und somit ergibt eine Anzahlbestimmung wenig Sinn (s. Geschichte von Tom in Kap. 1.1). Eine Lösungsweise hingegen, die verschieden große Teilstücke durch kleinere, aber gleich große Teilstückchen ausdrückt, leuchtet ein, wenn die Größenvorstellung im Hintergrund präsent und aktiv ist:

Abb. 38: Tauschen von größeren Bruchstücken in gleiche kleinere $\frac{1}{3} + \frac{1}{4} = \frac{4+3}{12}$

Auch das Prinzip des Teilchentauschs, also des **Erweiterns oder Kürzens**, muss erst einmal erkundet werden: Halbiere ich die Teilchengröße, benötige ich doppelt so viele davon – das bedeutet für die Anzahl „· 2" und „: 2" für die Teilchengröße. Die Zerkleinerung erscheint im Nenner jedoch als Multiplikation …

Es ist sinnvoll, beim Erweitern (oder beim Kürzen als dem umgekehrten Prozess) den Teilchentausch semantisch und symbolisch so gut zu bearbeiten und zu vernetzen, dass das „mathematische Gefühl" für die Operation beim Tauschen (Kürzen oder Erweitern) automatisch mitläuft. Dadurch wird verhindert, dass das Erweitern von Brüchen zu leicht mit dem Multiplizieren

12 Für das Verständnis der Subtraktion ist – wie schon zuvor erwähnt – die zusätzliche Fähigkeit, Umkehrhandlungen kontrollieren zu können, notwendig.

von Brüchen verwechselt wird. Symbolisch und sprachlich ähneln sich beide Handlungen („... malnehmen"). Je höher die semantische Denkaktivität beim Erweitern und beim Multiplizieren von Brüchen mit ganzen Zahlen, desto stärker wird der Unterschied beider Operationen mitgedacht. Hier wird etwas deutlich, das sich bei weiteren Bruchoperationen noch stärker abzeichnet: Die eigentliche Bedeutung der Operation (in kleinere Stücke brechen) und die rechnerische Handlung (im Nenner und Zähler multiplizieren) treten auseinander. Zum Beispiel bedeutet die Vervielfachung im Nenner eigentlich eine teilende Verkleinerung von Bruchstücken.

Für die Vorstellung der **ganzzahligen Multiplikation** von Brüchen kann auf das Konzept der „Anzahlen von Anzahlen" zurückgegriffen werden, wenn Zähler- und Nennerbedeutung verstanden sind. Dadurch ist offensichtlich, dass in der Rechnung nur die Zählerzahl vervielfältigt werden muss und nicht etwa die Zähler- *und* die Nennerzahl – eine Verwechslung, die bei wenig gefestigter Bruchbedeutung naheliegt.

Die Semantik der **ganzzahligen Division von Brüchen** gestaltet sich komplizierter: Wird die Zählerzahl z. B. durch 3 dividiert, findet eine Aufteilung der Anzahl der Bruchstücke in 3 Portionen statt (A). Die Division durch 3 kann auch im Nenner gerechnet werden. Dann wird jedes Bruchstück 3-mal so klein (C). Dies führt zur gleichen Ergebnisgröße in anderer Form.

A $\frac{6}{9} : 3 = \frac{6:3}{9} = \frac{2}{9}$

B Wie oft passt 3 in $\frac{6}{9}$?

C $\frac{6}{9} : 3 = \frac{6}{9 \cdot 3} = \frac{6}{27}$

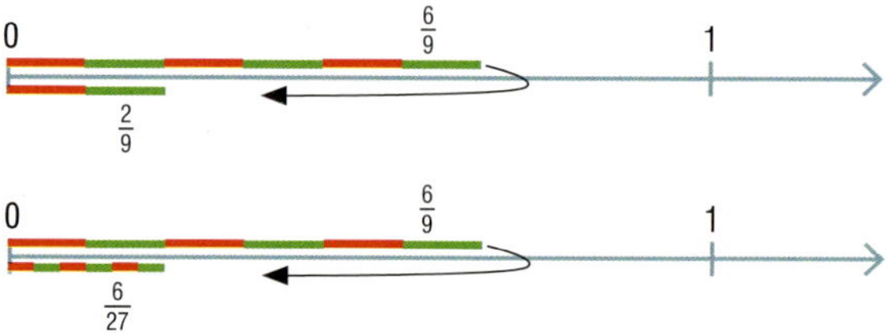

Abb. 39: Vorstellungsweisen der Division eines Bruchs durch eine ganze Zahl

Variante A entspricht dem Divisionsverständnis der Variante A („in drei Portionen aufteilen und die Größe der Einzelportion bestimmen" im Abschnitt *Johannas Versteckspiel und Umkehrvorstellungen: Division, Subtraktion und mehr*). Die Variante B des Divisionsverständnisses („wie oft passt 3 in $\frac{6}{9}$?") ist für die Division eines Bruchs durch eine ganze Zahl schwierig vorstellbar (und für die Bildung des Bruchverständnisses nicht relevant).

Variante C zeigt die Division als Manipulation des Nenners: Die Größendarstellung zeigt, dass *jedes* 9-tel-Bruchstückchen *aufgeteilt* wird in 27-tel-Einzelportionen – in der Symbolschreibweise wird die Nennerzahl jedoch *multipliziert* (9 · 3). Das erfordert für das Verständnis ein doppeltes Umdenken: Eine Drei im Nenner bedeutet teilen. „9 · 3" im Nenner wird als normale Multiplikation gerechnet und ist dadurch mit einer Vergrößerungshandlung kodiert (9 3er). Das Ergebnis 27 muss jetzt wieder den Charakter eines Quotienten annehmen. Hier sind bereits *Grundzüge von geschachteltem Denken* erkennbar: $\frac{6}{9} : 3 = \frac{6}{[9 \cdot 3]} = \frac{6}{27}$.

Innerhalb des Nenners eines Bruchs befindet sich also eine weitere Operation, die unabhängig bearbeitet wird und anschließend wieder in das Bruchgefüge hineingedacht werden muss. Ähnliches ereignet sich, wenn **Brüche mit Brüchen multipliziert** werden:

$[\frac{3}{4}] \cdot \frac{1}{2} = \frac{3 \cdot 1}{[4 \cdot 2]} = \frac{3}{8}$

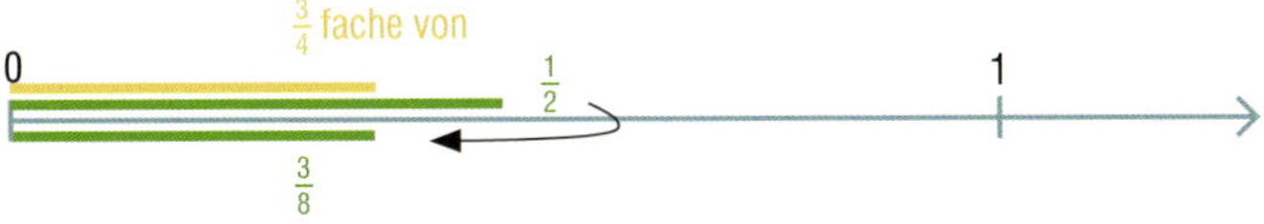

Abb. 40: Größenvorstellung zur Multiplikation zweier Brüche

Das $\frac{3}{4}$-Fache von $\frac{1}{2}$: Die zuerst für sich gedachte Größenvorstellung von $\frac{3}{4}$ wird proportional auf die Größe $\frac{1}{2}$ übertragen. In der *Rechnung in Symbolform* (links in Abb. 40) wird im Nenner eine Multiplikation behandelt, die nach dem Lösen wieder als Nenner gedacht werden muss.

Die **Division durch Brüche** lässt sich mit Variante B des Divisionsverständnisses am einfachsten erschließen: Wie oft passt $\frac{1}{2}$ in 3? $3 : \frac{1}{2} = 6$. Die Beschreibung enthält die Größenvorstellung und umfasst keine komplizierten Übertragungen. Nun zur Rechenregel: $3 : \frac{1}{2} = 3 \cdot \frac{2}{1}$. Wie kann diese Regel erklärt werden? Weshalb ergibt eine doppelte Division eine Multiplikation?

Machen Sie eine kurze Lesepause, gönnen Sie sich einen Tee oder Kaffee, nehmen Sie Bleistift und Konzeptpapier und versuchen Sie, diese Rechenregel semantisch zu begründen.

Merkhilfe: Vielleicht denken Sie auch schon seit der letzten Seite, dass wir nicht *alle* Regeln bewusst semantisch durchdringen müssen. Dazu besteht auch keine Notwendigkeit, solange das mathematische Gefühl – eine automatisch im Hintergrund mitlaufende Repräsentation der mathematischen Größenzusammenhänge – so weit trägt, dass Lösungen für mathematische Probleme des Wunschhorizonts gefunden werden können, und zwar selbstständig und auf befriedigende Weise. Wollen wir jedoch verstehen, wie Lernende mathematische Zusammenhänge erfassen bzw. worin sie dabei Schwierigkeiten haben könnten, so ist es zweckmäßig, prinzipielle Hintergründe von Rechnungen zu verstehen und bei Bedarf klären zu können. Zudem macht das Tüfteln an den Hintergründen manchmal einfach Spaß.

Und hier meine Variante:

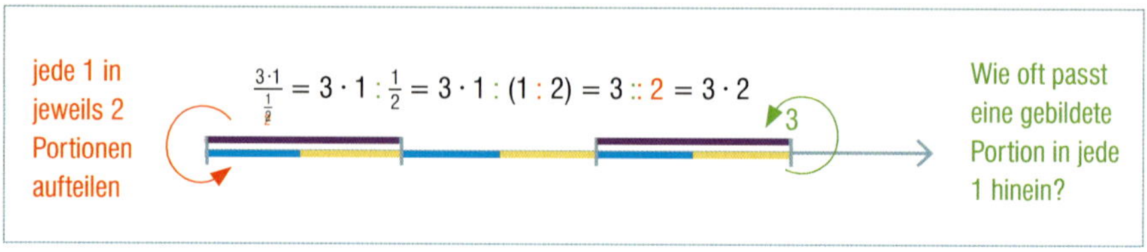

Abb. 41: Eine doppelte Division mündet in eine Multiplikation: Die Division „: 2" im Nennerbruch teilt in zwei Portionen auf und die Division davor (grün) ermittelt, wie oft die gebildete Portion Platz hat. Die für Divisionen und Multiplikationen neutrale „1" wurde zur Übersichtlichkeit im vierten Schritt weggelassen.

Eine doppelte Division durch eine Zahl mündet in der Vervielfachung durch ebendiese Zahl. Der zweite Divisionsschritt teilt in x Portionen und der erste Divisionsschritt ermittelt, wie oft die gebildete Portion Platz hat. Das wird immer x-mal sein:
$:: 2 = \cdot 2$.

Verstehendes Bruchrechnen bedeutet, mehrere Prozesse ineinander verwoben denken zu können. Die gerade betrachtete, doppelte Division durch eine Zahl zeigt eine komplizierte Verflechtung. Auch die Division eines Bruchs durch eine ganze Zahl (s. oben) bewirkt einen verschachtelten Vorgang: Die Nennerzahl wird durch Multiplikation zuerst isoliert vergrößert. Anschließend zeigt der Blickwinkel auf den Bruch eine Verkleinerung. Diese Betrachtungen leiten über zu einem in der Mathematik sehr wesentlichen Denkprinzip:

1.3.7 Verschachtelte Vorgänge

Handlungen, die umhüllt sind, können von innen und von außen betrachtet werden. Im Innern kann man sich auf die einzelne Handlung konzentrieren, von außen hat man es mit einem Element zu tun, das Teil einer übergeordneten Handlung ist. „Verschachteln" und „umhüllen" sind geometrische Vorstellungen. Klammern umhüllen mathematische Einzelbeziehungen. Die Klammern wiederum spielen in übergeordneten Beziehungen eine Rolle: 3 (2 rote Äpfel + 4 grüne Äpfel).

Diesen Ausdruck kann man aus zwei Blickwinkeln heraus betrachten. Der **formale Blickwinkel** rät, die Verteilungsregel anzuwenden:

3 (2 rote Äpfel + 4 grüne Äpfel) = 3 · 2 rote Äpfel + 3 · 4 grüne Äpfel
= 6 rote + 12 grüne Äpfel
bzw. die Regel „zuerst in der Klammer", falls in der Klammer addiert werden darf:
3 (2 rote Äpfel + 4 grüne Äpfel) = 3 (6 Äpfel) = 3 · 6 Äpfel = 18 Äpfel

Mit dem formalen Blickwinkel verarbeiten wir die Ebene der Zeichen und Sprache (Regeln). Mit dem **semantischen Blickwinkel** abstrahieren wir die Handlungsbedeutung:

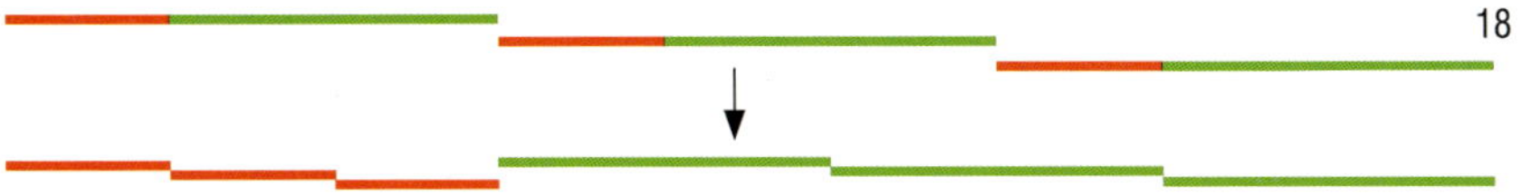

Abb. 42: Größenvorstellung der Rechnung „3 (2 rote + 4 grüne) = 3 · 2 rote + 3 · 4 grüne"

Ist der formale Blickwinkel dominant, kommt es leicht zu Regelverwechslungen mit Rechnungen, die eine ähnliche Symbolform aufweisen: $3\,(2 \cdot 4) = 3 \cdot 2 \cdot 3 \cdot 4$ oder $3\,(2 \cdot 4) = 3 \cdot 2 + 3 \cdot 4$.

Auch das Übertragen der Rechnung auf Sachzusammenhänge und umgekehrt gelingt ohne Verarbeitung der Größenzusammenhänge (Semantik) kaum.

Ein effektives Bearbeiten solcher Rechnungen erfordert ein selbstverständliches Zusammenspiel des semantischen und des formalen Blickwinkels. Im Idealfall wirken beide Blickwinkel gewohnheitsmäßig zusammen. Mehr zur Förderung dieser Arbeitsgewohnheit in Kapitel 1.3.

Das vorgestellte Klammerbeispiel zeigte eine einfach zu durchdringende Verschachtelung, die auch einfach aufgelöst werden konnte. Der Wechsel vom Innenblick zum Außenblick erforderte einen Perspektivwechsel, aber kein Umkehrdenken. Anders hier: $\frac{2}{3 \cdot 5}$. Im Nenner wird multipliziert, was mit einer Vergrößerungsvorstellung einhergeht. Der Außenblick zeigt einen Bruch, der kleiner geworden ist. Beim Wechsel vom Innen- zum Außenblick wird die Vergrößerung in eine umgekehrt proportionale Verkleinerung verwandelt.
Auch dies stellt noch keine komplexe Verschachtelung dar.

Nehmen wir das vorige Klammerbeispiel und ergänzen es: $(2 + 4) \cdot (2 + 4)$. Fällt Ihnen eine Sachaufgabe mit Äpfeln dafür ein?

Wir haben aufeinander bezogene Schachteln, die – obwohl genau gleich symbolisiert als $(2 + 4)$, dennoch verschiedene Bedeutungen verkörpern. Ein Beispiel: (2 Sonnentage + 4 Wolkentage) · (2 rote Äpfel + 4 grüne Äpfel). *An 2 Sonnentagen und an 4 Wolkentagen pflücken wir jeweils 2 rote und 4 grüne Äpfel. Wie viele rote und wie viele grüne Äpfel haben wir?*

Die erste Klammer verkörpert das Wie-oft der zweiten Klammer. Es gibt also zwei Bedeutungskategorien mit zusätzlicher Feinunterteilung: Tage mit Sonne und mit Regen, an denen wir jeweils Äpfel verschiedener Farbe pflücken.

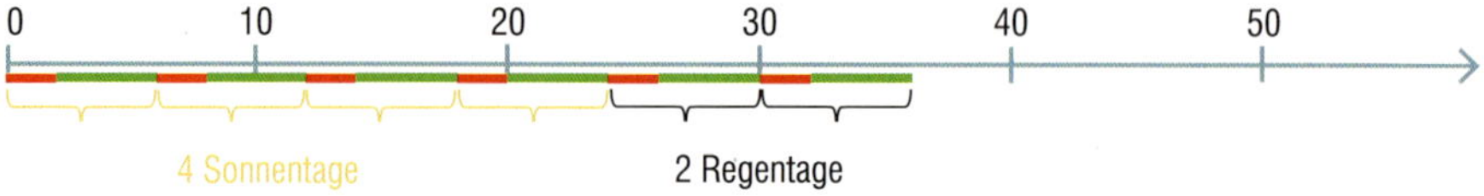

Abb. 43: Größendarstellung von (2 + 4) (2 + 4)

Die Beschreibung der hier dargestellten quantitativen Handlungen kann auch in folgendem Rechenausdruck untergebracht werden: $(2 + 4)^2$. Die erste binomische Formel. Der Klammerausdruck steht dann sowohl für die Äpfel als auch für die Vervielfachung. Hier handelt es sich um den mathematischen Beziehungshintergrund zur ersten binomischen Formel – eine besondere Potenz mit Hochzahl 2.

Bei einer Potenz enthält die Hochzahl die Anweisung, mehrere Vervielfachungen hintereinanderzureihen – und zwar immer so, dass das Produkt der letzten Vervielfachung weiter vervielfacht wird:

$$3^5 = 3 \cdot 3 \cdot 3 \cdot 3 \cdot 3 \cdot 1$$

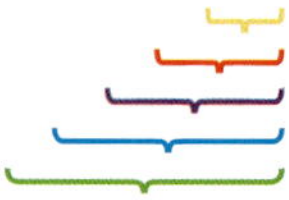

Abb. 44: Hochzahl 5 als Anweisung, 5 ineinandergeschachtelte Vervielfachungen vorzunehmen (formale Darstellung)

Insofern enthält eine Potenz a^n n ineinander geschachtelte Prozesse. Für die der Semantik erweitern wir das Konzept der Multiplikation um weitere Ebenen, bei denen das entstandene Produkt wieder erneut vervielfältigt wird, wie hier für 3^5:

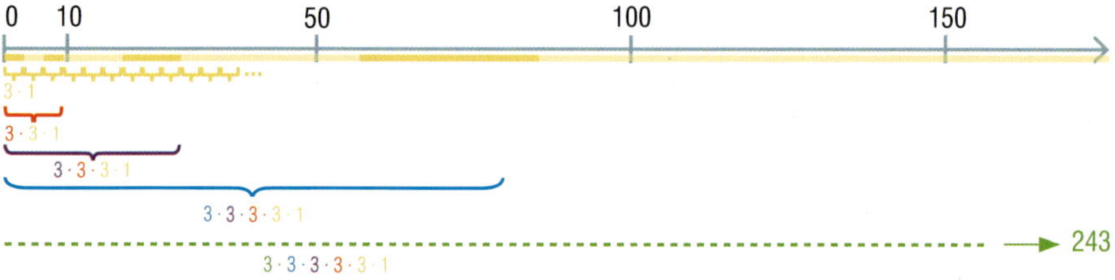

Abb. 45: Längenvorstellung der Potenz 3^5 bzw. $3 \cdot 3 \cdot 3 \cdot 3 \cdot 3 \cdot 1$

Für die Größenbeziehung von 3^5 eignen sich verschiedene Varianten. Die zweidimensionale Päckchenvorstellung gibt die Operationsbeziehung ebenfalls einleuchtend wieder:

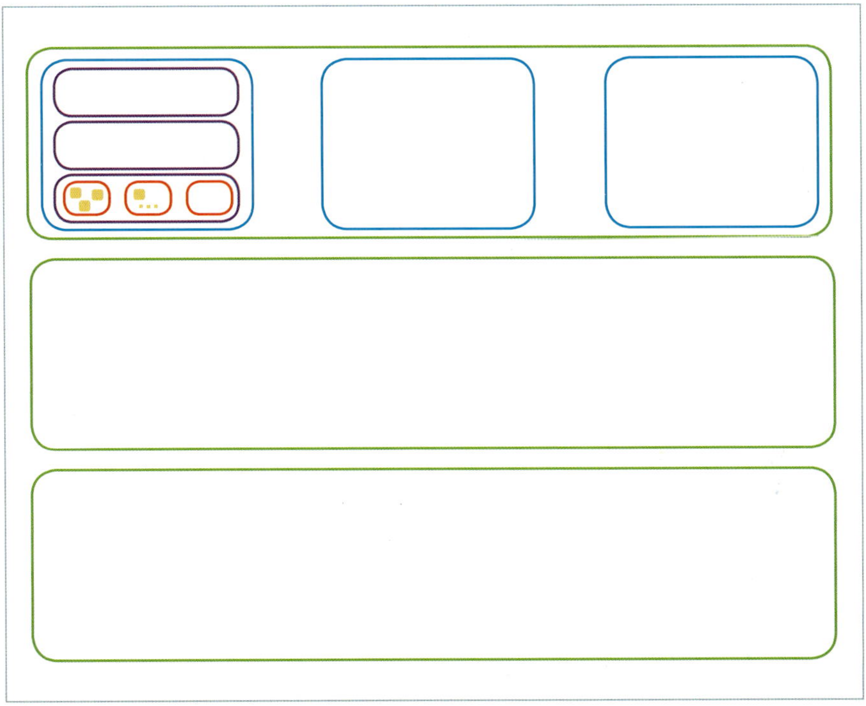

Abb. 46: Päckchenvorstellung der Potenz 3^5 bzw. $3 \cdot 3 \cdot 3 \cdot 3 \cdot 3 \cdot 1$

Beiden Darstellungen gemeinsam ist, dass die Anzahl der Grundeinheiten mit jeder Vervielfachung enorm wächst und dass jede Vervielfachungszahl Packungseinheiten einer noch weiter übergeordneten Ebene zählt. Das exponenzielle Wachstum ist durch die lineare Darstellung deutlicher erkennbar als durch die Päckchendarstellung. Die semantischen Vorstellungen bereiten den Weg für die Übertragung der Rechnung auf einen Sachzusammenhang – beispielsweise auf die Ausbreitung einer Epidemie oder auf das Wachstum von Bakterien. Die rein formale Darstellung 3^5 oder $3 \cdot 3 \cdot 3 \cdot 3 \cdot 3$ kann für die Ergebnisgewinnung ausreichen, eröffnet jedoch nicht automatisch den Weg zum Verständnis.

Bislang wurden einfache Verschachtelungen mathematischer Handlungen beschrieben: Additionen oder Multiplikationen im Nenner, Klammern mit Summen, Potenzen. Bis zum Abitur erhöht sich die Komplexität: Die bisher semantisch beleuchteten Operationen sowie ihre Umkehroperationen können beliebig kombiniert und mehrfach ineinandergeschachtelt werden, wie z. B. bei

$$24 \cdot \sqrt[5]{\frac{\frac{6}{24}(4-5)}{-4+8:(4-6)}}\,.$$

Die beteiligten Größen können durch Variablen ersetzt werden, beliebig klein oder groß werden. Die Operationen können beliebig oft wiederholt werden. Bestimmte Kombinationen werden zu eigenen Verfahren und Formeln verdichtet wie Ableiten oder Aufleiten, Integrale, Pythagoras, Sinus, Bernoulli-Formel, Mitternachtsformel usw.

Welche Fähigkeiten benötigen wir, um Verschachtelungen erfolgreich bearbeiten zu können?

- Der Umgang jeder beteiligten Einzeloperation sowie ihrer Kombinationen sollte in semantischer Hinsicht und in Symbolform derart gefestigt sein, dass damit übertragungsfähig, flexibel und trennscharf (zu anderen Operationen) gearbeitet werden kann. Es reicht nicht, wenn die Einzeloperationen zwar erläutert werden können, in kombinierten Rechnungen jedoch häufig verwechselt werden.
- Das Denken benötigt die Fähigkeit, den Blickwinkel von „in der Hülle" zu „Hülle von außen" flexibel und sicher wechseln zu können, sodass die Operation, die *mit der Hülle* geschieht, von der Operation *in der Hülle* eindeutig unterschieden wird. Beim Ableiten verketteter Funktionen z. B. führt dies zu der wichtigen Klärung der inneren und äußeren Funktion. Da Umhüllungen Vorstellungen geometrischer Art sind, benötigen wir geometrische Vorstellungskompetenzen.
- Der gedankliche Fokus muss gezielt zwischen den Ebenen wechseln können und die Person muss fähig sein, die Bedeutungen aus den unterschiedlichen Hierarchieebenen verweben zu können.

1.3.8 Variablen – Minibehälter

Für viele Schülerinnen und Schüler ist das Rechnen mit Variablen mit einer besonderen Hürde versehen. Sie rechnen lieber mit konkreten Zahlen. Wir wollen hier ergründen, warum das so ist und welche gedanklichen Prozesse beim Arbeiten mit Variablen eine Rolle spielen. Wann verarbeiten wir „a + b" auf ähnliche Weise wie „5 + 4"? Wenn wir mit „a" und mit „b" automatisch Quantitäten verbinden, die zusammengefügt werden können und sollen. Dabei müssen die Quantitäten in ihrer *Ausdehnung* flexibel gedacht werden können, wobei das *Merkmal* Quantität (und seine Art, wie z. B. Päckchen oder Meter ...) beim Verarbeiten der Variablen eindeutig im Vordergrund stehen muss und Symboleigenschaften wie Farbe, Reihenfolge oder Buchstabengröße keine Rolle spielen. Also eine *eindeutige* Abstraktion hinsichtlich des quantitativen *Merkmals* und *variabel* dessen *Größe* betreffend (Abb. 47). Voraussetzung bei Strichrechnungen ist, dass die Quantitäten von „a" und von „b" von derselben Art sind – Kilogramm und Stunden wären beispielsweise nicht addierbar.

Was erleichtert es uns, mit „a" und „b" automatisch variabel große Quantitäten zu verbinden? Eine gedankliche Haltung, die ängstlich nach dem richtigen Ergebnis (und dem Haken dahinter) zielt und mit Vorliebe jeden Weg ergreift, der möglichst schnell dorthin zu führen verspricht, hindert uns daran, das Spiel der Größen zu betrachten. Das können wir eher, wenn wir uns *schätzend* mit quantitativen Beziehungen befassen. Dann ist unser gedankliches Tun von Details befreit und das Arbeitsgedächtnis frei für die Konzentration auf die Zusammenhänge.

Merkhilfe: Sich schätzend, doch operativ eindeutig mit Zahlbeziehungen zu befassen, bereitet den Boden für den mathematischen Zugang zu Variablen. Neurokognitiv ist diese Aktivität im *semantischen Modul* zu verorten.

Rechnungen wie a + b = ab sind nicht selten zu beobachten. Wie kommt es dazu? Welches Verständnis steckt dahinter?

Die mathematische Beziehungsvorstellung, die hinter „a + b" steckt, haben wir bereits erkundet. Was steckt hinter „ab"?

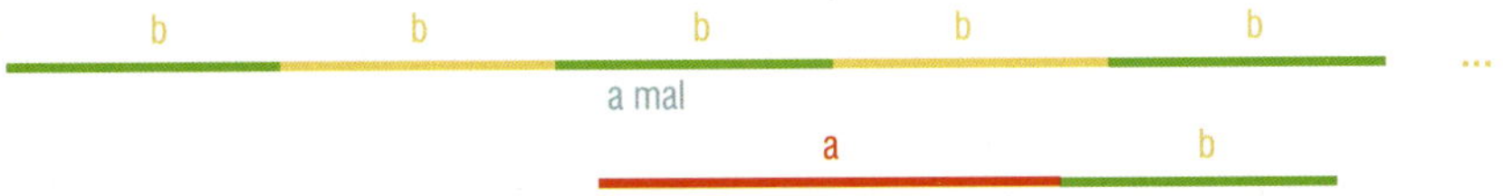

Abb. 47: Semantische Darstellung von „ab" (oben) im Vergleich zu „a + b" (unten)

Die Gleichung a + b = ab hat vom *formalen* Blickwinkel aus etwas Überzeugendes: Zwei Buchstaben rücken zusammen (und + hat ja etwas mit Zusammenrücken zu tun). Erst der *semantische* Blickwinkel (in mathematischem Sinn) lässt den Widerspruch erkennen: „a" besitzt in „ab" eine völlig andere Bedeutung als in „a + b" und damit ist die Gleichung nicht erfüllt (siehe Abb. 47). Ein gefestigtes Verständnis der beteiligten mathematischen Beziehungen und Verschachtelungen in Termen und Berechnungsformeln ist grundlegend für das Rechnen mit Variablen. Je selbstverständlicher quantitative Merkmale verarbeitet werden, desto einfacher gelingt das Rechenverständnis mit Variablen. Dabei kommt es vorrangig auf die automatisierte Fokussierung des entsprechenden quantitativen Merkmals und weniger auf die genaue Größe an.

1.3.9 Einige Bemerkungen zu „minus"

Im Abschnitt *Johannas Versteckspiel und Umkehrvorstellungen* bin ich bereits auf die Subtraktion als die Umkehrung der Addition eingegangen. Häufig erklären Lernende Minus als „Wegnehmen" oder als „etwas, das auf dem Zahlenstrahl im Minusbereich liegt". Wie erklären wir uns Minus in „-(-3)" oder in „5^{-3}"? Benötigen wir etwa für jede Minusanwendung eine einzelne Erklärung und Regel? Oder lässt sich ein gemeinsames und übergreifendes Prinzip von Minus finden? Minus dreht den jeweils angesprochenen Prozess um. Hierzu einige Beispiele:

- **–3**: Begreifen wir die Zahl 3 als eine Addition aus 1en, so bewirkt „–" vor der 3 die Umkehrung:

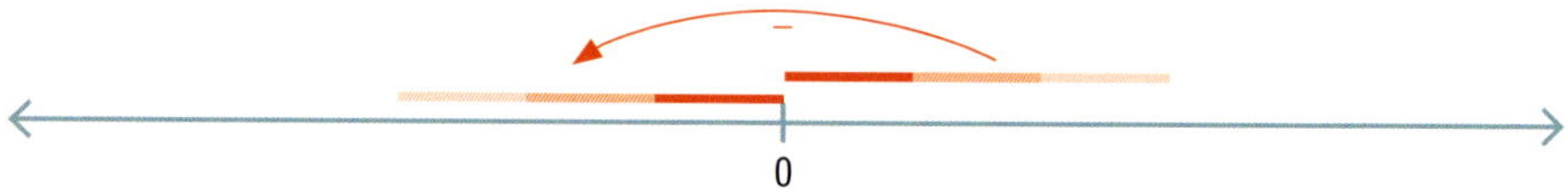

Abb. 48: „–" dreht 1 + 1 + 1 oder 3 in –1 –1 –1 oder – 3 oder –(1 + 1 + 1) um

- **–(–3):** Ein weiteres Minus dreht –3 oder –1–1–1 in +3 oder 1+1+1 um: –(–3) = 3. Das Prinzip bleibt gleich.
- **5^{-3}**: Bei **5^3** enthält die Hochzahl 3 die Anweisung, drei Verfünffachungen hintereinanderzureihen (5 · 5 · 5 · 1). Das Minus vor der Hochzahl 3 bewirkt die umgekehrte Anweisung: 3 Divisionen durch 5 werden hintereinander gereiht: 1 : 5 : 5 : 5 oder $\frac{1}{5 \cdot 5 \cdot 5}$ oder $\frac{1}{5^3} = 5^{-3}$
- **–(a–b):** Das Minuszeichen bezieht sich auf den ganzen Behälter und dreht somit den gesamten Inhalt (alle Summanden) beim „Auspacken" des Behälters bzw. dem Auflösen der Klammer um: –(a–b) = –a + b.

Es ist wichtig zu beachten, *wo* das Minuszeichen steht. Bei $(-5)^3$ wird ein anderer Prozess umgedreht als bei 5^{-3}. Genau genommen, wird bei $(-5)^3$ mehrfach umgedreht: –5 · (–5) · (–5) · 1. Zuerst wird die 1 fünfmal verdreht addiert (–5) · 1, dann die –5 fünfmal verdreht addiert (–5 + (–5) + (–5) + (–5) + (–5)), dann …

„–" – Vorzeichen oder Rechenzeichen?

Wenn man Minus als umdrehendes Moment begreift, kann Minus als Rechenzeichen bei Subtraktionen irritieren. Bei 3–5 fehlt dann ein Rechenzeichen: Die 5 wird umgedreht – jedoch welche Aktion passiert zwischen 3 und 5? In diesem Fall hat das Minuszeichen die Doppelfunktion „das Umgedrehte addieren". Manche Schülerinnen und Schüler sind hierdurch irritiert und finden eine Schreibweise, die Rechenzeichen und Vorzeichen trennt, klarer: statt 3–5 lieber 3 + (– 5).

1.3.10 Die zentrale Rolle der Geometrie

Dieses Buch kreist um das Verständnis mathematischer Beziehungen. Spätestens von Geburt an verarbeiten wir quantitative Merkmale. Zu Beginn sehr undeutlich, dann immer differenzierter und eindeutiger. Dabei handelt es sich überwiegend um geometrische Zusammenhänge, die wir verarbeiten: Längen, Breiten, Tiefen, Flächen, Volumina, Mengenmuster, allgemeine Muster, Formen. Selbst messbare Merkmale ohne direkte geometrische Erscheinungsform werden in unserem Denken in geometrische Abstraktionen umgewandelt: Zeitspannen, Anzahlen, Gewichte, Stromstärken denken wir als räumlich-analoge Ausdehnungen und kombinieren sie in zunehmender Komplexität. Zusätzlich verknüpfen wir diese semantischen Vorstellungen mit Symbolen und mit Sprache. Geometrische Kompetenzen wirken sich also in mehrfacher Hinsicht auf das mathematische Verstehen aus – als motivierende Kraft zur Auseinandersetzung mit messbaren Größen der Welt, in der wir leben, und als gedankliches Werkzeug zur Verarbeitung mathematischer Beziehungen.

Geometrische Vorstellungen bilden sich durch das Erfassen der quantitativen Beschaffenheit der Lebenswelt. Die gedankliche Reduktion auf relevante quantitative Merkmale ermöglicht logische Schlussfolgerungen in die Zukunft. Dadurch können wir Lebensprozesse besser steuern und kontrollieren. Zusätzlich entdecken wir immer neue Zusammenhänge, weil wir unsere Vorstellungsfähigkeit ausweiten. Zugleich nutzen wir geometrische Vorstellungsbausteine generell, um Quantitäten zu verrechnen. Kurz gefasst – geometrische Vorstellungskompetenzen spielen eine essenzielle Rolle für die Bildung mathematischer Verarbeitungskompetenzen.

Es lohnt sich also, geometrische Kompetenzen in einzelne Elemente zu unterteilen und deren Funktion für die Verarbeitung von rechnerischen Beziehungen herzustellen. Die folgende Tabelle verbindet geometrische Fähigkeiten mit rechnerischen Kompetenzen, deren Vorstellung darauf aufbaut:

Geometrie als Basis für ⟶	rechnerische Kompetenzen	wodurch:
Erkennen von Mustern	Einschätzen kleiner Mengen; Kontrollieren einer Reihenfolge	Kleine Mengen (wie auch Reihenfolgen) sind zweidimensional angeordnet und werden als flächige Muster gedanklich geordnet.
Einschätzen von Längen (Höhen) im Vergleich zum eigenen Körper	Vorform der räumlich-analogen Zahlenvorstellung	Beginn einer abstrakten Vorstellung von Längen
Abstraktion von Längen an Alltagsformen wie Füßen, Bausteinen, Stühlen, Tischen, Türbreiten …	Zusammenfügen von Längeneinheiten zum räumlich-analogen Zahlenstrahl; Addition	Fokussieren des Merkmals Längenausdehnung, Vergleichen verschiedener Ausdehnungen, Nutzbarmachen einer Standardlänge zum Vergleichen

Einschätzen von Längen, die weiter entfernt sind	maßstäbliche Zuordnungen; Pläne; angemessen genaues Rechnen durch Wählen passender Bezugsgrößen	Durch den Vergleich von real einschätzbaren Längen mit optisch wahrgenommenen Längen wird ein Verhältnis wahrnehmbar. Das führt zu einer (anfänglich groben) Einschätzung von Verhältnissen. Neben maßstäblichen Vorstellungen führt es auch zu einem flexiblen Umgang mit Größenbereichen (Bezugsgröße 1; 10; 100 oder 1 000?)
Unterscheidung einer Vorwärts- und Rückwärtsrichtung im Denkraum und damit verknüpft die Vorstellungen von Achsenspiegelungen	Subtraktion; Division; Umkehrprozesse z. B. in Gleichungen	Subtrahieren (Dividieren) ist die umgekehrte Handlung zum Addieren (Multiplizieren), das heißt, die Handlungsrichtung wird in der Vorstellung durch die geometrische Richtungskompetenz kontrollierbar.
Vorstellung einfacher Körper (Päckchen)	Multiplikation; Stellenwertsystem	Sowohl im Stellenwertsystem als auch beim Multiplizieren werden Anzahlen vervielfacht, die in der Vorstellung zu neuen Einheiten gepackt werden.
Vorstellung von Längenproportionen	Proportionale Zuordnungen; Bruchvorstellung; Strahlensatz; Trigonometrie; Wahrscheinlichkeitsbeziehungen	Die semantische Vorstellung der Operationen nutzt proportionale Längenvorstellungen zum Verarbeiten.
innere Vorstellungen für Bewegungen und Wiederholungen	mentale Kontrolle einer Abfolge von Rechenhandlungen	(selbsterklärend)
Lage von Längen zueinander im zweidimensionalen und im dreidimensionalen Raum	Berechnung z. B. von Umfang, Fläche, Volumen; mentale Kontrolle von Handlungen mit mehreren Einflussfaktoren und nicht einfach-linearen Verläufen	Flächen-, Körperformen und Handlungen werden in einem für geometrische Zusammenhänge spezialisierten Teil des Arbeitsgedächtnisses[14] verarbeitet.
Vorstellung einfacher Drehbewegungen (Winkel)	Rechnen mit negativen Zahlen; Bestimmen von Winkelgrößen	Negative Zahlen sind gedrehte räumlich-analoge Zahlenvorstellungen.
Vorstellung verschiedener Körperformen; mentale Rotationen von Flächen und Körpern (z. B. bei Punktspiegelungen, beim Entwickeln von Netzen)	geometrische Berechnungen; Vorstellen komplexer Handlungen mit Umkehrprozessen	Die Semantik komplexer Handlungen wird mit geometrischen Vorstellungen verarbeitet (siehe „Lage von Längen zueinander…“), die bei Richtungsumkehr gedreht werden.

Kombination verschiedener Körperformen ineinander oder sich ergänzend; Kombination verschiedener Bewegungsebenen ineinander oder sich ergänzend	Bearbeiten verschachtelter Rechenprozesse	Umhüllungsvorstellungen ermöglichen die gedankliche Kontrolle der bearbeiteten Rechenebene.
...		

Tab. 1: Geometrische Fähigkeiten, die zur Bildung rechnerischer Kompetenzen notwendig sind

Entsprechende Abbildungen von Größenvorstellungen finden sich in den Abschnitten zu den hier erwähnten Operationen. Sie veranschaulichen die Funktion der geometrischen Fähigkeiten für das Rechnen. Deshalb lohnt es sich, die Abbildungen noch einmal anzuschauen.

Geometrische Berechnungen sind ohnehin nur mit geometrischen Vorstellungskompetenzen denkbar. Dennoch gerät manchmal in Vergessenheit, dass nicht alle Menschen über selbstverständlich scheinende geometrische Vorstellungskompetenzen verfügen. Noch leichter gerät in Vergessenheit, dass geometrische Merkmale nicht von allen Menschen automatisch bedeutungsgerecht verarbeitet werden: Die Formel $A = a \cdot b$ bzw. $A = 5\,cm \cdot 3\,cm$ scheint eine Rechteckfläche zu beschreiben. Doch ist nicht automatisch ersichtlich, dass es um die Anzahl der Einheitsflächen Quadratzentimeter geht; dass „3" z.B. die Anzahl an Quadratzentimetern in einer Reihe beschreibt und „5" die Anzahl der übereinandergestapelten Reihen. Für viele Lernende existiert nur die Formel „$3\,cm \cdot 5\,cm$". Wenn Lernende die Formeln als Rezepte benutzen, vermischen sie häufig die Berechnungsformeln für den Umfang und den Flächeninhalt. Auf diese Weise werden Formeln zu Blackbox-Operatoren, die wir nicht verstehen, jedoch anwenden. Damit gelangen wir zum nächsten Thema, der Algebra:

1.3.11 Algebra – quälend oder anregend?

Der Umgang mit Variablen und mit Algebra stellt (neben dem Umgang mit Brüchen) für viele Lernende ein großes Hindernis dar und mündet nicht selten in einer inneren Abkehr von der Mathematik. Ich zitiere aus dem Artikel „Probleme mit X und Y" der Süddeutschen Zeitung (2016[14]):

13 das sogenannte „Visuospacial scatchpad", vgl. den Artikel von Meyer et al. (2010)

14 Artikel „Probleme mit X und Y" (2016): https://www.sueddeutsche.de/bildung/schule-us-professor-will-algebra-vom-lehrplan-streichen-1.2928279-2 (Zugriff 6.6.2020)

> „Für den 18-jährigen Isaiah Aristy kommt [...] Hilfe zu spät. Er hat zwei Mal den Test in Algebra-I gemacht und ist beide Male durchgefallen. Aristy geht ins Community College in Manhattan und wünscht sich eine Karriere bei der Polizei. In Mathe war er immer gut – bis Algebra kam. ‚Als es mit X und Y und den grafischen Darstellung[en] losging, wurde ich immer schlechter', erzählt er. ‚Aber wir müssen doch gar nicht lernen, was X und Y ist. Wann im Leben schreiben wir auf ein Stück Papier ‚X und Y muss so sein'?"

Der US-Amerikaner Andrew Hacker, Professor für Politikwissenschaft und Autor des Buchs *The Math Myth and Other STEM Delusions*, möchte deshalb Algebra aus dem Unterricht verbannen. Ich zitiere aus dem Artikel der Süddeutschen Zeitung (2016):

> „Wozu braucht man eigentlich Algebra? Diese Frage stellen sich in den USA zurzeit nicht nur viele frustrierte bis verzweifelte Schüler, sondern auch Lehrer und Professoren. Auslöser der Debatte ist das Buch eines Politikwissenschaftlers. Er bezeichnet Algebra als unnötiges Hindernis, an dem jedes Jahr Millionen Schüler scheiterten. Sie verließen dann ohne Abschluss die Schule oder das College."

Nicht nur US-Schülerinnen und -Schüler haben besondere Schwierigkeiten in Algebra. Kromer widmete den „Schwierigkeiten von Schülern mit der Algebra" eine ganze Dissertation (Kromer 1996). Schaut man sich die Bearbeitungsregeln der Algebra an, kann einem auch schwindelig werden:

- Punkt vor Strich;
- Klammer vor Punkt vor Strich;
- nur gleiche Buchstaben dürfen addiert oder subtrahiert werden, jedoch nicht, wenn Buchstaben kombiniert sind ($ab - a = b$ ist falsch);
- mit „hoch −1" darf der Nenner zum Zähler werden;
- Auflösen der Klammer mit der „Pfeilregel", aber nur, wenn „+" oder „−" drinsteht; jedoch nicht, wenn „+" oder „−" nur als Vorzeichen vorkommen;
- zuerst Hochzahl, dann Klammer, dann Punkt ...;
- bei Punktrechnungen unter der Wurzel darf die Wurzel bei jeder Zahl einzeln gerechnet werden;
- bei Gleichungen neutralisiert man Ausdrücke durch die Umkehrrechnung ...

Die Liste ist noch lange nicht zu Ende. Stellen Sie sich vor, Sie haben folgende Gleichung vor sich und sollen sie mit wenig Kenntnis der *mathematischen Bedeutung*, vorrangig durch das Anwenden der *Regelsätze*, vereinfachen und umformen, bis die Gleichung einen plausiblen Wert für ein isoliertes x zeigt:

$$\frac{4x + 10}{4(2x + 3)} = \frac{2x - 3}{2(2x - 21)}$$

Wie x isolieren? Wenn x bedeutungsleer verarbeitet wird – ein Zeichen und lauter Zeichen drum herum, die nach obigen Regeln behandelt werden müssen – woher nehmen Sie die Zielrichtung Ihres Handelns? Zuerst die 10 und die 3 wegbringen? Oder die Klammer im Nenner auflösen? Oder ein Regelwerk zur Hand nehmen, in dem für Bruchgleichungen allgemein notiert ist, in welcher Reihenfolge diese oder jene Vereinfachung oder Umformung vorzunehmen ist? Das Regelwerk wäre recht lang und würde in den meisten Fällen zu unnötigen Rechenschritten führen.

Sie wissen vermutlich sofort, dass die Nenner im Weg sind. Auch dass hier nicht gekürzt werden kann (eine Mischung aus „mathematischem Gefühl"[15] und aus Regelwissen signalisiert Ihnen, dass das Verhältnis im Bruch gleich bleibt, wenn gleiche Faktoren aus *Produkten* im Zähler und Nenner entnommen werden). Wie Sie die Nenner „neutralisieren" können und dass und weshalb auf beiden Gleichungsseiten auf die gleiche Weise eingegriffen werden soll, meldet sich aus dem Hinterkopf wie von selbst. Auch dass vermutlich ein quadratischer Zusammenhang vorliegt, taucht in Ihrem Denken auf. Weshalb? *Sie* verbinden mit den Symbolen und auswendig gelernten Routinen mathematische Bedeutungszusammenhänge. Übrigens $x = -3$.

Wie bei einer routinierten Schachspielerin vermischen sich in Ihrem Denken ganz selbstverständlich mathematische Größenbeziehungen und abgespeicherte Regeln und Szenarien, die Sie automatisch durchrastern, spontan verwerfen oder annehmen und umgestalten. Nur ein Teil dieses Tuns dringt in Ihr Bewusstsein (und damit in Ihr Arbeitsgedächtnis) – der Rest wird automatisch erledigt. Sollte ein Schachspieler lediglich die geometrische Ziehweise der Schachfiguren beherrschen und keine Zugszenarien, müsste er vor dem Ziehen bewusst *zu viele* mögliche Folgeschritte jedes Zuges durchdenken. Das würde das Spiel verlangsamen. Hätte eine Schachspielerin jedoch nur Zugszenarien gespeichert und würde nicht über die Logik der geometrischen Zusammenhänge verfügen, könnte sie ihr Faktenwissen nicht besonders effektiv einsetzen.

Ähnlich verhält es sich mit der Algebra. Wenn das Zusammenspiel von semantischem Wissen mit Symbol- und Regelkenntnissen fein austariert gelingt, wird Algebra zu einem nützlichen und anregenden Zeitvertreib. Sind Symbole und Regeln beim Rechnen überwiegend bedeutungsleer, wird Algebra zu einer quälenden Tortur: Man tut etwas, das man nicht (oder kaum) versteht – das anregende Gefühl der (Selbst-)Wirksamkeit bleibt so außen vor.

Versuchen wir also einen anderen Zugang: Die Algebra befasst sich mit *Eigenschaften* von Rechenoperationen. Dabei geht es nicht in erster Linie darum, ein Ergebnis zu erlangen. Die Kenntnis der *Rechenbeziehungen* steht im

15 automatischen semantischen Vorstellungen

Vordergrund. Wofür ist das nützlich? Beispielsweise, wenn wir zwar *Größenbeziehungen* kennen, einzelne Größen jedoch unbekannt sind:

5 Brückenpfeiler ragen aus dem Wasser. Der längste ist 10 m länger als der kürzeste. Der um 2 m kürzere ist doppelt so lang wie der zweitkürzeste. Der mittellange hat zum nächstkürzeren und -längeren den gleichen Unterschied. Die vergilbten Brückenbauunterlagen lassen außer diesen Informationen nur noch die Gesamtlänge der Pfosten von 45 m erkennen. Welche Pfostenlängen müssen für die Restauration vorbereitet werden?

Jetzt ergibt es *Sinn*, die rechnerische Beziehung als Gleichung darzustellen und die noch unbekannte Größe als Variable z. B. als x festzulegen und in die Rechenbeziehung einzufügen:

$$x + (x + 10) + (x + 10 - 2) + \frac{x+10-2}{2} + \frac{x+10-2+\frac{x+10+2}{2}}{2} = 45$$

(Reihenfolge der Summanden: kurzer, längster, zweitlängster, zweitkürzester, mittlerer Pfosten), x = 4.

Durch das Zusammenspiel von semantischem Wissen mit Symbol- und Regelkenntnissen – und damit einen souveränen Umgang mit den Eigenschaften der Rechenoperationen – lässt sich die Gleichung umformen und auflösen.

Eine weitere Anwendung der Algebra ergibt sich, wenn sich eine bestimmte Größenbeziehung häufig wiederholt. Man formuliert diese als Term und setzt die sich wandelnden Größen in die Formel ein. Das vereinfacht sich wiederholende Berechnungen z. B. bei Flächen- oder Körperberechnungen oder bei Ableitungen und vielen anderen Anwendungen.

Wenn *zwei* veränderliche Größen eine festgelegte Beziehung zueinander haben, entstehen Funktionsgleichungen: Einfache Funktionsgleichungen ergeben sich durch Dreisatzzusammenhänge, quadratische Funktionsgleichungen entstehen z. B. durch die Beziehung von Flächeninhalten von Quadraten zur Seitenlänge, Exponentialfunktionen durch die Beobachtung von Wachstumsprozessen usw. Möchte man das Zusammenspiel von drei veränderlichen Größen betrachten, wird es schon schwieriger: Entweder man nutzt Kurvenscharen zur Darstellung oder – falls es sich um lineare Beziehungen handelt – Geraden- bzw. Ebenendarstellungen im dreidimensionalen Koordinatensystem.

Der kleine Ausflug zu mathematischen Inhalten, die mithilfe der Methoden der Algebra erfasst werden, soll verdeutlichen, *wofür* die Algebra entstanden ist. Gesetzmäßigkeiten können beschrieben werden, auch wenn einzelne Größen unbekannt sind. Die unbekannten Größen können ermittelt werden – typischerweise in Form von Gleichungen –, wie auch das Brückenbeispiel schon zeigte. Viele von Ihnen kennen mathematische Rätsel, die ähnlich aufgebaut sind:

„Marc und seine Mutter sind heute zusammen 65 Jahre alt. Vor 10 Jahren war die Mutter 4-mal so alt wie Marc. Wie alt ist Marc heute?"[16]

Mithilfe der Algebra können wir weit mehr als Rätsel lösen – wir können mit Größenzusammenhängen *spielen*, verschiedene Modelle und Szenarien ausprobieren, an unterschiedlichen Stellen Bedingungen ändern und die Wirkung auf den Anfang, den Verlauf oder das Ende ermitteln. Das erfüllt Gleichungen und Terme mit Leben – wenn die Symbole der Algebra mit abstrahierten Größenvorstellungen verbunden sind.

Hier liegt *ein* Schlüssel zu einem lebendigen Verständnis der Algebra – sie zu nutzen, um Größenzusammenhänge der Lebenswelt zu überschauen und zu gestalten und auch um mathematische Rätsel zu lösen. Für viele Lernende wird der mathematische Zugang zu Variablenrechnungen leichter, wenn sie als erstes selbstständig Formeln für einfache geometrische Berechnungen bilden. Der zweite Schlüssel liegt in einem sicheren und routinierten Verständnis der Rechenregeln. Dies wächst durch ein differenziertes (und wiederholtes) Zusammenspiel von Semantik, Symbolen und Sprache. Diesem schrittweise sich bildenden Zusammenspiel waren die vorgängigen 11 Abschnitte aus Kapitel 1.3 gewidmet.

Ein lebendiges Verständnis der Algebra bedeutet auch, dass man Formeln in eigenen Rechenwegen wiedererkennen kann. Zwei Beispiele:

- Beim schrittweisen Lösen der Rechnung 23 · 23 erkennt man plötzlich, dass die erste binomische Formel nach dem gleichen Prinzip aufgebaut ist: (20 + 3) (20 + 3).
- Oder beim Lösen folgender Geburtstagsaufgabe: *Wie hoch ist die Wahrscheinlichkeit, dass keine von 4 Personen am gleichen Wochentag Geburtstag haben?*

Nehmen wir an, die letzten Wahrscheinlichkeitsberechnungen sind eine Weile her und man muss sich neu hineindenken. Die Skizze eines Baumdiagramms hilft, um eine Struktur zu entwickeln.

Es geht um 4 Personen:

- Für die 1. Person sind 7 Wochentage möglich → Wahrscheinlichkeit für den Rechenschritt $P = \frac{7}{7}$.
- Für die 2. Person sind nur noch 6 Wochentage möglich → Wahrscheinlichkeit für den Rechenschritt $P = \frac{6}{7}$.
- Für die 3. Person sind nur noch 5 Wochentage möglich → Wahrscheinlichkeit für den Rechenschritt $P = \frac{5}{7}$.
- Für die 4. Person sind nur noch 4 Wochentage möglich → Wahrscheinlichkeit für den Rechenschritt $P = \frac{4}{7}$.

16 aus dem Schulbuch „Schnittpunkt Mathematik 3" Baden-Württemberg 2005, S. 100

Ergibt für die 4 Personen $P = \frac{7}{7} \cdot \frac{6}{7} \cdot \frac{5}{7} \cdot \frac{4}{7}$. Man beginnt, eine Gesetzmäßigkeit zu ahnen, googelt Formeln und erkennt, dass die folgende Formel das gleiche Prinzip enthalten muss: $P = \frac{n!}{(n-k)!\, n^k}$

Erklärungen dazu: $7! = 7 \cdot 6 \cdot 5 \cdot 4 \cdot 3 \cdot 2 \cdot 1$; n = Anzahl der Tage; k = Anzahl der Personen; ergibt $P = \frac{7 \cdot 6 \cdot 5 \cdot 4 \cdot 3 \cdot 2 \cdot 1}{7^4 \cdot 3 \cdot 2 \cdot 1}$. So erschließt sich der Sinn der Formel über den selbst gestalteten Rechenweg.

1.3.12 Noch komplexer – die Semantik ist nicht mehr direkt greifbar

Die meisten der bisher beschriebenen mathematischen Beziehungen können direkt in eine quantitative Handlung übersetzt werden – sofern das Größenverständnis der Symbole und ihrer Kombinationen gut verankert ist:

- 3 + 5: ein Zusammenfügen zweier Mengen oder Größen (= Menge von Einheiten).
- $3 \cdot 5$: eine Verdreifachung der Menge 5.
- $\sqrt[2]{9}$: Es wird eine Größe gesucht, die mit der gleichen Anzahl vervielfacht 9 ergibt.
- $\frac{3}{5}$: Eine Einheit wird in fünf gleiche Teile gebrochen und verdreifacht.
- a (c + b): Die Größen c und b werden zusammengefügt und gemeinsam a-fach genommen.
- $A = a \cdot b$: Man fügt a-mal eine Reihe mit b Flächeneinheiten zusammen (übereinander).
- x + (x + 10) ...: die Gleichung zu den Brückenpfeilern im letzten Abschnitt zu Algebra.

Je länger die Terme, desto mehr Einzelhandlungen werden aneinandergereiht oder auch mal verschachtelt. Die Vorstellung von Handlungen – und damit auch das Übersetzen in eine Geschichte mit quantitativen Handlungen – bleibt immer noch möglich. Welche Geschichte könnten Sie entlang folgender Gleichung entwerfen?

$(x + 10) + (4x + 10) = 65$ (Lösung $x = 9$)

Vergleichen Sie Ihre Geschichte mit dem Rätsel im vorgängigen Abschnitt über Algebra.

Auch bei einfachen Funktionsgleichungen wie y = 3x + 2 kann ohne formales Wissen über lineare Funktionen der Einfluss der Elemente des Terms auf den y-Wert noch direkt erkannt werden (immer vorausgesetzt, dass die Größenbeziehung der Zeichen von selbst mitgedacht wird): Es ist erkennbar, dass jeder x-Wert verdreifacht wird und dann unabhängig von seiner Größe noch 2 hinzu getan werden, um den entsprechenden y-Wert zu erhalten. Damit ist deutlich, dass der y-Wert um das Dreifache wächst wie der x-Wert –

und dann immer noch 2 hinzugetan werden. Im Verlauf der **Mittelstufe** tauchen Ausdrücke auf, deren quantitative Beziehungshintergründe nicht mehr direkt erkennbar sind, wenn man den Zweck der Formel nicht kennt.

Ein Beispiel: Um die Formel $x_{1/2} = \frac{-b \pm \sqrt{b^2-4ac}}{2a}$ verwenden zu können, benötigen wir Informationen über die *Rahmenbedingungen und die Geschichte* der Formel. Wir müssen die Ausgangsgleichung $ax^2 + bx + c = 0$ kennen und die Umformung mithilfe der binomischen Ergänzung.

Auch für die Formeln sinus $\alpha = \frac{b}{c}$ oder $a^2 + b^2 = c^2$ ist ein Wissen um *zusätzliche* quantitative Beziehungen notwendig: um Rahmenbedingungen, die gelten, die jedoch aus den Termen nicht direkt herauslesbar sind – das Wissen um die Seitenverhältnisse innerhalb rechtwinkliger Dreiecke und um die Beziehung von Quadratflächen, die aus Katheten und Hypothenusen gestaltbar sind. Je komplexer mathematische Problemstellungen sind, umso ausführlicher wäre die Lösung. Deshalb werden für ähnliche Problemtypen Abkürzungen in Form von typgerechten Lösungsformeln entworfen.

Dadurch ändert sich etwas an der gedanklichen Herangehensweise. Wo es vorher noch möglich war, einen mathematischen Ausdruck in sinnhafte quantitative Beziehungen zu übersetzen, ist es nun nötig, den Typ des Problems zu erkennen und einem Lösungsschema zuzuordnen.

Ein Beispiel: Von einer Funktionsgleichung zweiten Grades $y = x^2 + 2x - 5$ sollen die Schnittpunkte mit der x-Achse ermittelt werden.

Für jeden Punkt der x-Achse ist der y-Wert 0. Also gilt die Bedingung: $0 = x^2 + 2x - 5$. Das bisher bekannte Verfahren, x zu isolieren, versagt, weil x und x^2 nicht zusammengefasst werden können. x lässt sich in diesem Fall auch nicht so ausklammern, dass man ein Produkt erhält, das einfacher zu berechnen ist. Damit ist dies ein Anwendungsfall für das Lösungsschema Mitternachtsformel (oder für eine quadratische Ergänzung[17]) der Grundform $0 = ax^2 + bx + c$.

Ein Beispiel der Körperberechnung: In einer 10 cm hohen Pyramide mit gleichseitiger fünfeckiger Grundfläche (Seitenlänge = 3 cm) wird die Kantenlänge s gesucht. Wer die Lösungsschemata für rechtwinklige Dreiecke kennt (und sich die Pyramide aus allen Perspektiven dreidimensional vorstellen kann), sucht gezielt nach diesen Dreiecken und wendet entsprechende Lösungsformeln für Seitenwinkel- bzw. für Seitenbeziehungen an.

Die Kenntnis der Rahmenbedingungen der mathematischen Probleme mündet in die Anwendung einer auswendig gelernten Formel – ein schematisierbares Vorgehen. Das scheint verlockend, wenn man an das teilweise sehr ausführliche Übertragen quantitativer Beziehungen in komplizierte

17 Ein Lösen quadratischer Gleichungen durch Ergänzen wäre aus meiner Sicht vorteilhafter: Es dauert nicht länger und ermöglicht das Verständnis des *gesamten* Lösungswegs. Es erübrigt sich auch ein Substituieren.

Terme (Modellieren) denkt. Könnte das Übertragen quantitativer Beziehungen in Terme nicht *prinzipiell* durch Lösungsschemata ersetzt werden?

Die Antwort hängt vom Ziel ab, das man für die Lernentwicklung der Schülerinnen und Schüler sieht:

1.3.13 „Hauptsache, das Ergebnis stimmt“ oder „Der Weg ist das Ziel“? – Ein Fallbeispiel aus der Kursstufe

Hier handelt es sich um unterschiedliche Schwerpunktsetzungen für das Lernziel. Im ersten Fall steht das Abarbeiten der vorgeschriebenen Themenfelder im Vordergrund. Dafür werden verschiedene Kompetenzen benötigt: strategischer Umgang mit Lernthemen und Lehrenden, Aufbau mathematischer Routinen, Üben, geschicktes Abschreiben, also eine Bandbreite von Fähigkeiten, die auch in anderen Schulfächern nützlich sind.

Im zweiten Fall steht der Umgang mit Größenbeziehungen im Vordergrund: Erkennen und Abstrahieren quantitativer Bewegungen und Beziehungen, Herausfinden von deren Gesetzmäßigkeiten, Aufstellen von Modellen, Ertüfteln von Lösungen für Probleme quantitativer Art. Auf diese Weise wird gleichzeitig systematisches Problemlösen und folgerichtiges Argumentieren geschult.

Beide Gewichtungen sind mit Einschränkung möglich: Im zweiten Fall rechnet man ohne jegliche Formelkenntnis zu langsam. Im ersten Fall sind *ganz ohne* Vorstellung der Größenbeziehungen die Lernthemen nicht zu schaffen. Selbst ein gutes strategisches Vorgehen scheitert dann am *Erkennen* mathematischer Rahmenbedingungen sowie an diversen Umformungs- und Rechenschritten. Dazu ein eindrückliches Fallbeispiel aus der Kursstufe:

Inan kam zur Beratung, weil sie ihre mathematischen Schwierigkeiten besser einordnen und verstehen wollte. Ich bat sie, ihre schulische Entwicklung zu erzählen:

> „In der Grundschule hatte ich schon Schwierigkeiten beim 1 x 1, beim Kopfrechnen etc. Mama hat viel mit mir gelernt. Dann hatte ich Hemmungen z. B. beim 1 x 1-Fußball. In der Grundschule hatte ich in Mathe oft 4er. Dann kam die Empfehlung für die Haupt- oder die Realschule. Dann Realschule – mit 1,9 abgeschlossen. Mathe ging grad so mit 3-. Ich bin mit Mathe ins Mündliche. Ich hab die 3 geschafft – die Lehrerin war sehr freundlich. Kopfrechnen hab ich total vernachlässigt [für Realschulprüfungen sind für alle Teile Taschenrechner erlaubt], aber jetzt gibt es immer einen Teil ohne Taschenrechner. Mir ist das extrem peinlich wegen des Kopfrechnens. Dann hab ich mich hingesetzt und im Internet Kopfrechenübungen gesucht. Leichte Tests fielen mir trotzdem schwer.“

Sie fuhr fort mit Beschreibungen aus der Sekundarstufe: „Brüche waren überhaupt nicht gut. Dreisatz kann ich bis heute nicht. Sinus und Cosinus schwierig." Daraufhin notierte ich eine Bruchrechnung und bat sie, diese zu lösen: $\frac{3}{5} + \frac{3}{6} =$. Sie dachte kurz nach und schrieb dann: $\frac{3}{5} + \frac{3}{6} = \frac{6}{11}$.

Inan erzählte weiter vom Wechsel zu einem Aufbaugymnasium (3-jährig): „In der 11. Klasse Mathenoten 1,5 oder 2." Der Lehrer hatte vor den Klassenarbeiten Übungsaufgaben gegeben, die den Aufgaben der Klassenarbeit sehr ähnlich waren. So konnte Inan die Aufgaben auswendig lernen: „Auswendig lernen kann ich gut."

In der 12. Klasse wechselte der Mathematiklehrer. „Für den Mathelehrer ist immer alles logisch. Er kann es aber nicht erklären. Ich lerne viel, in Lerngruppen, aber da treten auch peinliche Situationen auf. [...] Ich suche mir erst die einfachen Aufgaben und dann kann ich nichts mehr [...]. Bei den Kurven kann ich mir nix vorstellen." So weit einige Aspekte aus Inans schulischer Entwicklung.

Beim folgenden diagnostischen Gespräch wurde offensichtlich, dass Inan beim Rechnen wenig quantitative Repräsentationen benutzte. Additions- und Subtraktionsaufgaben löste sie häufig automatisiert abzählend. Verschiedene Multiplikationsaufgaben konnte sie auswendig, jedoch meist mit unsicherem Gefühl verbunden (manchmal verwechselte sie Aufgaben aus benachbarten Reihen). Brüche waren für sie nicht von einer selbstverständlichen Größenvorstellung begleitet, außer alltagsübliche Brüche wie $\frac{1}{2}$ oder $\frac{1}{4}$. Ein Übertragen von Termen des Grundschulbereichs in Sachzusammenhänge (und umgekehrt) war für Inan durchaus mühsam. Häufig vorkommende Alltagsgrößen– etwa gängige Eurobeträge oder Gewichtsangaben – konnte Inan spontan einordnen. Darüber hinaus hatte sie Schwierigkeiten im Umgang mit Größen. Der Umgang mit linearen Funktionsgleichungen des Typs $y = mx + b$ war vorwiegend rezepthaft. So in etwa „m bedeutet eins nach rechts und m hoch und b ist der Punkt auf der y-Achse", eben ohne Gefühl für die innere Dynamik der Funktionsgleichung.

Das Fallbeispiel Inan zeigt eine im Sekundarbereich nicht ganz seltene Mischung von kognitiver Beweglichkeit, funktionalem Lernverhalten und schematisiertem mathematischem Vorgehen mit wenig abstrakt-semantischer Verarbeitung. In den wenigsten Fällen wird damit in der 11. Klasse eine akzeptable Note erzielt. Die Fallbeschreibung hilft, die Antwort zur Frage, ob man mathematische Aufgaben prinzipiell mithilfe von Lösungsschemata lösen sollte, einzugrenzen: *Unterschreitet das mathematische Verständnis einen Mindestanteil, verliert man den Überblick und die Kontrolle des Problems – selbst in vorstrukturierten Aufgaben der Schulmathematik.* Weitere Ausführungen zur Beschaffenheit des mathematischen Unverständnisses finden sich in Kapitel 2.

1.4 Zum Schluss von Kapitel 1

Üben?

In den letzten Abschnitten stand die Bildung von mathematischem Verstehen im Vordergrund. Auf das *Üben* von Rechnungen wurde bisher kaum eigegangen. Üben von Aufgaben kann verschiedene Effekte mit sich bringen: Das Verständnis eines Zusammenhangs wird durch mehrfaches Vorstellen vertieft. Verarbeitungsprozesse werden beschleunigt und teilweise automatisiert, sodass sie nicht mehr *bewusst* verarbeitet werden müssen, sondern sich von selbst einstellen. Dadurch wird Raum frei, um komplexere Aufgaben zu lösen – übergeordnete Ziele werden bewusst verarbeitet und untergeordnete Rechenprozesse erfolgen automatisiert, z. B. beim Lösen einer komplizierten Bruchgleichung: Das Ziel, x in eine passende Form zu bringen (linear, quadratisch oder Nullprodukt), steht im Vordergrund. Im Hintergrund werden die Impulse für algebraische Umformungen gebildet. Das geht nur, wenn das Verständnis der mathematischen Größenbeziehungen, die der Algebra zugrunde liegen, automatisiert ist.

Durch Üben können mathematische Vorgehensweisen jedoch auf verschiedene Arten automatisiert werden: verständnisgetragen und strategisch oder als auswendig gelernte Rezepte. Die Gewichtung verschiedener Automatisierungsweisen wird in Kapitel 2.1.1 vertieft und grafisch aufbereitet.

Überblick zu Strukturen mathematischen Verstehens – mit Leitfragen zum Stand der Verständnisbildung verschiedener Altersstufen

In den Kapiteln 1.2 und 1.3 haben wir verständnistragende Elemente des mathematischen Denkens in ihrer Funktion und ihrem Entstehen untersucht. Dabei wurde deutlich, wie wichtig ein fein austariertes Zusammenspiel unterschiedlicher Verarbeitungsanteile ist: Einerseits abstrakte Größenvorstellungen, die mathematische Beziehungen repräsentieren (Semantik), und andererseits Symbole und Versprachlichungen, die quantitative Gegebenheiten, Beziehungen und Handlungen kodieren. Mit den semantischen Verarbeitungsanteilen *begreifen* wir Zusammenhänge. Durch Symbole und Sprache halten wir Zusammenhänge fest und tauschen sie mit anderen Menschen aus. Nicht selten schließen wir aus richtig notierten Rechnungen auf vorhandenes Verständnis und vergessen, dass diese auch auswendig gelernt sein könnten.

Zentral für das Verständnis sind abstrakte geometrische Größenvorstellungen (vgl. Kap. 1), die schon um die Geburt beginnen. Räumliche Herausforderungen bringen uns dazu, Ausdehnungen zu verarbeiten – zu Beginn sehr grob und ungenau, dann immer differenzierter. Die erfassten Ausdehnungen werden erst viele Monate später mit *Worten* wie „lang", „weit" oder

„hoch" verbunden. Mit zunehmendem Alter werden immer mehr messbare und zählbare Merkmale der Welt wichtig. Sie werden wahrgenommen, abstrahiert, verarbeitet und mit Worten verbunden. Die Auseinandersetzung mit Nahrung, Kleidung und räumlichen Gegebenheiten – also insbesondere mit lebenserhaltenden Faktoren – bieten viele Anregungen quantitativer Art.

Bei mathematischer **Frühförderung** lohnt es sich zu beobachten, ob die angeregten Handlungen vor allem der mathematischen *Darstellung* gewidmet sind (also nach Mathematik „aussehen") oder ob sich bei den Kleinen auch mathematisches Denken ereignet.

Ab etwa dem 4. Lebensjahr wachsen quantitative Vorstellungen gemeinsam und eng verzahnt mit dem Zuwachs an passenden Wörtern (s. auch Abb. 13). *Vor* dem 4. Lebensjahr sind Zahlworte oft noch nicht mit mathematischer Bedeutung „gefüllt".

Um die Einschulung herum wird die räumlich-analoge Zahlenvorstellung gebildet und mit Symbolen und Worten verbunden (vgl. Kap. 1 Vernetzung ...). Eine selbstverständliche Nutzung der räumlich-analogen Zahlenvorstellung spielt für die weitere mathematische Entwicklung eine wegweisende Rolle. Flexibel einsetzbare und zugleich eindeutige Operationsvorstellungen sowie das Verständnis des wachsenden Zahlenraums basieren auf einer gut verankerten räumlich-analogen Zahlenvorstellung – so auch die weitere mathematische Entwicklung der Sekundarstufe. Deshalb lohnt es sich, die folgende Checkliste im **Grundschulalter** durchzugehen:

- Ist die Übertragbarkeit von Rechnungen auf Sachzusammenhänge altersgemäß flexibel vorhanden?
- Können einfache mentale Päckchen gebildet werden? (s. Kap. 2)
- Sind Rechnungen selbstverständlich von abstrakten semantischen Vorstellungen begleitet?
  - Das heißt, wird die räumliche-analoge Zahlenvorstellung *verlässlich* verwendet? (Es reicht z. B. noch nicht, wenn Zahlgrößen verglichen werden können.)
  - Wird Überschlagrechnen automatisch eingesetzt?
  - Werden selbstverständlich geschickte Rechenwege gewählt? Sind von Verständnis durchdrungene, ausreichende Kopfrechenfähigkeiten gebildet?
- Können Größenmerkmale (z. B. Längen, Gewichte, Flächen etc. und deren Einheiten) gut unterschieden und abstrahiert werden?
- Werden von selbst Kommentare zu quantitativen Beziehungen abgegeben? („So lang?")
- Sind geometrische Vorstellungen mit Richtungsvorstellungen und Rotationen vorhanden? (z. B. selbstständiges Zeichnen einfacher Netze)
- Können Handlungen umgekehrt gedacht werden? (z. B. Lückenaufgaben, Gleichungen, Spiegelungen)

Ist das Zusammenspiel semantischer und formaler Verarbeitungsanteile (Zeichen und Sprache) bis zum Ende der Grundschulzeit gut eingespielt, kann darauf aufgebaut werden: Die Vorstellung proportionaler Zusammenhänge wird weiter ausgebildet, sie wird strukturierter und komplexer. Dazu trägt die mittlerweile ebenfalls weiterentwickelte geometrische Vorstellung von maßstäblich vergrößerten und verkleinerten Formen bei. Auch die Größenvorstellung von Brüchen basiert auf der geometrischen Vorstellungsfähigkeit proportionaler Zusammenhänge. Das Bruchrechnen bringt einschneidende Veränderungen in der Kodierung der Zahlzeichen mit der Größenbedeutung mit sich (s. Kap. 2 drei Abschnitte zu Brüchen). Das mag dazu beitragen, dass Bruchrechnen von vielen Lernenden recht mechanisch bearbeitetet wird – was später immer wieder zu Verunsicherungen führt.

Zum Verständnis von Variablen wird die Vorstellungsfähigkeit von abstrakten Behältern (oder Hüllen oder Päckchen) benötigt – vorgestellte Behälter, deren Inhalt eine relevante Größe umfasst. Auch für einen verständigen Umgang mit Klammern wird das Konzept „mentaler Behälter" benötigt (s. Kap. 2 Abschnitte zu Geometrie und Verschachtelung). Viele Schülerinnen und Schüler können durch ein selbstständiges Entwickeln von Lösungsformeln für einfache geometrische Berechnungen einen guten mathematischen Zugang zu Variablen finden.

Der **Übergang von der Unterstufe zur Mittelstufe** eignet sich, um erneut zu prüfen, ob verständnistragende Elemente ein selbstverständlicher Teil des Verarbeitens sind. Folgende Checklistenfragen können diese Einschätzung unterstützen:

- Können geometrische Formen zeichnerisch proportional verkleinert und vergrößert werden?
- Können zur Geometrie selbstständig Rechnungen entwickelt werden?
- Ist die räumlich-analoge Größenvorstellung von Stammbrüchen gut gefestigt? (Ausgehend von einem Einer – *nicht* von einer Kästchenanzahl, die der Nenner vorgibt.)
- Kann die relative Größe von Brüchen schätzend verglichen werden?
- Sind Bruchrechnungen von abstrakten semantischen Vorstellungen begleitet? Kann beispielsweise erklärt werden, was sich bei $\frac{1}{2} \cdot \frac{1}{3}$ ereignet?
- Können Bruchrechnungen in Sachzusammenhänge übertragen werden?
- Können geometrische Berechnungen (z. B. Umfang, Fläche, Volumen) sinnvoll erklärt werden? Können daraus allgemeine Berechnungsformeln entwickelt werden?
- Können Rechnungen wie z. B. 5 (9 – 4) in einen Sachzusammenhang übertragen werden?
- Können Körperformen mental gedreht und geklappt werden?
- Können Terme zu passenden Sachzusammenhängen zugeordnet werden?

- Können aus Rätseln einfache Gleichungen gebildet (und gelöst) werden?
- Können die angesprochenen Handlungen auch rückwärts gedacht werden?
- Ist das Nachdenken über die Handlung, die durch einen Term ausgedrückt wird, eine Gewohnheit, die von selbst immer wieder vorkommt?

Zur **Oberstufe** hin nehmen die Komplexität und der Abstraktionsgrad mathematischer Beziehungen deutlich zu: Eine Vielzahl von funktionalen Zusammenhängen entfaltet sich. Für jeden Typus müssen jeweils variable Wirkstränge ineinander verflochten gedacht und berechnet werden können – und auf ebenso komplexe Sachzusammenhänge übertragen werden. Sämtliche der bis dahin gebildeten gedanklichen Vorstellungswerkzeuge werden benötigt: eindeutig, trennscharf und auf selbstverständliche Weise nutzbar. Die Fähigkeit, Prozesse ineinander verschachtelt denken und verstehen zu können, ist jetzt stark gefragt.

Um Operationen ineinander zu verschachteln, ist zudem ein klares Verständnis jeder Einzeloperation (z. B. Potenz oder Sinus) grundlegend. Umfassende geometrische Vorstellungskompetenzen sind *dafür* wie auch zur Verarbeitung von Funktionen im dreidimensionalen Raum fundamental. Darüber hinaus sind *unspezifische* Voraussetzungen wie Verarbeitungsgeschwindigkeit, Arbeitsgedächtniskapazität, emotionale Stabilität usw. erforderlich.

Für immer wieder auftauchende Problemkonstellationen, wie etwa quadratische Gleichungen oder Ableitungen, wurden Lösungsformeln geschaffen, die einerseits Lösungswege verkürzen, aber andererseits durch das schematisierte Vorgehen möglicherweise den mathematischen Prozess in den Hintergrund rücken lassen.

Im Folgenden einige Beispielfragen, um das mathematische Verständnis am Anfang der Oberstufe abzutasten – mit Zeit und Raum zum Ausprobieren und ohne die Checklisteninhalte zuvor speziell eingeübt zu haben:

- Können für lineare Funktionen passende Sachzusammenhänge erfunden werden?
- Können lineare Funktionsgleichungen aus punktuellen Angaben ohne Lösungsformeln entwickelt werden?
- Können quadratische Gleichungen ohne Mitternachtsformel gelöst werden?
- Kann ein sinnvoller Sachzusammenhang für eine quadratische Funktionsgleichung erfunden werden?
- Können Potenzrechnungen in sinnvolle Sachzusammenhänge übersetzt werden?
- Können Potenzregeln begründet werden?

- Kann aus einem einfachen binomischen Ausdruck ein passender Sachzusammenhang gestaltet werden?
- Kann eine Umformung für einen unvermittelt auftauchenden Bruchterm gefunden werden?
- Kann anhand einfacher physikalischer Formeln der jeweils beschriebene physikalische Zusammenhang erklärt werden?
- Sind im Koordinatensystem die *geometrischen* Bedeutungen von f(x) und x klar?
- Sind geometrische Zusammenhänge (Drehungen, Bildung von Netzen) noch präsent?
- Kann eine Funktion *grafisch* abgeleitet werden?
- Können die Umkehrungen von einer Potenzrechnung erklärt werden?
- Können Lösungsschemata bei der Kurvendiskussion (z.B. „NEW") begründet werden?

Die hier angebotenen Checklisten sind in erster Linie dafür ausgelegt zu erkennen, wie mathematische *Beziehungen* verarbeitet werden. Zur Erhebung des *Wissensstandes* – also Verständnis kombiniert mit Faktenwissen und Übungspraxis – eignen sich im Buchhandel erhältliche Arbeitsbändchen für die Unter-, Mittel- oder Oberstufe (z.B. „Fit für die Oberstufe"). Für diese Art der Leistungsbeurteilung sollte berücksichtigt werden, dass verschiedenen Arten des Übens im Hintergrund stehen können: eher mit mechanischem Schwerpunkt oder mit Verständnisorientierung. Dazu mehr im vorigen Abschnitt *Üben?* bzw. in Kapitel 2.1.1.

Ich möchte den Überblick zu den Strukturen mathematischen Verstehens mit einer spiralförmigen Grafik abrunden. Sie zeigt die Bildung verständnistragender Elemente bzw. quantitativer Abstraktionen von Geburt an. Die beschriebenen Elemente sind als geometrische Repräsentationen im *semantischen Modul* zu denken und bauen von Schleife zu Schleife aufeinander auf (Abb. 49, S. 74). Auf die beiden weiteren Codierungsebenen nach dem *TCM* für Sprache und Zeichen wurde in der Grafik der Übersichtlichkeit halber verzichtet – doch sind sie durch die davorliegenden Texte leicht erschließbar. Zur Ergänzung eignen sich die Informationen aus Tabelle 1 (Kap. 1.3.10). Blau gedruckt sind semantische Repräsentationen, die *grundlegend zur Bildung der räumlich-analogen Zahlenvorstellung* beitragen. Vorstellungselemente, die wichtig zur Bildung der Semantik *kombinierter Grundoperationen* sind, erscheinen in Violett (s. Abb. 49, S. 74).

Einige Texte rund um das Thema

Das Buch *Der Zahlenteufel* von Hans Magnus Enzensberger beschreibt auf unterhaltsame Weise den Aufbau der Zahlen: Einem Jungen, der große Schwierigkeiten mit dem Rechnen hat, erscheint regelmäßig nachts im Traum ein Wesen, das ihm den Zahlaufbau näherbringt und die Rolle der „1" dabei betont. Nach wie vor sehr lesenswert ist Piagets *4-Stufenmodell* – auch wenn manche Aspekte nach heutigem Forschungsstand korrekturbedürftig sind. Er beschreibt, wie Wissen selbsttätig konstruierend durch Aufbauen und Anpassen von Wissensstrukturen erworben wird (Montada 1998, S. 519 ff.).
Benz, Peter-Kroop und Grüßing (2015) fassen in ihrem Buch *Frühe mathematische Bildung* vorschulische Entwicklungsmodelle zusammen. Sie beschreiben das Stufenmodell nach Fritz und Ricken (von 2008) und gehen auf das Zahl-Größen-Verknüpfungsmodell von Krajewski (von 2009) ein (Kapitel 1.4). Die Doktorarbeit von Käter (2017) geht ebenfalls in Kürze auf beide Modelle ein und ist im Internet frei zugänglich. Von Aster, Kucian und Martin stellen die Zahlenverarbeitung aus Sicht der Gehirnfunktionen in einem 4-Stufen-Modell dar (von Aster, Kucian & Martin 2006 bzw. Grond, Schweiter & von Aster 2013).
Hartmut Spiegel und Christoph Selter befassen sich in ihrem Buch mit der kindlichen Herangehensweise an Mathematik in der Grundschulzeit. Sie betonen die wichtige Funktion von eigenständigem Lösen und untermauern das mit Beispielen aus der Praxis: *Kinder & Mathematik, Was Erwachsene wissen sollten*.
Jacobs und Petermann beleuchten in *Diagnostik von Rechenstörungen* die Entwicklung mathematischer Kompetenzen eher aus neurokognitiver Perspektive (Kapitel *2 Theorien und Modelle der Zahlenverarbeitung und Rechenfertigkeiten* und Kapitel *3 Entwicklung mathematischer Kompetenzen*).
Fritz und Schmidt gaben 2009 das Buch *Fördernder Mathematikunterricht in der Sek. I* heraus. Das Buch bietet Beschreibungen zu „Schwierigkeiten mit der Arithmetik bei den Lernenden in der Sekundarstufe I" und didaktische Anregungen für die Sekundarstufe I von verschiedenen Autorinnen. Im Abschnitt *Was wissen wir über die Entwicklung arithmetischer Kompetenzen in der Sekundarstufe I?* weisen Moser und Opitz (2009, S. 39) darauf hin, dass für die Sekundarstufe I die „Forschungslage noch immer dürftig" ist.
Von der Autorin wurde 2013 ein ganzheitliches Entwicklungsmodell zum Verständnis mathematischer Denkprozesse für die Verwendung in Fortbildungen entworfen (Müller 2013).

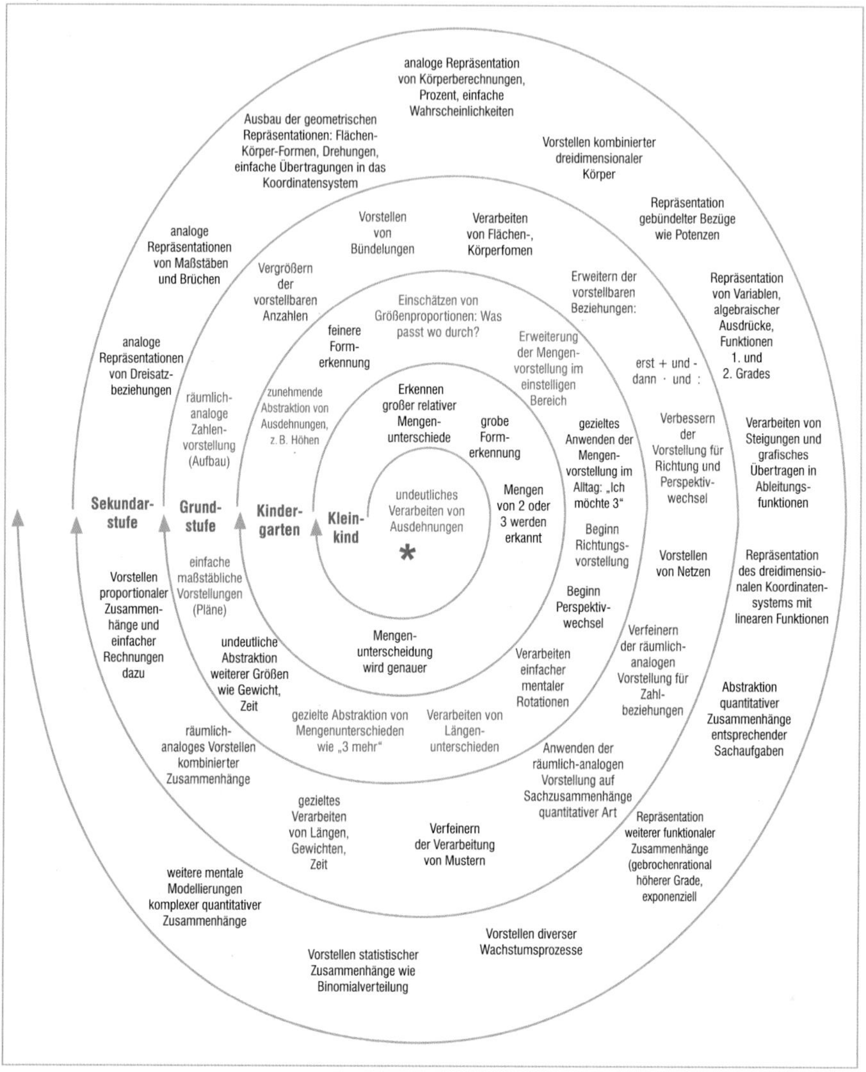

Abb. 49: Übersicht zur Entwicklung quantitativer Abstraktionen von Geburt bis in die Oberstufe; Blau: semantische Repräsentationen, die besonders grundlegend für die Bildung der räumlich-analogen Zahlenvorstellung sind. Violett: wichtige Vorstellungselemente für die Bildung der Semantik kombinierter Grundoperationen

2 Dyskalkulie in der Sekundarstufe – wenn sich das Denken sträubt

Bei Dyskalkulie liegt eine Minderleistung in Mathematik vor, die nicht daher rührt, dass kein Mathematikunterricht besucht wurde oder dass niemals eine Übungsaufgabe gerechnet wurde. Vielmehr erscheint die mathematische Inkompetenz den Beteiligten rätselhaft. In der Sekundarstufe lässt sich das Phänomen der Dyskalkulie besonders schwer greifen. Woran liegt das?

Zunächst ist festzuhalten, dass in der schulalltäglichen Praxis nicht nur seitens der Eltern, sondern auch seitens der Lehrerschaft eine erhebliche Unsicherheit besteht, ob Dyskalkulie als auf die Grundschule begrenztes Phänomen zu betrachten ist oder ob es sich auch in der Sekundarstufe zeigt. Lassen sich besondere Schwächen in Mathematik nicht einfach auf mangelnde Begabung oder geringere Intelligenz zurückführen?

Auch in der Forschung ist die Thematik noch zu wenig durchleuchtet – mathematische Entwicklungsprozesse bei Schülerinnen und Schülern der Sekundarstufe lassen sich empirisch schwieriger fassen als in der Grundschule, weil mathematische Inhalte immer komplexer werden und auf einer Vielzahl von Grundlagen fußen. Eine Bandbreite verschiedener Lösungswege wird möglich. Ein richtig erzieltes Ergebnis bedeutet noch nicht, dass der Rechenweg verstanden wurde und umgekehrt. Die Vielfalt der möglichen Zusammenhänge erschwert empirische Untersuchungen.

Ein Blick in den Therapiealltag zeigt, dass die gängigen therapeutischen Konzeptionen und Ausbildungen für *Grundschüler* ausgelegt sind. Diese lassen sich nur sehr eingeschränkt auf Sekundarstufenschülerinnen und -schüler übertragen, deren kognitive Flexibilität, Faktenwissen und Problemlösestrategien sich weiterentwickelt haben – wie auch deren zusätzlich hilfsweise gebildeten mathematischen Ersatzstrategien.

Die größte Verunsicherung jedoch ergreift betroffene Lernende – meist ohne, dass sie von Dyskalkulie jemals gehört haben, weil sich ihr Denken im Umgang mit quantitativen Zusammenhängen unerklärlich sträubt und sie sich in diesem Prozess als hilflos ausgeliefert erleben: verunsichert und an sich zweifelnd.

In diesem Kapitel werden wir uns dem Phänomen Dyskalkulie aus verschiedenen Richtungen nähern. Dabei kommen betroffene junge Menschen und ihre Eltern jeweils getrennt nach den Schulstufen Unterstufe, Mittelstufe und Oberstufe zu Wort, um ihre Erlebnisse, ihre Begegnung mit Mathematik zu schildern. Wichtige Phänomene, wie sie im Unterricht, zu Hause oder in Klassenarbeiten vorkommen, werden benannt und aufbereitet. Für jede Stufe werden typische Rechenbeispiele vorgestellt und mit in Kapitel 1 behandelten mathematischen Denkstrukturen verbunden. Die Grundlage für die Ausführungen bilden praktische Erfahrungen aus einer Vielzahl therapeutischer Sitzungen, die mit neurokognitiven Forschungen (insbesondere dem *Triple-Code-Modell*) verbunden und systematisch aufbereitet wurden. Zuerst werde ich verschiedene Definitionen von Dyskalkulie erläutern, dann die Mischung aus automatisierten bzw. bewussten Verarbeitungsweisen aufzeigen. In Kapitel 3.2 werde ich auf die Rechenschwäche im Grundschulalter eingehen und schließlich die Erscheinungsformen von Dyskalkulie in der Sekundarstufe mit diversen Fallbeispielen entfalten. Zum Schluss füge ich noch fachliche Informationen für Betroffene an.

2.1 Definitionen von Dyskalkulie aus unterschiedlichen Blickwinkeln

Ich beginne mit einer **Definition von Dyskalkulie, die sich an Leistungsmessungen** orientiert. Sie ist der *S3-Leitlinie zur Diagnostik und Behandlung der Rechenstörung (2018)* entnommen. Diese wurde unter der Federführung der Deutschen Gesellschaft für Kinder- und Jugendpsychiatrie, Psychosomatik und Psychotherapie e. V. in Zusammenarbeit mit Fachverbänden und Expertinnen und Experten erstellt und ist im Netz frei zugänglich:

> „Bei einer Rechenstörung liegt eine Minderleistung im Bereich Mathematik (Basiskompetenzen, Grundrechenarten und/oder Textaufgaben) vor. Die Defizite zeigen sich dabei in der Richtigkeit und der benötigten Zeit bei der Bearbeitung von Aufgaben. Begleitet sind diese Minderleistungen in der Regel von Schwierigkeiten im Arbeitsgedächtnis, insbesondere dem visuell-räumlichen Arbeitsgedächtnis (d. h. korrektes Speichern und Abrufen visuell-räumlicher Informationen) sowie den exekutiven Funktionen, insbesondere der Inhibition (d. h. schnelles Unterdrücken ablenkender Reize)."
>
> (S-3 Leitlinie Diagnostik und Behandlung der Rechenstörung 2018, S. 6)

Die Beschreibung in der Leitlinie resultiert aus einer umfassenden Literaturauswertung und stützt sich u. a. auch auf den *Internationalen Katalog psychischer Störungen (ICD 10)* und das *Diagnostische und statistische Handbuch psychischer Störungen (DSMV)*. Sowohl die Literatur als auch die Handbücher beziehen sich vor allem *auf Dyskalkulie im Grundschulalter*, weil hierzu die meisten Untersuchungen existieren. Sekundarstufenschülerinnen und -schüler mit Dyskalkulie werden durch die Definition nur eingeschränkt erfasst – beispielsweise sind Basiskompetenzen (Kap. 2.5, wie in der Definition aufgeführt) sehr selten betroffen, dafür jedoch höhere Funktionen –, doch dazu mehr in den nächsten Kapiteln. Die aus der Definition abgeleitete Diagnostik stützt sich auf Leistungstests und ermittelt den Unterschied zur Durchschnittsleistung. Für diesen Unterschied wird eine Mindestgrenze festgelegt (in Prozentrang oder Standardabweichungen), durch die definiert wird, ob eine Rechenstörung vorliegt oder nicht – dazu mehr im Kapitel „Hinweise zur Diagnostik".

Im **praktischen Umgang mit Dyskalkulie** geht es nun weniger darum festzulegen, ob die Grenze von z. B. 5 % der Leistungsschwächsten über- oder unterschritten ist, sondern darum, die Betroffenen so weit zu verstehen, dass ihnen sinnvoll geholfen werden kann. Es kommt immer wieder vor, dass ein Kind aus der 5. oder 6. Klasse vorgestellt wird, das sehr intelligent und lernfreudig ist, sich jedoch mit Mathematik immer etwas schwergetan hat. Die Eltern haben das Kind schon in der Grundschulzeit bei den Mathematikhausaufgaben unterstützt und irgendwann Nachhilfe organisiert, um das familiäre Miteinander nicht durch Mathematik zu sehr zu belasten. (Häufig hatten die Kinder schon *mehrere* Nachhilfelehrerinnen.) Doch die Eltern beobachten, dass sich ihr Kind immer noch schwertut und auf eine Weise rechnet, die sie von den älteren Geschwistern nicht kannten. Dazuhin werden die Noten schlechter. In den Leistungstests wird der Unterschied von zwei Standardabweichungen zum Altersdurchschnitt jedoch unterschritten. Nach der Einteilung der Internationalen Klassifikation ICD 10 läge damit keine Rechenstörung vor. Soll dieses Kind nun keine therapeutische Unterstützung bekommen, weil es zu viele Leistungspunkte erzielt hatte?

Wir können den erzielten Leistungspunkten nicht ansehen, *wie* sie erzielt wurden – ob durch Anwenden von diszipliniert auswendig gelernten Schemata oder durch Lösungswege, die verständnisgetragen waren –, das heißt, ob die kognitiven Strukturen für eine weitere Lernentwicklung *tragfähig* sind. Auch den *nicht* erzielten Leistungspunkten sehen wir nicht an, ob sie durch mangelnde Beschulung oder Schulverweigerung oder aber durch ein Nichtverstehen-*Können* bedingt sind.

Deshalb ist es wichtig zu verstehen, *wie* die jungen Menschen mathematische Zusammenhänge verarbeiten: *Welche* mathematischen Inhalte verstanden sind und welche nicht. Wie *tief* Verständnislücken reichen. Wie viel und was auswendig gelernt wurde. Wie die Anteile von rezepthaftem bzw. konstruierendem Vorgehen beim Lösen von mathematischen Problemen sind – auch sortiert nach mathematischen Inhalten. Zusammen mit den Leistungspunkten ergibt das ein differenzierteres Bild.

Außerdem stellen sich weitergehende Fragen: Wie stark sind bereits Abwehrstrukturen gegenüber Mathematik ausgebildet? Wie passiv oder aktiv ist das Lernverhalten? Wie ist die Fähigkeit zur Selbststrukturierung? Wie die kognitive Flexibilität? Was ist das derzeitige Entwicklungsziel? Wie verläuft die Beschulung? Welche weiteren Entwicklungshindernisse sind von dem jungen Menschen zu verarbeiten? ...

Die **Definition der Dyskalkulie aus dem Blickwinkel der Verarbeitungsweise** orientiert sich aus den genannten Gründen an der Dynamik des Verarbeitens: Bei Dyskalkulie ist die Balance aus mathematischem Verstehen und mechanischem Bearbeiten so weit verschoben, dass mechanisches Bearbeiten weitgehend dominiert. Aus dem Blickwinkel des *Triple-Code-Modells* betrachtet: Die für das Verständnis zentrale Repräsentation von Größenbeziehungen hat wenig tragende Funktion im Zusammenwirken mit Symboldarstellungen und Textformen. Sie ist für die entsprechenden Problemstellungen zu wenig differenziert ausgebildet und in zu geringem Maß mit Sprach- und Symbolformen verknüpft.

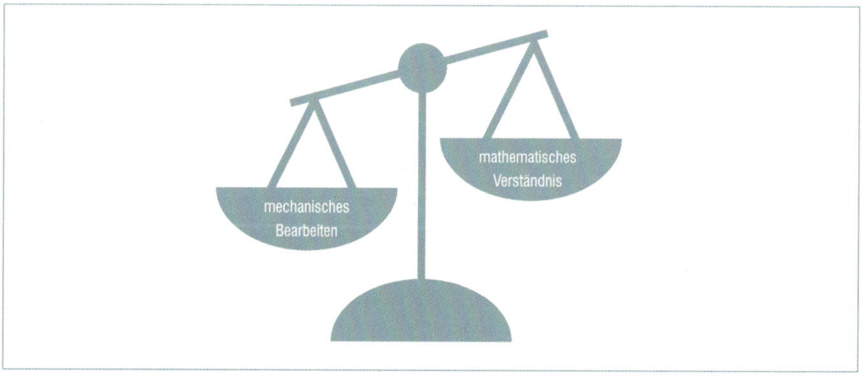

Abb. 1: Balance aus mechanischem Bearbeiten und mathematischem Verständnis bei Dyskalkulie

Es wird also in erster Linie nach auswendig gelernten „Rezepten" gearbeitet und kaum nach dem mathematischen Sinn – auch nicht latent im Hintergrund. Im Vordergrund steht die Suche nach Indizien, die auf passende Schemata hinweisen und nicht das Aufspüren quantitativer Beziehungen und deren Abstraktionen. In der Praxis lassen sich zwei auffällige Subtypen des dysfunktionalen mathematischen Verarbeitens unterscheiden: *mit* und *ohne* geometrische Vorstellungsschwäche. Wenn sich die Fähigkeit, räumliche Zusammenhänge zu abstrahieren, verzögert und abgeschwächt entwickelt hat, fehlen wichtige Werkzeuge und Anwendungsbezüge für mathematisches Denken (s. Kap. 1.3.10). Hat sich dysfunktionales mathematisches Verarbeiten trotz vorhandener räumlicher Vorstellungskompetenzen entwickelt, liegen andere Gründe vor – etwa eine Neigung zu abbildhaftem Lernen in Verbindung mit Desinteresse an quantitativen Beziehungen. Wann immer eine oder mehrere „Bedingungen für die Verarbeitung mathematischer Informationen" (s. Kap. 1.2) fehlen, kann sich eine dysfunktionale Ausprägung des Rechnens entwickeln.

Wie bereits schon in Kapitel 1.1 und 1.3 beschrieben, kommt es für ein effektives mathematisches Arbeiten auf die *geeignete Mischung* aus der Anwendung von Rezepten und mathematischem Verstehen an: Solange ein Verständnis der relevanten Größenbeziehungen im Denkhintergrund mitschwingt (automatisiert mitläuft) oder auch immer wieder in den Vordergrund tritt (*also bewusst* gedacht wird), haben auswendig gelernte Rezepte und Formeln einen untergeordneten Status. Sie fungieren als *mathematische Werkzeuge*.

Mit *mathematischem Sinn oder Verständnis* sind Denkvorgänge gemeint, die sich an relevanten quantitativen Merkmalen und Beziehungen orientieren oder aus solchen Prozessen hervorgegangen sind. Das können sowohl automatisierte als auch bewusste Denkhandlungen sein.

Aus der Perspektive des *Triple-Code-Modells* kann die Balanceverschiebung hin zum Verarbeiten nach Schema folgendermaßen dargestellt werden:

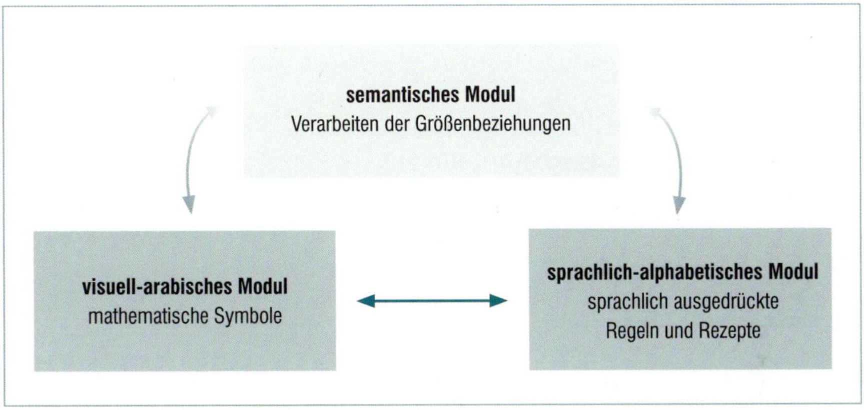

Abb. 2: *Triple-Code-Modell* angelehnt an Dehaene (1992), die Farbintensität beschreibt eine erhöhte Aktivität

Die hier als mathematische Werkzeuge bezeichneten Verarbeitungsmodule für Anleitungen und Regeln sowie für mathematische Symbole sind dominant aktiviert. Hingegen ist die für das Verständnis zentrale Repräsentation der Größenbeziehungen schwach aktiviert.

2.1.1 Bewusstes und automatisiertes Verarbeiten mathematischer Zusammenhänge

Automatisiertes Verarbeiten mit und ohne Verständnis

Wenn das Ergebnis „13" einer Rechnung 87 – 14 = 13 automatisch, spontan und ohne zu rechnen, als unpassend empfunden wird, hat die räumlich-analoge Größenvorstellung bei der spontanen Schätzung mitgewirkt (s. Ausführungen Kap. 1.1). Wenn hingegen ausgerechnet wird, ob ein

Ergebnis falsch oder richtig ist, wissen wir nicht, ob ein rechnerisches Verständnis (eine Größen- und Operationsvorstellung) zum Ergebnis geführt hat oder nur ein mechanisch durchgeführtes Verfahren oder beides in Kombination. Wenn auch in störungsfreien Settings keine spontanen und zutreffenden Ergebnisentscheidungen zu schätzbaren Aufgaben möglich sind, ist zu vermuten, dass die mathematische Größenvorstellung nicht selbstverständlich mitwirken kann. Freilich ist für eine valide Beurteilung eine Vielzahl solcher Beobachtungen notwendig.

Wenn nun bei schätzbaren Aufgaben häufig, spontan und treffsicher entschieden wird – also die räumlich-analoge Größenvorstellung auf selbstverständliche Weise beteiligt ist –, bedeutet dies nicht ohne Weiteres, dass die Größenvorstellung bei *komplexeren* Operationen genauso selbstverständlich mitwirkt. Gerade in der Sekundarstufe und bei Erwachsenen kommt es häufig vor, dass bezüglich *einfacher* Operationen eine grobe Größenvorstellung durch alltägliche Erfahrungen *nachgereift* ist und dennoch für alters- und bildungsadäquate Mathematikaufgaben nach wie vor große Verständnisschwierigkeiten bestehen. Dies ist zu berücksichtigen, wenn Testfragen für einfache Zahlgrößenbeziehungen bei Sekundarschülerinnen und -schülern angewendet und interpretiert werden.

Automatisiertes Verarbeiten ohne mathematisches Verständnis (automatisiertes mechanisches Rechnen) begegnet uns, wenn z. B. 1x1-Aufgaben ohne Größenvorstellung auswendig gelernt worden sind und beim Rechnen angewendet werden. Die fehlende Verknüpfung zur passenden Größenvorstellung erleichtert Ergebnisverwechslungen ähnlich aussehender oder klingender Rechnungen (z. B. $7 \cdot 9$ zu $7 \cdot 8$). Häufige Verwechslungen dieser Art weisen auf begriffsloses mechanisches Anwenden von Fakten hin.

Zu bewusstem Verarbeiten mit und ohne Verständnis

Wann immer möglich, erledigt das Gehirn Handlungen automatisiert, weil dadurch mehr Kapazität für bewusste Entscheidungsprozesse bleibt. Verarbeitungsdynamiken werden durch mehrfaches Durchführen automatisiert. Das Automatisieren kann – wie wir zuvor gesehen haben – mechanisch oder unter Beteiligung mathematischer Größenvorstellungen geschehen. Uns *neue oder irritierende* mathematische Problemstellungen verarbeiten wir *bewusst*. Das beginnt mit bewusstem Wählen und Kombinieren der zu verarbeitenden Größen (Person A). Für untergeordnete und in der Regel bekannte Beziehungselemente greifen wir auf bereits automatisierte Verständnisprozesse zurück – und evtl. auch auf automatisierte Formeln und Rezepte, die rein mechanisch abgespeichert worden sind. Sollte eine Person B mit den mathematischen Prinzipien der Aufgabe sehr vertraut sein, könnte die gleiche Aufgabe von dieser Person auf *automatisierte* Weise bearbeitet werden. Wenn eine Person C den Aufgabentyp gezielt trainiert hätte, ist ein Bearbeiten *ohne* mathematisches Verständnis denkbar. Ich erinnere an das Fallbeispiel zu schematisiertem Verarbeiten aus Kapitel 1.3.

Ein Rechenergebnis allein sagt dementsprechend wenig über die Lösungsdynamik aus.

Ich möchte Ihnen eine Beispielaufgabe präsentieren, die sich eignet, um *bewusstes* Verarbeiten mathematischer Zusammenhänge zu beobachten. Sie stammt aus einem Schulbuch für die 6. Klasse (Lambacher Schweizer 2, BW-Gymnasium 2012, S. 129). Nehmen Sie sich einen Moment Zeit und nutzen Sie die folgenden Fragen zur Selbstbeobachtung:

- Wie gehen Sie vor? Halten Sie immer wieder kurz inne, um Ihren gedanklichen Handlungen nachzuspüren.
- Wie lösen Sie Beträge aus dem Textzusammenhang heraus?
- Wie stellen Sie Beziehungen zwischen den Größen her?
- Bei welchen Schritten haben Sie den Eindruck, die Beträge formieren sich wie von selbst zu operativen Größenbeziehungen?
- Bei welchen Schritten müssen Sie bewusst eingreifen, um einen Term an die quantitative Beziehung anzugleichen?
- Gibt es Aufgaben, bei denen Sie möglicherweise auf auswendig gelernte Formeln zugreifen?
- Ordnen Sie die Geschichten sofort den Termen zu oder notieren Sie zuerst eigene Terme?
- Treten Verwechslungen auf?
- Steigt der Anteil an bewusstem Verarbeiten nach einer Verwechslung?
- Wie viel versprachlichen Sie? – z. B. „jeden Tag, also · 7"

„Welcher der Rechenausdrücke 1) bis 7) gehört zu welcher der Geschichten A) bis G)?

1. $4{,}2 : 7 + 1{,}4 - 0{,}7$
2. $(5 \cdot 4{,}2 + 3 \cdot 1{,}4) : 7$
3. $7 \cdot (4{,}2 + 1{,}4) + 0{,}7$
4. $(4{,}2 \cdot 1{,}4 - 0{,}7) : 7$
5. $(4{,}2 - 0{,}7) : 7 + 1{,}4 : 7$
6. $(4{,}2 + 1{,}4 - 0{,}7) : 7$
7. $(4{,}2 + 1{,}4) : 7 - 0{,}7$

A) Jonathan erhält jede Woche 4,20 € Taschengeld von seinen Eltern und 1,40 € von seiner Oma. 70 ct davon spart er, vom Rest gibt er täglich gleich viel aus. Wie viel gibt er jeden Tag aus?

B) Annika hat 4,2 kg, Carla 1,4 kg Erdbeeren gepflückt. Annika isst 700 g selbst auf und verteilt den Rest an ihre 7 Freunde, Carla verteilt alles an die gleichen 7 Freunde. Wie viel Kilogramm Erdbeeren kriegt jeder Freund?

C) Andi bekommt jede Woche 4,20 € von seinen Eltern, 1,40 € von seiner Tante. Er gibt jeden Tag gleich viel aus, spart aber täglich 70 ct. Wie viel gibt Andi täglich aus?

D) Mayra radelt an jedem Wochentag 4,2 km zur Schule, dreimal in der Woche fährt sie zusätzlich noch 1,4 km zum Training. Wie viele Kilometer fährt Mayra täglich im Durchschnitt?

E) Ein 4,2 km langes und 1,4 km breites rechteckiges Waldstück enthält 70 ha Wege und Gebäude, den Rest haben sich 7 Wölfe gleichmäßig als Revier aufgeteilt. Wie viel Quadratkilometer Revier hat jeder Wolf?

F) Paula gibt jeden Tag 4,20 € für Essen, 1,40 € für Trinken aus. Außerdem braucht sie noch 70 ct für ihre Sonntagszeitung. Wie viel gibt Paula jede Woche aus?

G) Theodor bekommt jede Woche 4,20 € Taschengeld. Er gibt davon jeden Tag gleich viel aus. Außerdem bekommt er noch jeden Tag 1,40 € von seinem Opa und spart davon 70 ct. Wie viel gibt er täglich aus?"

(Lambacher Schweizer 2, BW, Gymnasium 2012, S. 129)

(Lösungen: A6, B5, C7, D2, E4, F3, G1)

Dieser Aufgabentyp provoziert bewusstes Verarbeiten. Die Ähnlichkeit der Zahlen und Beziehungen führt zu Verwechslungen, die bewusst sortiert werden müssen. Zusätzlich sind Beziehungen mehrstufig. Größen werden in Term und Text in verschiedenen Einheiten dargeboten, sodass Größenbeziehungen bewusst durchdacht werden müssen. Aufgaben dieser Art eignen sich, um zu prüfen, ob bewusste mathematische Übertragungsleistungen durchgeführt werden können, und lassen eine Aussage über das mathematische Verständnis dieses Niveaus zu.

Im gleichen Schulbuch finden sich einige Seiten später Aufgaben, die sich eignen, um *bewusstes mechanisches* Verarbeiten zu demonstrieren:

In übersichtlichen Kästen werden Regeln für das Vorgehen dargestellt. Sie behandeln die Prioritäten bei Klammer-, Punkt- und Strichrechnung, das Entfernen von Minus- und Plusklammern sowie das Umschreiben beim Ausmultiplizieren und beim Ausklammern. Entsprechende Aufgaben lauten dann: „Berechne möglichst geschickt. Schreibe jeweils dazu, welche Regel du benutzt hast."

Aufgabenbeispiele: $4{,}7 - (1{,}7 - 4{,}7)$ oder $15 \cdot 100 - 15 \cdot 4$ oder $\frac{3}{4} \cdot (\frac{5}{7} + \frac{9}{7})$

Diese Aufgabenart lädt dazu ein, nach Indizien für verbale Regeln Ausschau zu halten, um diese anzuwenden. Das funktioniert auch ohne Kenntnis der mathematischen Bedeutung von Klammer-, Punkt-Strich-Zusammenhängen oder Negationen.

2.1.2 Einfluss der Balance der Verarbeitungsmodi auf die Funktionalität

Das Verständnis der Balance von mathematischem Verstehen und mechanischem Bearbeiten ist zentral für das Verständnis der Dyskalkulie in der Sekundarstufe. Diese Balance ist sowohl bei bewussten wie auch bei automatisierten gedanklichen Prozessen relevant. In Kapitel 1 des Buches haben wir gezeigt, wie eine verständnisorientierte Bildung mathematischen Verarbeitens durch den Blickwinkel des *Triple-Code-Modells* über verschiedene Stufen hinweg vorstellbar ist. Auch wurden „Bedingungen für die Verarbeitung mathematischer Informationen" u. a. grafisch dargelegt (Kapitel 1.2). Wenn quantifizierbare Informationen vom Kindergartenalter an gemäß diesen Bedingungen gewohnheitsmäßig verarbeitet wurden, stehen bis zur Sekundarstufe bereits eine ganze Reihe automatisierter und auf Verständnis basierender Rechenfähigkeiten zur Verfügung.

Die folgende Tabelle zeigt automatisierte Fähigkeiten, die bis zur Sekundarstufe gebildet sein können. Zusätzlich wird auf Wissenselemente eingegangen, die ohne Verständnis durch Auswendiglernen gebildet werden können. Idealerweise dienen schematische Verarbeitungsstrukturen als „Werkzeug" für verständnisbasierte Abläufe – sie sind dadurch mit größenbasierten Strukturen verknüpft.

Die vier zuerst genannten, verständnisbasierten Kompetenzen sind für ein selbstständiges Rechnen unverzichtbar. Sie beschreiben die gedankliche Gewohnheit, *automatisch* mathematische Merkmale zu verarbeiten: zählbare oder messbare Merkmale der Umwelt oder in Geschichten, sehr häufig Größen aus räumlichen Zusammenhängen. Man merkt es an von Kindern beiläufig gemachten Bemerkungen wie „So viel!", „Das ist aber klein", „Kann das sein?". Die Gewohnheit quantifizierbare Merkmale zu beachten trägt dazu bei, dass mathematische Informationen effektiv von Rechnungen in Sachzusammenhänge und umgekehrt übertragen werden können. Sie ist der Motor dafür, den inneren Fokus bei Aufgaben automatisch auf quantitative Merkmale, also auf mathematische Bedeutungszusammenhänge, zu richten und nicht hauptsächlich auf äußere Merkmale wie „Welche Regel gilt hier?". Das impliziert ein Verständnis der jeweils fokussierten Größen.

Weitere verständnisbasierte Kompetenzbereiche wie funktionales Kopfrechnen sind für mathematisches Arbeiten in der Sekundarstufe grundlegend. Es ist größenbasiert und somit automatisch mit räumlich-analogen Repräsentationen vernetzt.

Verständnisbasierte bzw. größenbasierte Verarbeitungsfähigkeiten	Bemerkungen	Schematische Verarbeitungsfähigkeiten
geometrische Merkmale gezielt erfassen und abstrahieren (Längen, Ecken, Winkel, räumliche Beziehungen)	Basis für selbstständiges Rechnen	Eigenschaften von Flächenformen nennen können
in Sachzusammenhängen quantitative Merkmale abstrahieren und in Beziehung setzen		Rezepte für Sachaufgabentypen
in Rechnungen quantitative Beziehungen „sehen"...		
Schätzzusammenhänge herstellen (setzt eine Operationsvorstellung voraus)		Regeln für das Runden
Kopfrechnungen +/- im zweistelligen Bereich (größenbasiert)		Kopfrechnungen +/- im zweistelligen Bereich auswendig
Kopfrechnungen „mal" im zweistelligen Bereich (größenbasiert)		Kopfrechnungen „mal" im zweistelligen Bereich auswendig
Kopfrechnungen „geteilt" im zweistelligen Bereich (größenbasiert)		Kopfrechnungen „geteilt" im zweistelligen Bereich auswendig
Größenwachstum der Zahlen durch Stellenwerte verstehen		Schema für Bezeichnungen und Position der Stellenwerte
Vorstellen der gängigen Größen		Umrechnungsregeln für Größen
Erkennen gedrehter Körper		Regeln für Spiegelungen
Erkennen gleicher Proportionen bei verschieden großen Formen, bei verschiedenen Sachzusammenhängen ...		
schriftliche Rechenverfahren größenbasiert hergeleitet		Schemata für schriftliche Rechenverfahren

Tab. 1: Automatisierte mathematische Kompetenzen zu Beginn der Sekundarstufe

Gutes Kopfrechnen wird immer wieder als wichtige Basis für mathematisches Verständnis betrachtet. Aus Sicht der Praxis ist dies zu differenzieren. Wenn Kopfrechnen überwiegend ohne Verständnis auswendig gelernt wurde, führt das nicht automatisch zu funktionalem mathematischem Arbeiten, z. B. zu souveränem Umgang mit Termen, in denen mehrere Operationen kombiniert sind. Viele Kinder, die Kopfrechnen üben, haben jedoch ein *Interesse* an quantitativen Zusammenhängen. Deshalb trainieren sie beim Üben von Kopfrechenaufgaben gleichzeitig ihre mathematische Vorstellung. In diesem Fall trifft der Satz zu, dass Kopfrechnen ein wichtiger Baustein für die mathematische Entwicklung ist.

Es gibt auch Menschen, die Kopfrechnen nur mit mäßiger Geschwindigkeit ausführen, jedoch Operationszusammenhänge verstehen und sogar komplexe Übertragungszusammenhänge der Oberstufe mit Freude bearbeiten. Dazu wird mit *Susanna* (Kap. 3.1) ein Fallbeispiel vorgestellt. Für einen Überblick zu „Was Kinder am Ende der Grundschulzeit können sollten" lohnt sich ein Blick in das gleichnamige Kapitel in *Kinder & Mathematik* (Spiegel & Selter 2015).

Die folgende Grafik beschreibt das Zusammenspiel von bewusstem und automatisiertem Verarbeiten und dessen Wirkung auf die Funktionalität des mathematischen Arbeitens.

Merkhilfe: Je weniger Fähigkeiten verständnisbasiert vorhanden bzw. wirksam sind, desto höher ist die Wahrscheinlichkeit, dass mathematische Zusammenhänge dysfunktional verarbeitet werden und sich eine Dyskalkulie ausprägen kann. Umgekehrt gelingt *funktionales* Verarbeiten leichter, wenn automatisierte und bewusste Verarbeitungsweisen auf mathematischem Verständnis basieren – das muss nicht zu 100 % sein. Ein gewisser Anteil an gelernten Formeln oder Regeln, die nie verstanden wurden, beeinträchtigt die Funktionalität nicht. Es reicht, wenn die „Chefinstanz" überwiegend beim Verständnis liegt.

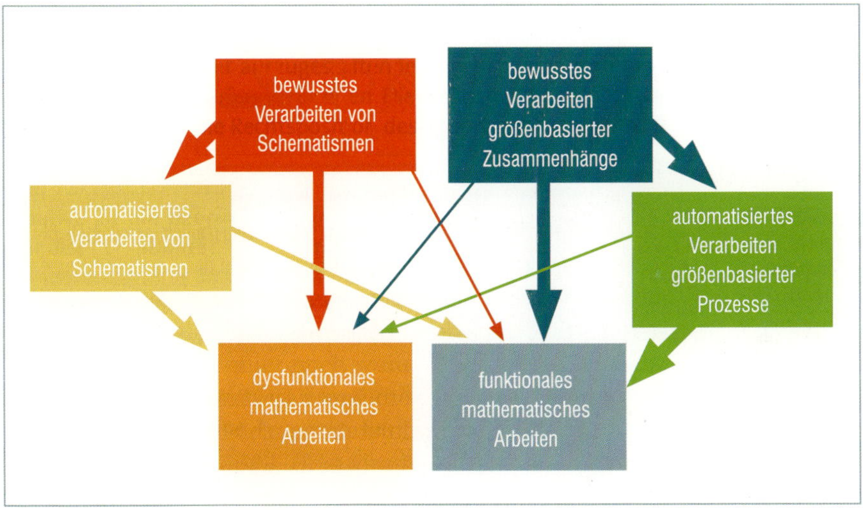

Abb. 3: Auswirkung von verständnisorientierten bzw. schematischen Verarbeitungsanteilen auf die Funktionalität des mathematischen Verarbeitens

Die *Art und Weise*, wie mathematische Inhalte *bewusst* verarbeitet wurden, wird beim Wiederholen *mitautomatisiert*. Wurde z. B. das 1 x 1 ohne Größenvorstellung auswendig gelernt, wird die Größenvorstellung bzw. die Operationsvorstellung beim automatisierten Abruf kaum mitaktiviert. Dann werden später folgende, *kombinierte* Rechenausdrücke nicht verstanden. Entsprechende Terme können kaum den passenden Sachaufgaben zugeordnet werden. Funktionsgleichungen und Formeln bauen wiederum auf dem Termverständnis auf – diese können dann infolgedessen auch nicht verstanden werden usw.

Mathematisches Verstehen wird schichtweise gebildet (s. hierzu die Grafik zum schichtweisen Aufbau von Verständnis vor Kap. 2.5.2). Wenn in den ersten Schichten der mathematischen Wissensbildung vor allem mechanische Abläufe ohne Verständnis trainiert und dadurch automatisiert werden, fehlen automatisch ablaufende Verständniseinheiten in darauf aufbauenden, komplexeren Rechnungen. Mögliche Folgen davon sind in den nächsten Kapiteln beschrieben. Es werden Fallbeispiele aus verschiedenen Schulstufen und -arten präsentiert und anschließend allgemeinere Gesichtspunkte für Dyskalkulie der jeweiligen Schulstufe dargelegt.

Anregungen für Kopfrechenübungen mit Größenvorstellung sind in Kapitel 3 dieses Buches zu finden, Hintergründe zur Bildung der Verständnisschichten in Kapitel 1.

ZUSAMMENFASSUNG

Die formale Definition von Dyskalkulie orientiert sich an den mit standardisierten Tests erreichten Leistungen in Mathematik (s. auch Kap. 2.5 zur Diagnostik). Um Menschen mit einer Rechenstörung in der Praxis zu begleiten und zu unterstützen, ist es fundamental, ihre Verarbeitungsweise zu verstehen – also herauszufinden, wie funktional sie mathematische Inhalte verarbeiten. Das heißt, wie die Balance aus mechanischem und verständnistragendem Verarbeiten gestaltet ist (bezogen auf bewusste und automatisierte Prozesse). Eine überwiegend dysfunktionale Verarbeitungsweise führt zu Leistungseinbrüchen, die sich auch in standardisierten Leistungstests niederschlägt – wie stark dies jedoch der Fall ist, hängt von den Bedingungen des Lernhintergrundes ab: vom Alter, der Intelligenz, der Persönlichkeit, dem Schulkontext und von der Unterstützung im Hintergrund. Durch schematisches Üben können in bestimmten Kontexten Ergebnispunkte erzielt werden, obwohl die Aufgaben nicht verstanden wurden.

Mathematisches Verständnis baut schichtweise aufeinander auf. Deshalb spielt die Balance von verständnisgetragenem zu mechanischem Verarbeiten beim Üben eine wichtige Rolle für die Tragfähigkeit der Verständnisschichten – zum einen als funktionale Grundlage für weiterführende Verständnisschichten und zum anderen, damit eine funktionale automatische Ausführung untergeordneter Rechentätigkeiten im Rahmen komplexer Rechnungen möglich ist. Die automatisierte Zuarbeit ermöglicht bewusste Denkkapazitäten zur Bearbeitung übergeordneter Zusammenhänge (zu automatisiertem und bewusstem Verarbeiten s. auch *cognitive-load-theory* von Sweller).

Einige Bücher rund um das Thema

- Ein Großteil der (Forschungs-)Literatur über Dyskalkulie befasst sich mit Grundschülerinnen und -schülern, manchmal mit Unterstufenschülern und -schülern. Auch die hier aufgeführten Bücher halten für Lernende der Sekundarstufen bis zum Abitur wenig bereit. Selbst der weiter unten beschriebene, lesenswerte Sammelband von Fritz und Schmidt *Fördernder Mathematikunterricht in der Sek. I* (2009) beschränkt sich auf die Sekundarstufe I für Lernende mit eher schwachem Leistungsniveau.
- Hartmut Spiegel und Christoph Selter versetzen sich und die Leser mit *Kinder & Mathematik, Was Erwachsene wissen sollten* in die Lernperspektive von Grundschulkindern. Sie erweitern gewohnte Blickwinkel auf die Grundschulmathematik, gehen auf das Phänomen Rechenschwäche ein und geben einen Überblick zu nötigen mathematischen Fähigkeiten am Ende der Grundschulzeit.
- Um Schwierigkeiten mit elementarer Mathematik in der Grundschule nachvollziehen zu können, eignet sich das Buch *Rechenschwäche verstehen – Kinder gezielt fördern* von Michael Gaidoschik. Das Buch enthält sowohl praktische Hinweise zum Verständnis wie auch praktische Tipps, um elementares Verständnis zu fördern.
- „Über grundlegende Schwierigkeiten mit der Arithmetik bei den Lernenden in der Sekundarstufe I" referieren einige Autorinnen im Sammelband *Fördernder Mathematikunterricht in der Sek. I*, der von Annemarie Fritz und Siegbert Schmidt 2009 herausgegeben wurde. Dieses Buch umfasst drei Teile. Teil 1 befasst sich mit der Frage, was wir über die Entwicklung arithmetischer Kompetenzen in der Sekundarstufe I wissen. Teil 2 widmet sich grundlegenden Schwierigkeiten mit der Arithmetik bei Lernenden in der Sek. I und Teil 3 beinhaltet Beiträge zu verschiedenen Lern- und Förderthemen der Sek. I (Fördernder Arithmetikunterricht in der Sekundarstufe I).
- Landerl und Kaufmann präsentieren in *Dyskalkulie* (2013) wissenschaftliche Erkenntnisse zur Zahlenverarbeitung und deren Entwicklung, zu Dyskalkulie, zu Diagnostik und zu Instruktion, zu Förderung und Intervention und bereiten diese systematisch auf.
- Jacobs und Petermann befassen sich in *Diagnostik von Rechenstörungen* ausführlich mit unterschiedlichen standardisierten Testverfahren und mit diagnostischem Vorgehen in der Praxis.

2.2 Dyskalkulie in der Unterstufe

2.2.1 Fallbeschreibung einer Schülerin aus der 5. Klasse

Eine betroffene Mutter bat vor einigen Monaten per E-Mail um Rat wegen ihrer Tochter. Sie notierte die Entwicklungsgeschichte ihrer Tochter und gab das Einverständnis, sie zu veröffentlichen. Sämtliche Orte und Namen sind verändert.

Praxisbeispiel

Entwicklungsgeschichte von Maria, 5. Klasse

„Maria war als Baby sehr munter, sie konnte ohne Probleme auch 8 Stunden schreien. Sie wollte nie alleine sein. So haben mein Mann und ich uns angewöhnt, sie immer bei uns zu haben [...].
Wir haben ihr sehr viel vorgelesen und vorgesungen. Die ersten Worte hat Maria bereits mit 9 Monaten gesprochen. Ganze Sätze mit einem Jahr. Mit ca. 1,5 Jahren hat sie alle Liedtexte (‚Mein kleiner grüner Kaktus', ‚Annabelle, ach Annabelle, du bist so herrlich intellektuell', ‚Tango Korrupti' etc.) auswendig gekonnt. Alle Conni-Bücher konnte sie zu dem Zeitpunkt schon auswendig und hat aufbegehrt, wenn ich einen Satz beim Vorlesen ausgelassen habe.
Im Kindergarten hat Maria dann alle anderen Kinder überzeugt, dass man ein Musical aufführen müsse, und zwar ‚Peter Pan'. Hintergrund war der, dass Marias Onkel Opernsänger an der Oper ist und wir Maria zu einer Aufführung von Peter Pan mitgenommen hatten.
Maria hat daraufhin komplett ‚Regie' geführt, mit allen Kindern ihre Rollen geprobt, selbst mitgespielt und bei den Erzieherinnen durchgesetzt, dass eine wirkliche Aufführung stattgefunden hat [...]
Die Erziehrinnen waren nun der Meinung, dass Maria ein Jahr früher eingeschult werden solle. Mein Mann und ich haben uns aber dagegen entschieden, da Maria in vielen Bereichen noch sehr kindlich und verspielt war.
Als sie dann eingeschult wurde, waren wir zuerst verblüfft, da ihr der Alltag in der Schule zuerst gar nicht gefallen hat. Ich muss noch kurz erläutern, dass bei uns in der Grundschule die 1. und 2. Klasse und die 3. und die 4. Klasse zusammen unterrichtet werden, man also davon ausgehen muss, dass ein ziemlicher Geräuschpegel und viele Ablenkungsmöglichkeiten bestehen. So erklärten mir die Lehrer auch, dass Maria sich gern ablenken lässt, dass sie der Klassenkasper sei. So würde sie zum Beispiel durchgängig singen und einfach ohne Grund von ihrem Platz aufstehen und zu anderen Kindern gehen.
In Mathematik fiel mir sofort auf, dass Maria eigentlich nichts in der Schule vom Unterricht mitbekam. Ich schob dies jedoch auf den Umstand der Unterrichtung mehrerer Klassen zusammen, den deshalb sehr lauten Geräuschpegel und die daraus resultierende Unruhe, zumal die Lehrer ja gesagt hatten, dass sich Maria gern ablenken ließe. So erschien es mir normal, dass wir nachmittags die gesamten Mathematiksachen nochmals machten. Auf Nachfrage bei anderen Müttern erhielt ich zudem die Antwort, dass die anderen Mütter auch die gesamten Nachmittage mit ihren Kindern lernen würden.
Jeder Nachmittag, an dem Mathehausaufgaben auf dem Programm standen, entwickelte sich für die gesamte Familie zum absoluten Horror. Anfänglich versuchte ich mein Glück. Doch ich scheiterte an den einfachsten Dingen: Allein die Zahlen 1–10 vorwärts- und rückwärts zu zählen, war extrem schwierig, obwohl wir mit Gummibärchen etc. versuchten, Maria das Zählen zu erleichtern. Maria hatte keinerlei Interesse an Zahlen [...]. Hatte ich das

Gefühl, dass wir an einem Tag weitergekommen waren, war es umso frustrierender, wenn wir am nächsten Tag wieder bei null anfangen mussten, weil Maria sich an nichts erinnerte. Damals dachte ich noch, dass das Hauptproblem sei, dass Maria sich nicht konzentrieren könne. Im Nachhinein hätte mir jedoch auffallen müssen, dass Maria keinerlei Konzentrationsprobleme in Deutsch oder Englisch hatte und dort das Pensum völlig allein hinbekam.
Fast jeden Nachmittag eskalierte die Situation: Ich konnte mir nicht erklären, weshalb ich mit Maria jeden Tag immer wieder von null anfangen musste. Langsam ging ich davon aus, dass sich Maria über meine Bemühungen, ihr Mathe beizubringen, lustig machen würde und mich zum Spaß mit ihrem ‚Nichterinnern-Können' hinters Licht führen wolle. Mein Mann versuchte dann sein Glück, als ich mich weigerte, Maria in Mathe zu helfen. Doch auch er scheiterte trotz stärkster Bemühungen. So musste ich wieder ran [...].
Von Jahr zu Jahr war Maria jedoch kompromissbereiter und wir kämpften immer mehr Seite an Seite gegen die Mathematik an.
Bei den sogenannten ‚Geheimblättern' schnitt Maria in Mathematik sehr unterschiedlich ab: Wurde etwas abgefragt, was man ‚lernen' konnte, war sie immer zwischen 1 und 2, wurde Verständnis abgefragt, lag sie meistens zwischen 3 und 4. Auf meine Nachfrage hin erklärte mir die Schulleiterin, die auch Marias Mathelehrerin war, dass Maria ‚nicht die Hellste in Mathe sei', sie ihres Erachtens jedoch problemlos mit etwas Unterstützung das Gymnasium schaffen würde. Fragte ich Maria nach den Mathearbeiten, wie ihr Gefühl sei, meinte sie immer, dass die Arbeit super gelaufen sei. Kam dann das Ergebnis heraus, fiel mir auf, dass sie sich gar nicht einschätzen konnte.
Sachaufgaben waren und sind furchtbar. Maria bekommt es nicht hin, aus dem Sachverhalt die wichtigen Informationen so herauszufiltern, dass sie sie später zu einer Rechnung umformatieren kann. Sie nimmt immer wahllos die Zahlen und führt mit den zur Verfügung stehenden Zahlen wahllos eine ‚Rechnung' durch. Musste man zum Beispiel dividieren, hat sie multipliziert. Musste man subtrahieren, hat sie einfach die größere Zahl von der kleineren Zahl subtrahiert und sich dann stundenlang beschwert, dass das Mathebuch fehlerhaft sei, da sie kein Ergebnis herausbekäme. [...]
Maria erhielt problemlos die Gymnasialempfehlung (Mathe: 2). Bei der Besprechung der Empfehlung fragte ich nochmals explizit nach Marias mathematischen Fähigkeiten. Die Lehrerinnen versicherten mir daraufhin nochmals, dass Maria ganz normal begabt in Mathematik sei. Die Diskrepanz zu Marias sprachlichen und musischen Fähigkeiten sei einfach nur so groß, dass ich deshalb das Gefühl hätte, dass mit Marias mathematischen Fähigkeiten irgendetwas nicht stimme. Die Mathematiklehrerin meinte im Originalton: ‚Es wäre für Maria auch nicht gut, wenn sie in allen Bereichen so begabt wäre wie in Deutsch, Englisch und Musik. Da würde sie ja schnell sehr überheblich werden. Von der Charakterbildung ist es viel besser, wenn es etwas gibt, wo Maria sich auch bemühen muss, weil es ihr nicht total leichtfällt.'
Ende der vierten Klasse organisierte ich für Maria bei einer älteren Schülerin des Gymnasiums Nachhilfeunterricht. Ich dachte, dass ich damit zwei Fliegen mit einer Klappe ge-

schlagen hätte: Zum einen dachte ich, dass Mathenachhilfe außerfamiliär die Eskalationen verschwinden ließe, zum anderen dachte ich, dass damit das Eingewöhnen in die neue Schule sich für Maria mit einer Ansprechpartnerin leichter gestalten würde, da Maria in vielen Bereichen noch sehr kindlich war und ist.
So will sie bis heute nicht allein in einem Raum bleiben (Klassenarbeiten schwänzen gibt es nicht, da für Maria der größere Horror darin besteht, allein in einem Raum eine Arbeit nachschreiben zu müssen. Folglich geht Maria zu jeder Klassenarbeit, ob krank oder nicht ...).
Als weiteres Problem stellte sich heraus, dass Maria mit der Größe der Schule (ca. 1 000 Schüler) und dem Busfahren überfordert war und ist. Sie hatte und hat extreme Angst, die Klassenräume nicht zu finden, zu spät zum Unterricht zu kommen, nicht den richtigen Bus für die Heimreise zu finden.
Sie hatte diesbezüglich solche Panik, dass ich von da begann, Maria mit dem Auto in die Schule zu bringen und auch abzuholen, weil sie sich sonst schlichtweg weigerte, in die Schule zu gehen. Diese Ängste waren und sind auch nicht gespielt, da Maria deshalb starke Albträume hatte, die ganze Nacht mit den Zähnen knirschte. Jeden Morgen hatte sie Angst, dass sich zum Beispiel wegen Krankheit eines Lehrers der Stundenplan kurzfristig ändert und sie das richtige Zimmer nicht findet oder mich nicht informieren kann, wenn sie außerplanmäßig früher Schulende haben sollte. [...]
Da Maria die Uhr nicht lesen kann, hat sie doppelt Panik, nicht pünktlich zu sein. [...]
Anfang der 5.Klasse wurde dann eine Wissensstandüberprüfung gemacht. Die Klassenlehrerin kündigte dies beim Elternabend an und bat die Eltern, nicht mit den Kindern darauf zu üben. Die Lehrer wollten überprüfen, welchen Stand die Kinder aus Klasse 4 in die neue Schule mitbringen würden.
Der Test in Mathematik fiel bei Maria verheerend aus: Maria konnte sich nicht erinnern, wie man schriftlich multipliziert und dividiert. Die Mathematiklehrerin schrieb unter die Arbeit, dass Maria große Lücken habe und viel üben müsse. In Deutsch schrieb Maria einen guten Test.
3 Wochen vor der ersten Mathearbeit gab die Lehrerin eine genaue Liste heraus, was Thema der Arbeit wäre und welche Aufgaben zu üben seien. Schon beim Elternabend hatte sie darauf hingewiesen, dass in der gesamten Klasse 5 eigentlich nur der Stoff der Klasse 4 nochmals wiederholt werden würde und dass die Kinder die Aufgaben, die sie vor der Arbeit angibt, gut beherrschen müssten und so lange üben sollten, bis sie diese Aufgaben „im Schlaf könnten".
Gesagt, getan: Maria und ich übten drei Wochen (inklusive der gesamten Herbstferien) täglich ca. 2x30 Minuten. Die Arbeit verlief eigentlich nicht schlecht, Maria erreichte eine 3+. Bedenkt man jedoch den Lernaufwand, war meine Stimmung nicht gerade rosig. Alle Aufgaben, die man vorher lernen konnte, machte Maria gut. Die einzige Sachaufgabe war natürlich katastrophal.
Unter die Arbeit hatte die Lehrerin geschrieben, dass Maria sich mehr im Unterricht beteiligen solle.

Ich sprach Maria an, weshalb sie sich nicht im Unterricht beteilige. Sie meinte daraufhin, dass sie sich nicht mehr traue, da sie nicht wisse, ob ihre Antworten richtig oder falsch seien. Sie hätte keinerlei Gefühl, ob sie etwas richtig oder falsch sagen würde. Dieses Gefühl würde sie total verunsichern.
Auch hätte die Lehrerin ihr vor kurzem einen ‚Ball' gezeigt und sie vor der Klasse gefragt, was das sei. Sie habe geantwortet, dass das ein Kreis sei. Daraufhin habe die ganze Klasse gelacht und gebrüllt, dass sie ja so dumm sei, dass sie nicht mal erkennen könne, dass das eine Kugel sei.
Seit den Herbstferien hat Maria sich auch nicht mehr in Englisch und Deutsch gemeldet, obwohl sie eigentlich sehr gut in beiden Fächern angefangen hatte. In Englisch wurde dann die Uhr durchgenommen. Dies brachte Maria dann vollends aus der Fassung. Sie brach zu Hause vollkommen zusammen, weil sie bis heute die Uhr nicht lesen kann. Zwar hatte ich den ersten Versuch bereits im Alter von vier Jahren mit einem Conni-Buch unternommen, war aber kläglich gescheitert. Der nächste Versuch war dann Ende der vierten Klasse. Dieser Versuch scheiterte leider auch. Mein Mann und ich gingen jedoch davon aus, dass Maria einfach aus Desinteresse die Uhr nicht lernte und dass spätestens in der neuen Schule, wenn sie auf die Uhr angewiesen wäre, sich das Problem von selber lösen würde. Das Problem löste sich leider nicht von selbst. Da ich keine Möglichkeit sah, Maria die Uhr beizubringen, meinte ich zu Maria vor der Englischarbeit, dass sie den Teil, in dem die Uhr abgefragt werden würde, einfach auslassen solle oder irgendetwas schreiben solle. Maria vermasselte daraufhin die ganze Arbeit, da sie vollkommen mit den Nerven am Boden war, die ganze Nacht zuvor geheult hatte. [...] Bei Rückgabe der Arbeit meinte die Lehrerin daraufhin vor der gesamten Klasse, dass ein Mädchen ja noch nicht mal die Uhr könne. Unter die Arbeit schrieb die Lehrerin, was mit Maria denn los sei. Sie hätte so gut das Jahr begonnen und jetzt würde sie sich nicht mehr am Unterricht beteiligen und hätte die Arbeit ja auch ziemlich verhauen (4-).
Zu Weihnachten wünschte Maria sich dann eine Digitaluhr.
Nun waren bei meinem Mann und mir alle Alarmglocken erwacht. Ich gab bei Google auf Verdacht ‚Rechenprobleme' ein und wurde im Internet schnell fündig. Teilweise wurde genau Marias ‚Leidensweg' geschildert.
Marias zweite Mathearbeit ging über Geometrie, Spiegelungen etc. Das war dann der Supergau. Maria hat keinerlei räumliche Vorstellungskraft. Trotz exzessiven Übens konnte ich ihr die Materie nicht näherbringen. Einziger Erfolg war, dass sie die Aufgaben nach ca. drei Tagen auswendig konnte. Variierte ich die Aufgaben jedoch, war das totale Chaos vorprogrammiert. Das alles bestätigte meinen Verdacht. Nach zwei Wochen Lernen auf die Arbeit, stellten Maria und ich das Lernen ein, da ich mir mittlerweile sicher war, dass es nicht Erfolg versprechend war. Ich sagte zu Maria, sie solle die Arbeit irgendwie schreiben und sich nicht grämen. Sie schaffte eine 4-. Unter der Arbeit stand wieder, dass Maria mehr üben solle und sich mehr im Unterricht melden solle. Die Verbesserung der Arbeit machte dann

ich. Daraufhin besorgte ich mir alle Mathearbeiten von Maria und die Verwaltungsvorschrift des Kultusministeriums zur Änderung der Verwaltungsvorschrift ‚Kinder und Jugendliche mit Behinderungen und besonderem Förderbedarf' und nahm Kontakt zur Klassenlehrerin auf und schilderte ihr die Problematik. Sie hatte zuvor noch nie etwas von Dyskalkulie gehört und meinte zuerst nicht gerade kooperativ, dass Maria ja dann dumm und das Gymnasium wohl nicht die richtige Schule für sie sei, zumal sie ja auch in den anderen Fächern eigentlich sehr gut angefangen, seit den Herbstferien aber sehr nachgelassen habe. Ich meinte, dass ich nicht beurteilen könne, ob Maria dumm sei, dass es aber an der Zeit sei, herauszufinden, ob Maria dumm sei oder ob sie eine Rechenschwäche habe, die es zu fördern gelte. (Da der Lehrerin bewusst war, dass ich [...] um die Rechte meiner Tochter sehr gut Bescheid weiß, war sie dann auch sofort kooperativer. [...]).
Ich versuchte, ihr daraufhin mit meiner eigenen Laienvorstellung die Situation besser klarzumachen. Ich verglich die Matheschwäche mit der Legasthenie. Legasthenie nun war ihr mehr bekannt. Dann verglich ich die Problematik noch mit der Farbenblindheit. Der Vergleich leuchtete ihr dann noch mehr ein.
Sie verwies mich dann zügig an Frau B, die Lehrerin, die sich um Kinder mit Schwächen kümmert. Frau B hatte auch noch nie etwas von Dyskalkulie gehört, war aber sofort extrem offen. Ich sagte ihr von Anfang an, dass ich in dem Bereich ja auch ein Laie wäre, dass mich jedoch die komplett ‚hirnrissigen Gedanken und Folgerungen' meiner Tochter aufgerüttelt hätten und dass da irgendetwas nicht stimmen könne. Ziel sei es herauszufinden, ob Maria einfach nicht so begabt sei oder ob sich eine spezielle Rechenschwäche dahinter verbergen würde. Das sei für mich und meine Familie sehr wichtig, da der ganze weitere Schul- und Lebensweg von Maria davon abhängen würde. Würde sich nämlich herausstellen, dass Maria einfach nicht so begabt wäre, müsse sie sicherlich nicht auf dem Gymnasium bleiben, sondern wäre vielleicht besser auf einer Waldorfschule oder einer Realschule aufgehoben. Hätte sie jedoch eine einseitige Rechenschwäche, könne man der vielleicht speziell durch Förderung begegnen und auch durch einen Nachteilsausgleich die Probleme abfedern. Frau B erzählte dann, dass sie sich bereits mit einer Anlaufstelle in [...] in Verbindung gesetzt habe. Die hätten jedoch sofort abgewunken und gemeint, dass ein Kind, das die Gymnasialempfehlung mit einer 2 in Mathe erhalten habe, keine Dyskalkulie haben könne. Dies erzählte ich meinem Mann. Der meinte daraufhin, dass er eher davon ausginge, dass Maria einfach nicht so begabt sei und ich vielleicht einfach akzeptieren müsse, dass unsere Tochter kein Gymnasialkind sei. Das gab mir natürlich sehr zu denken, da ich mich eigentlich nicht als ‚Eislaufmami' einordnen lassen will und man sicherlich bei seinem eigenen Kind nie objektiv ist.
Mit Frau B vereinbarte ich, dass Maria einen Intelligenztest machen sollte und den HRT 1–4.
Bei der Besprechung erklärte mir Frau B dann, dass Maria beim Intelligenztest im sprachlichen Bereich absolut überdurchschnittlich sei, im mathematischen Bereich natürlich nicht.

Der IQ-Test leuchtete uns beiden jedoch nicht ein: Geht man von einem Kind aus, das bei Eltern aufwächst, die sich nicht speziell um die Spracherziehung kümmern, kann ein solches Kind bei den Fragen gar nicht gut abschneiden, vollkommen ungeachtet seiner Intelligenz! Wir fanden deshalb den Intelligenztest nicht besonders aussagekräftig.
Im HRT 1–4 war Maria deutlich im Bereich der Dyskalkulie. Bedenkt man dann noch, dass sie ja eigentlich schon Mitte der 5. Klasse bei Durchführung des Tests war und dieser Test für Kinder Ende der 4. Klasse konzipiert ist, ist der Test natürlich auch nicht besonders aussagekräftig, bzw. das Ergebnis noch schlechter.
Frau B meinte nun bei der Besprechung, dass das Gymnasium davon ausgeht, dass Maria Dyskalkulie habe, dass aber keiner wisse, wie Maria gefördert werden könne, da das Gymnasium lediglich eine Förderstunde für Legastheniker anbiete. Sie verwies mich an Sie und bat mich, einen Kontakt zu Ihnen herzustellen, und dass Sie und die Mathematiklehrerin Frau R, die jetzt auch sehr interessiert an Marias Förderung ist, von Ihnen über die weitere Vorgehensweise/Unterstützung immer informiert werden, um dann auch die möglichen Unterstützungsmaßnahmen mit Ihnen besprechen zu können. [...]
Sicher ist, dass, wenn die Eltern in einem solchen Fall nicht aktiv werden und ihr Kind beobachten, ein Kind komplett aus dem Raster fällt, im Zweifel als dumm abgestempelt wird und sein Leben lang vollkommen zu Unrecht in die Ecke eines Volltrottels gestellt wird!"

Der Fallbericht weist auf eine ganze Reihe von Aspekten hin, die bei Dyskalkulie in der Unterstufe häufig auftreten und die in der weiter unten folgenden Sammlung zu dyskalkuliebedingten Phänomenen in der Unterstufe wiedergefunden werden können. Marias Fähigkeit, verschiedenste Inhalte zu memorieren und zu versprachlichen, ist sehr differenziert entwickelt. Diese Kompetenz kann sogar die Entwicklung dysfunktionaler Verarbeitungsstrategien mit begünstigt haben, da Maria mathematische Darstellungen schnell auswendig parat hatte und weder Notwendigkeit noch Neigung verspürte, die Bedeutung zu durchdringen. Mathematische Inhalte werden von ihr nicht funktional verarbeitet. Sehen wir uns dazu einiges aus der Förderdiagnostik an:

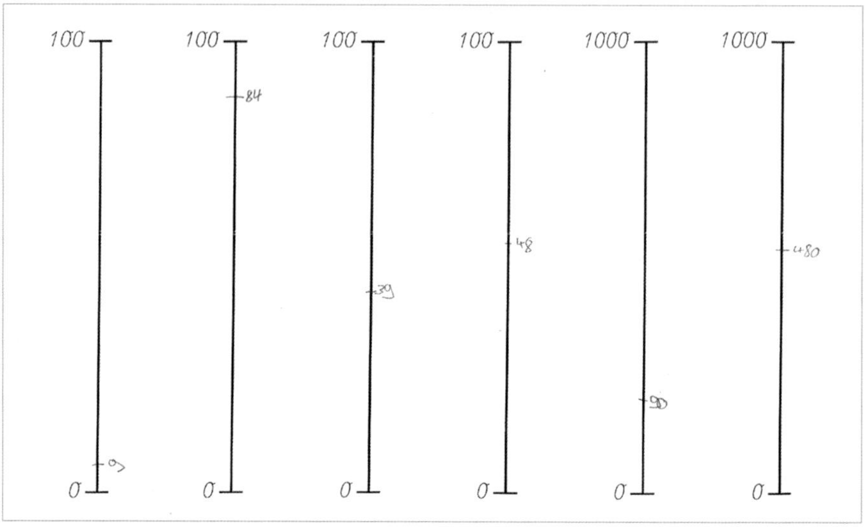

Abb. 4: Hier war die Markierungszahl (jeweils einzeln aufgefordert) passend zur Gesamtlänge 100 oder 1 000 einzutragen.

Erkennbar ist, dass Maria die Markierungszahlen in etwa passenden Abständen anbringen konnte. Auch wenn sie in einer anderen Aufgabe gefragt wurde, ob eine Menge für ein reales Beispielsetting zu hoch, passend oder zu niedrig sei, entschied Maria im Bereich bis 20 jedes Mal richtig. Als sie schätzen sollte, wie viele Waggons man etwa benötige, um 296 Menschen zu transportieren, wenn in einen Waggon 37 hineinpassten, antwortete sie „100".

Auf die Frage „8 Birnen kosten 5 €. Wie viele Birnen kann ich für 10 € bekommen?" antwortete Maria „8 mal 10 also 80?"

Der Ausschnitt aus der förderdiagnostischen Sitzung verdeutlicht, wie komplex das Einschätzen der Denkstrategien ist – je mehr Schuljahre verstreichen, desto vielfältiger und verzweigter werden mögliche Bearbeitungswege. Größenvorstellungen reifen unter Umständen für einfache und oft alltagsrelevante Zusammenhänge nach. Für die Bearbeitung von Aufgaben der Sekundarstufe und für komplexere Zusammenhänge des Alltags reicht die ungefähre Größenvorstellung nicht. Hier dominieren die bereits installierten (dysfunktionalen) Verarbeitungsgewohnheiten – denn diese wurden durch den schichtweisen Aufbau mathematischer Kompetenzen hindurch fortgeführt. Wird ein neues Thema eingeführt, entsteht bei vielen Lernenden mit dysfunktionalen Verarbeitungsgewohnheiten kurz der Eindruck, dieses Thema jetzt zu verstehen. Sobald jedoch der neue Zusammenhang mathematisiert und mit vorausgesetzten Zusammenhängen kombiniert wird, klappt wieder nichts.

In der therapeutischen Begegnung am Ende der 5. Klasse war Marias tiefe Verunsicherung im Umgang mit mathematischen Inhalten und darüber hinausgehend schon sehr deutlich zu spüren. Maria lebt in einem sehr unterstützenden, aber nicht überfordernden Elternhaus und sie hat die Gelegenheit zu Aktivitäten, die ihr Selbstwirksamkeit ermöglichen. Ein Kind mit weniger günstigen Lebensbedingungen kann solch tiefgreifende Verunsicherungen nicht kompensieren und wird mit weiteren – in diesem Fall sekundären – Entwicklungshindernissen konfrontiert sein.

Die folgende Sammlung von dyskalkuliebedingten Phänomenen beginnt mit einem kurzen Rückblick auf die Grundschulzeit. Der Abschnitt zu Phänomenen, die beim Rechnen zu beobachten sind, beinhaltet einen Unterabschnitt für die Kinder, deren räumliches Vorstellungsvermögen eingeschränkt ist. Wie in Kapitel 1 bereits erwähnt, beeinflusst die geometrische Vorstellung den Aufbau des mathematischen Denkens maßgeblich und ist deswegen auch besonders zu beachten (Kap. 1.3).

2.2.2 Rückblick auf die Grundschulzeit

Im Rückblick auf die Grundschulzeit zeigt sich bei vielen rechenschwachen Kindern – so wie bei Maria –, dass vor allem Mathematikinhalte und selten andere Inhalte nachgearbeitet werden müssen sowie wenig Interesse an Zahlen besteht (Ausnahme: Kinder, die von Dyskalkulie und Legasthenie betroffen sind). Inhalte, die auswendig lernbar sind, führen zu guten Noten, Textaufgaben und Verständnisaufgaben eher zu Noten zwischen 3 und 4, der Umgang mit Zeitspannen und Zeitpunkten gestaltet sich problematischer als bei anderen Lernenden. Wenn geometrische Vorstellungsprobleme mitspielen wie bei Maria, zeigte sich das bei Aufgaben, die räumliches Verständnis benötigen. Und es wirkt sich auf das Verständnis der Uhr aus, weil dort kreisförmige Bewegungen mit Richtungsbeziehungen und unterschiedlichen Geschwindigkeiten verarbeitet werden müssen. Additionen und Subtraktionen (und später Multiplikationen) werden oft durch Nutzen der Zahlreihenfolge bewältigt. Schriftliches Rechnen wird bevorzugt. Immer wieder werden grob unpassende Ergebnisse nicht bemerkt und auch sonst scheint es so, dass Größenverhältnisse wenig beachtet werden.

Bei den meisten Eltern entsteht während der Grundstufe das Gefühl, dass das Kind eigenartig rechnet und dass man sich nicht sicher ist, was das Kind versteht. Der daraufhin eingeholte pädagogische Rat geht oft in die Richtung, dass sich das noch auswachsen und entwickeln wird. Die Kinder selbst leiden und wissen nicht weshalb. Sie wissen nicht, dass sie auf eine dysfunktionale Weise rechnen. Oder dass andere Kinder *einfacher* verarbeiten und wo die Unterschiede liegen. Betroffene Kinder können die Schwierigkeiten weder verstehen noch einordnen – was bleibt, ist ein diffuses Gefühl von anders und ungenügend sein.

Zur Vervollständigung der Rückschau auf die Grundschulzeit möchte ich einige Rechenbeispiele aus dieser Zeit darlegen. Versuchen Sie, sich in die (dysfunktionalen) Denkstrategien hinter den Rechnungen hineinzuversetzen. Welche Aspekte stehen beim Verarbeiten im Vordergrund?

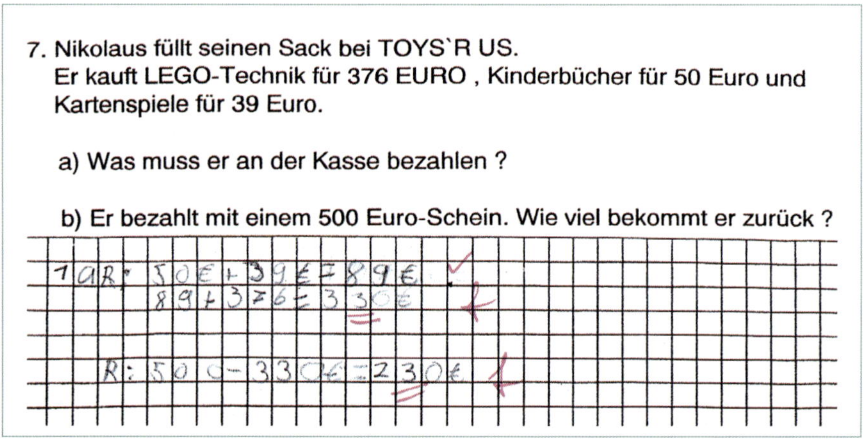

Abb. 5: Sachaufgabenrechnung zu Einkäufen

Was sagt die Vorgehensweise über die selbstverständliche Größenvorstellung? Wie kommt das Kind auf 230 €?

Die Größe der Beträge wird nicht automatisch mitverarbeitet und so bemerkt das Kind nicht, dass die Gesamtsumme kleiner ist als ein Ausgangsbetrag. Die Subtraktion wird schematisch Stelle für Stelle vorgenommen – immer die größere Zahl bzw. die höhere Nummer minus die niedrigere. Sehr wahrscheinlich verarbeitet dieses Kind überwiegend mit der Nummernvorstellung und selten mit der Größenvorstellung der Zahlen (s. hierzu Kap. 1.2.4).

Welche Strategie benutzt das Kind beim Subtrahieren?

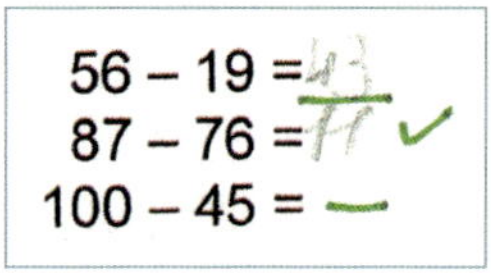

Abb. 6: Subtraktionen

Welches Vorgehen ist bei dieser Division wahrscheinlich?

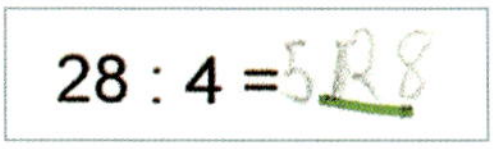

Abb. 7: Division mit erstaunlichem Rest

Das Kind hat sich entweder das Ergebnis von 5 mal 4 gemerkt oder zählt die 4er-Reihe hoch bis 20. Es bemerkt in beiden Fällen weder Größenverhältnis noch Operationszusammenhang des Restes.

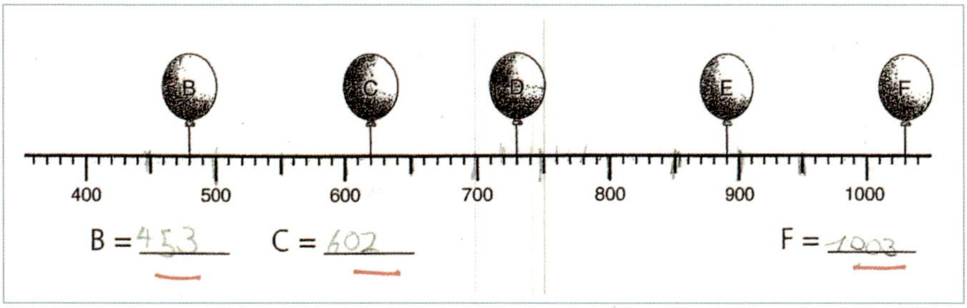

Abb. 8: Identifizierung der Zahlgrößen bis etwa 1000

Wie kommt das Kind auf diese Markierungszahlen?
Auch hier ist der Vorrang der Nummernvorstellung vor der Größenvorstellung erkennbar: Die Markierungsstriche werden für die Einer durchnummeriert und der Größenbezug nicht verarbeitet. Die Nummernvorstellung ist bis in die Oberstufe hinein bemerkbar – allerdings nicht mehr in diesen Zusammenhängen.

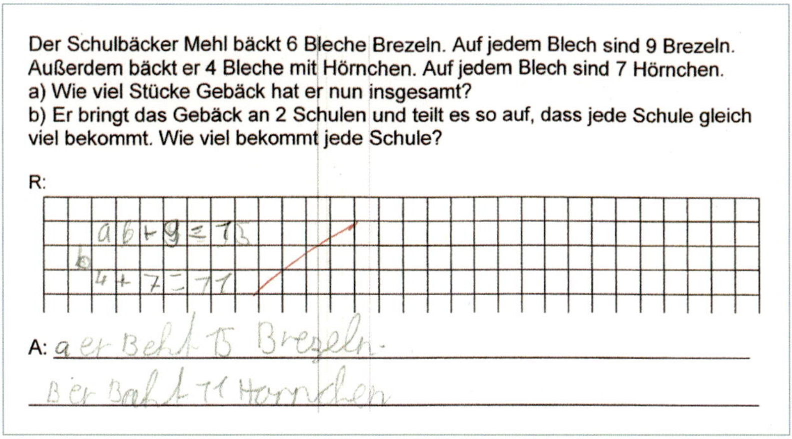
Der Schulbäcker Mehl bäckt 6 Bleche Brezeln. Auf jedem Blech sind 9 Brezeln.
Außerdem bäckt er 4 Bleche mit Hörnchen. Auf jedem Blech sind 7 Hörnchen.
a) Wie viel Stücke Gebäck hat er nun insgesamt?
b) Er bringt das Gebäck an 2 Schulen und teilt es so auf, dass jede Schule gleich viel bekommt. Wie viel bekommt jede Schule?

R:
a 6 + 9 = 15
b 4 + 7 = 11

A: a er Beht 15 Brezeln.
b er Baht 11 Hornchen

Abb. 9: Sachaufgabe mit Bündelungsvorstellung

Eine typische Strategie für die Bearbeitung von Sachaufgaben: Das Kind nimmt die Zahlen aus dem Text und setzt sie in eine Rechnung. Die im Text dargelegte quantitative Beziehung wird nicht abstrahiert, allenfalls undeutlich als „Mehrwerden" gestreift. Eine passende Größenvorstellung wird deshalb nicht gebildet und kann damit nicht als Grundlage der Rechnung in Symbolschreibweise dienen. Dieses Verschwimmen von additiven und multiplikativen Operationsvorstellungen ist auch später in der Sekundarstufe ein typisches Phänomen bei Dyskalkulie – in späteren Abschnitten als Punkt-Strich-Verwechslungen beschrieben.

Die nächste Aufgabe bietet bereits eine Größenvorstellung der quantitativen Beziehung an, doch …

Welche Rechengeschichte passt zum Bild? Kreuze an!

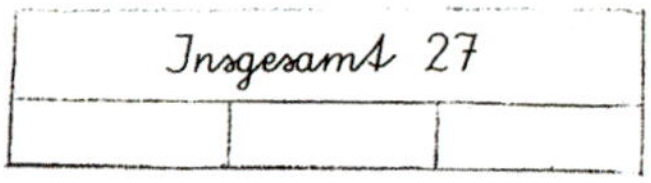

☒ a) Drei Osterhasen sitzen in der Osterwerkstatt und bemalen Eier. Jeder Hase muss 27 Eier bemalen.

☐ ✓ b) Der Osterhase muss in letzter Minute noch 27 Eier färben. Er hat 9 verschiedene Farben. Am Ende soll es von jeder Farbe gleich viele Eier geben.

☐ c) Der Osterhase hat 27 Eier für Tina, Lukas und Paula gefärbt. Er verteilt sie so in die Nester, dass jeder gleich viele bekommt.

Abb. 10: Zuordnung eines Sachzusammenhangs zu einer passenden Größenvorstellung

… da dies nicht der gewohnten Verarbeitungsweise entspricht, kann das Kind wenig damit anfangen.

Wie denkt das Kind hier?

691 g + 4 10 g = 1 kg

304 g + 606 g = 1 kg

Abb. 11: Ergänzungsaufgaben

Phänomene, wie sie hier aus der Grundschule beschrieben sind, können auch in der Sekundarstufe noch auftreten – meist sind sie jedoch durch (mechanisches) Üben überformt und weiterentwickelt worden. Übrigens: Das betreffende Kind hat inzwischen Abitur.

2.2.3 Mathematikbezogene Phänomene in der Unterstufe

Die dysfunktionale Art des Umgangs mit quantitativen Zusammenhängen ist bis zur 5. Klasse längst zu einer kognitiven Gewohnheit geworden und ereignet sich zum großen Teil automatisiert. Die wachsenden kognitiven Fähigkeiten ermöglichen den Ausbau immer neuer Strategien, um sich den mathematischen Stoff irgendwie zu merken. Die Symptome ändern sich, doch das prinzipielle Vorgehen – sich überwiegend an Regelmerkmalen und nicht an Größenbeziehungen zu orientieren – bleibt in der Sekundarstufe bestehen. Ein Nachreifen einfacher Größenvorstellungen kann dazu führen, dass viele Grundschulaufgaben irgendwann in der Sekundarstufe richtig bearbeitet werden können, altersgemäße Aufgaben jedoch nicht verstanden werden.

Die im Folgenden aufgelisteten Symptome für die Unterstufe sind in der Gesamtschau zu betrachten: Welche Symptome treten mehrheitlich und wiederholt auf? Auch *funktional* rechnende Kinder zeigen irgendwann einige der erwähnten Verhaltensweisen – aber eher untergeordnet.

Darüber hinaus ist das aktuelle Üben und der generelle Bildungshintergrund zu bedenken: Das intensive Üben eines Inhalts kann vorübergehend zu Lösungsfähigkeiten führen, die keinen Bestand haben. Sie lassen ein mathematisches Verständnis vermuten, das nicht vorhanden ist. Deswegen fallen Kinder mit Dyskalkulie, die intensiv gefördert werden, erst nach Jahren auf.

Noten der Grundschule

Kinder mit Dyskalkulie bringen aus der Grundschule nicht notwendigerweise schlechte Noten in Mathematik mit in die Sekundarstufe. Durch Merkfähigkeit, Üben und Intelligenz kann fehlendes Verständnis bis zu einer gewissen Komplexität der mathematischen Inhalte kompensiert werden.

Kopfrechnen

Bei Strichrechnungen bevorzugen diese Kinder in der Unterstufe schriftliche Rechenverfahren und haben Schwierigkeiten, geschickte Rechenwege für Lösungen im Kopf zu finden. Auch bei Punktrechnungen ziehen sie schriftliche Verfahren vor, falls die Bearbeitungsregeln präsent sind. Abzählende Rechentechniken kommen häufig vor, jedoch eher versteckt. Manche Kinder mit Dyskalkulie können das 1x1 recht sicher. Die meisten Kinder jedoch fühlen sich beim Kopfrechnen unsicher, obwohl sie viele Kopfrechenergebnisse kennen. Es fehlt die Plausibilitätskontrolle durch die Größenvorstellung.

Umgang mit stellenwertbedingten Zahlgrößen

Stellenwertbedingte Zahlgrößeneinschätzungen gelingen nicht selbstverständlich – meist orientieren sich die betreffenden Schülerinnen und Schüler an gelernten Regelsätzen zu den Stellenwerten. Die folgenden Rechenbeispiele zeigen ein schematisiertes Vorgehen ohne Größenvorstellung im Umgang mit Dezimalbrüchen (Klassenarbeit der 6. Klasse):

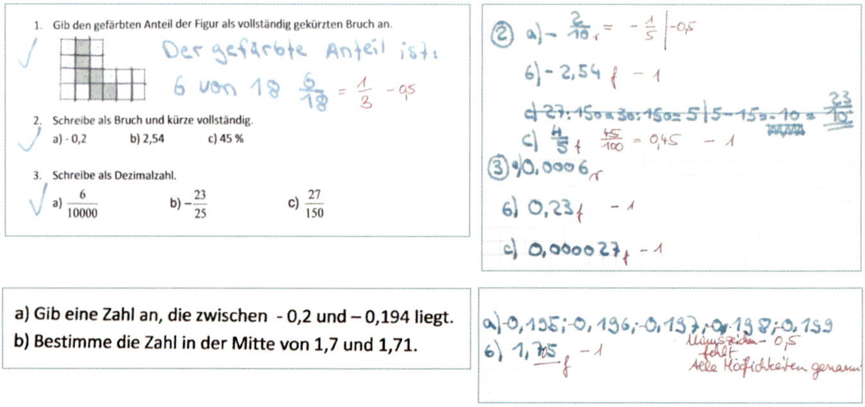

Abb. 12: Größenvorstellung bei Dezimalbrüchen – Elemente aus einer Klassenarbeit der 6. Klasse

Umgang mit Größen

Der Umgang mit Größen und ihren Umrechnungen ist unsicher – Umrechnungen gehen nur mit Regeln, immer wieder kommen grob unpassende Ergebnisse vor. Größenmerkmale an sich werden selten eindeutig abstrahiert. Zum Beispiel verschwimmt der Umgang mit Längen-, Flächen- und Volumenmerkmalen. Gängige Größeneinheiten wie Zentimeter oder Kilogramm können vorgestellt werden, für andere Einheiten besteht selten ein Gefühl. Die folgende Aufgabe verlangt sowohl ein Verständnis der Größeneinheiten Gramm, Milligramm, Stunden, Minuten als auch ein Zahlgrößenverständnis.

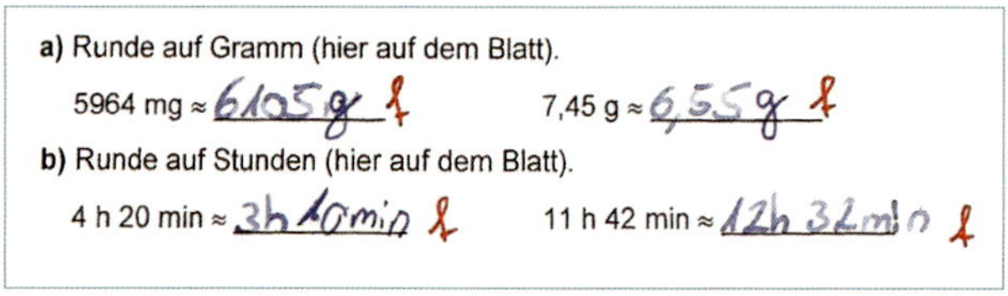

Abb. 13: Rechenbeispiel für Umrechnung und Rundung von Größen

Der oder die betreffende Lernende ist sowohl im Umgang mit Zahlgrößen wie auch mit den geforderten Einheiten überfordert und versucht, sich an irgendwelche Regeln zu erinnern.

Folgende Umrechnungen sind einem Test einer guten Schülerin der 6. Klasse Gymnasium entnommen. Der Test war angekündigt und von der Schülerin vorbereitet.

23 m = 2,3 dm	67 400 mm = 674 m	79 dm^2 = 7 900 cm^2
34 900 kg = 34 900 000 t	0,0841 kg = 0084,1 mg	1 800 s = 3 min
0,083 t = 83 000 kg	1 d 6 h = 108 000 min	

Die Schülerin hatte die Anzahl der zu verschiebenden Stellen für verschiedene Kombinationen von Einheiten gelernt und bei fast allen Aufgaben richtig erinnert. Nicht präsent hatte sie die *Richtung* der Stellenverschiebung und es war ihr nicht möglich, diese mithilfe der Vorstellung der Einheiten und Zahlgrößen zu bemerken. Auch interessant ist die Umrechnung in 108 000 min, die aus 30 h zu je 60 min resultiert – hier rechnete sie 3 · 6 und hatte noch Nullen an bemerkenswerte Positionen dazugefügt. Das fehlende „Gefühl" für die Bedeutung der Stellen führt oft zu ähnlichen Fehlern.

Für eine Einschätzung, ob Fehler auf eine Rechenstörung hindeuten oder Teil einer durchschnittlichen Lernentwicklung sind, reicht es nicht, einige Aufgaben zu analysieren. Wie bei allen beispielhaft dargestellten Aufgaben kommt es auch hier auf die Gesamtschau der Aufgaben und auf die Begleitbedingungen an.

Beispielsweise können mit Dezimeterumrechnungen häufig Fehler passieren, weil die Einheit wenig gebräuchlich ist. Oder große Eile oder Anspannung kann zu außergewöhnlichen Fehlern führen, was dann nur bedingt ein Indiz für eine Rechenstörung wäre.

Umgang mit Brüchen

Manchen Lernenden mit Dyskalkulie gelingt bei der *Einführung* von Brüchen eine mentale Annäherung. Einfache Bruchteile sind noch bewusst vorstellbar. Für die Größenvorstellung komplizierterer Brüche und für einen selbstverständlichen Umgang mit Bruchzahlen muss allerdings auf bereits gefestigte Vorstellungen von Proportionen, Divisions- und Multiplikationsbeziehungen zurückgegriffen werden können. Bei Menschen mit Dyskalkulie ist diese Basis nicht vorhanden (s. auch Kap. 1.3 die Abschnitte zum Aufbau der Bruchvorstellung). Sprachlich gefasste Rechenregeln können trotzdem gelernt und mit Einschränkungen angewandt werden. Solange einzelne Rechenmethoden isoliert geübt werden, gelingt das. Werden die Bruchbeziehungen gemischt abgefragt, purzeln die Regeln durcheinander – erst recht, wenn das Üben von Bruchrechnungen einige Zeit zurückliegt. Lücken im Regelwissen können dann nicht durch eigenes Verständnis berichtigt oder hergeleitet werden. Hierzu einige Rechenbeispiele einer Schülerin der 6. Klasse Realschule:

Berechne! Kürze das Ergebnis, wenn möglich!

$$\text{a) } \frac{4}{5} - \frac{2}{3} = \frac{12}{3\,\cancel{15}} - \frac{\cancel{10}\,2}{15} = \frac{10}{12} = \frac{5}{6}$$

$$\text{b) } \frac{3}{8} + \frac{5}{12} = \frac{9}{12\,\cancel{24}} + \frac{\cancel{10}\,5}{24} = \frac{14}{36} = \frac{7}{8}$$

$$\text{c) } \frac{3}{5} \cdot \frac{14}{3} = \frac{1\,\cancel{3}}{5} \cdot \frac{14}{\cancel{3}\,1} = \frac{14}{5}$$

$$\text{d) } 2\,\frac{2}{7} + 1\frac{2}{3} = \frac{2}{7} + \frac{2}{3} = \frac{4}{10} = \frac{4}{5} = \frac{34}{5}$$

$$\text{e) } 2\,\frac{1}{4} - 1\,\frac{5}{8} = \frac{1}{4} - \frac{5}{8} = \frac{2}{8} - \frac{5}{8} = \frac{3}{8} = 3\,\frac{3}{8}$$

$$\text{f) } 2\,\frac{2}{5} \cdot 1\,\frac{6}{9} = \frac{2}{5} \cdot \frac{6}{9} = \frac{12}{45} = 3\,\frac{12}{45}$$

Nehmen Sie sich kurz Zeit und notieren Sie Ihre Interpretationen zum Vorgehen der Schülerin. Welches Wissen ist vorhanden? Welche Vorstellungen fehlen? Gehen Sie schrittweise vor.

Die Schülerin – ich nenne sie Samanta – hatte einen großen Hang, Aufgaben durch Auswendiglernen von Rezepten zu bewältigen. Wie stark diese Gewohnheit durch die Dyskalkulie befördert worden war oder ob die Dyskalkulie durch die Neigung, Handlungen zu kopieren, mitverursacht wurde, war nicht bekannt. Allgemein war zu beobachten, dass Samanta die meisten Ergebnisse des 1 x 1 und des 1 + 1 wusste und sich die meisten Regeln der gerade bearbeiteten Inhalte merken konnte. Jedoch hatte sie Schwierigkeiten, Kopfrechenaufgaben „geschickt" zu lösen. Textaufgaben waren ihr ein Gräuel.

Mögliche Interpretationen zu den Aufgaben: Aufgabe a) Samantha erkennt, dass bei Strichrechnungen der gleiche Nenner gefordert wird. Sie findet einen passenden Hauptnenner und erweitert richtig (1 x 1 richtig erinnert). Sie kürzt diagonal mit den passsenden Teilern. Hier wird deutlich, dass ihr der Sinn des gleichen Nenners bei Strichrechnungen nicht klar ist. Auch dass beim Kürzen die Proportion von Zähler und Nenner gleich bleibt, ist nicht präsent. Die Bruchgröße wird nicht mitverarbeitet. Vermutlich orientiert sie sich an der Schreibweise der Rechnungen beim Kürzen von z. B. Bruchmultiplikationen. Beim nächsten Schritt wird noch deutlicher, dass weder eine Vorstellung der Bruchgröße noch eine Vorstellung der operativen Beziehung mitläuft: Sie subtrahiert einfach die Nenner verschiedener Brüche, was jeder Bruchvorstellung völlig widerspricht. Zusätzlich dreht sie die Rechenrichtung der Subtraktion um – eine Information, die auf eine unsichere Richtungsvorstellung und prinzipiell auf mangelnde Strichvorstellungen deuten kann. Fast nebensächlich erscheint im Vergleich, dass sie die Zähler verschiedennamiger Brüche subtrahiert. Zum Schluss kürzt sie richtig. Sie bemerkt nicht, dass $\frac{5}{6}$ gar nicht kleiner ist als die Ausgangszahl $\frac{4}{5}$, von der ein Betrag abgezogen wird.

Aufgabe b) verläuft nach ähnlichem Muster, außer dass hier addiert statt subtrahiert wird. Zusätzlich interessant ist, wie sie am Ende kürzt und 7 mit 14 und 8 mit 36 in Verbindung bringt. Möglicherweise war der Gedanke „Was passt wo hinein?" im Vordergrund und die Gleichheit des Teilers im Zähler und im Nenner ging unter.

Aufgabe c) Die Rechnung ist richtig gelöst. Die Umwandlung in einen gemischten Bruch ist nicht ausdrücklich gefordert. Isoliert betrachtet ist nicht erkennbar, ob die Rechnung schematisch oder mit Bruchverständnis gelöst wurde.

Aufgabe d) Die falsche Benutzung des Gleichheitszeichens kann auf ein Unverständnis der Gleichheit, aber auch auf eine ungenaue Verwendung des Zeichens zurückzuführen sein. Ähnlich wie in a) und b) addiert sie Nenner und Zähler, kürzt richtig und fügt die ganzen Einer richtig hinzu.

Aufgabe e) Samanta erinnert sich wieder an die Regel mit den gleichen Nennern bei Strichrechnungen und kürzt dieses Mal nicht diagonal. Sie subtrahiert auch nicht die Nenner voneinander (die Diskussion möglicher Gründe würde zu weit führen). Mit dem Gleichheitszeichen verfährt sie wie in d). Ähnlich wie in b) dreht sie die Subtraktionsrichtung um. Samanta kann die ganzen Einer nicht einbeziehen. Vermutlich ist die Handlung der Subtraktion nicht Teil der Bearbeitungsvorstellung: Sie addiert die ganzen Einer, anstatt sie zu subtrahieren.

Aufgabe f) Erkennbar ist, dass Samanta für Additions- und Punktrechnungen gemischter Brüche dieselbe Strategie nutzt, nämlich ganze Zahlen und Bruchzahlen getrennt zu verrechnen. Somit vervielfacht sie nur teilweise und nur Teilzahlen. Das fällt ihr nicht auf. Sehr wahrscheinlich ist eine Vorstellung der Vervielfachung bei diesen Rechnungen nicht präsent. Dass sie am Ende die ganzen Einer addiert, anstatt sie zu multiplizieren, stützt diese Vermutung.

Für Samantas Umgang mit Brüchen lässt sich zusammenfassend erklären, dass sie Bruchzahlen nicht versteht und bei diesen Rechnungen keine Bruchgrößen verarbeitet. Es ist ersichtlich, dass sie verschiedene Rechenregeln kennt, sie aber verwechselt. Grundzüge des 1 x 1 sind vorhanden, obwohl fraglich ist, ob ihr Rechnen von der Operationsvorstellung der Multiplikation begleitet ist.

Körperberechnungen

Im Umgang mit Körperberechnungen lässt sich beobachten, dass Umfang-, Flächen- und Volumenberechnungen isoliert bewältigbar sind, jedoch eher schematisch ausgeführt werden. Die mathematische Handlung der Vervielfachung von Längeneinheiten, Flächeneinheiten oder Volumeneinheiten ist meist kaum präsent und so werden die verschiedenen Formeln nach einer gewissen Zeit vermischt und/oder auf unpassende Sachzusammenhänge übertragen: Beispielsweise zur Berechnung der Fläche eines

Parallelogramms wird A = a · b oder für den Umfang eines Rechtecks U = 2ab benutzt.

Proportionale Zusammenhänge

Dreisatzaufgaben werden vor allem regelbasiert bearbeitet. Abwandlungen und ungewohnte Formulierungen führen regelmäßig zu Fehlschlüssen. Bei Prozentaufgaben ist häufig unbekannt, welche Größe oder welche Unbekannte dem Grundwert entspricht. Versuche, Rechenwege an bestimmte Präpositionen zu knüpfen (z. B. „auf" oder „von"), gelingen nicht immer. Die falsche Größe eines Ergebnisses wird oft nicht erkannt:
Klara kommt heim und erzählt ihrer Mutter: meine Jeans kostet nur noch $\frac{7}{8}$ *des Originalpreises, nämlich 35 €. Wie teuer war die Jeans ursprünglich?"*
Schüler aus Klasse 6: 86 € (Er prüft die Antwort und lässt sie stehen.)

Sachaufgaben

Sachaufgaben bereiten große Schwierigkeiten – außer wenn ein bestimmter, zuvor geübter Typ abgefragt wird. Ich zitiere aus der Beschreibung von Marias Umgang mit Sachaufgaben in der 5. Klasse: „Sachaufgaben waren und sind furchtbar. Maria bekommt es nicht hin, aus dem Sachverhalt die wichtigen Informationen so herauszufiltern, dass sie sie später zu einer Rechnung umformatieren kann. Sie nimmt immer wahllos die Zahlen und führt mit den zur Verfügung stehenden Zahlen wahllos eine ‚Rechnung' durch."

Umgang mit Termen und Gleichungen

Das Übertragen von Sachzusammenhängen in Terme oder Gleichungen sowie umgekehrt gelingt selten, weil mathematische Beziehungen sowohl in der Termform wie auch in einer Sachaufgabe nicht selbstverständlich als Größenbeziehung abstrahiert werden (vgl. Kap. 1.3 Abschnitte zu Variablen und zu Algebra). Der Abschnitt in Kap. 2.1 zu bewusstem und zu automatisiertem Verarbeiten (Bewusstes und automatisiertes Verarbeiten mathematischer Zusammenhänge …) enthält ein treffendes Aufgabenbeispiel dazu.

Punkt- und Strichrechnungen werden in komplexeren Rechnungen nicht eindeutig unterschieden. Z. B. wird bei Gleichungen immer wieder ein Koeffizient durch eine Subtraktion „weggebracht":

3 x = 22,5/– 3 führt zu

x = 22,5 – 3.

Die Vermischung von Punkt- und Strichrechnungen ist auch im Fallbeispiel von Samanta (zu Bruchrechnungen) gut zu erkennen.

Klammern werden sehr formal behandelt. Die „Paketbedeutung" der Klammer wirkt beim Verarbeiten nicht mit. Wozu das führt, illustriert das folgende Beispiel aus einer therapeutischen Sitzung (7. Klasse Gymnasium, S = Schülerin, G = therapeutisches Gegenüber). Die Frageweise ist der Schülerin bereits vertraut.

G: Kannst du die Klammer auflösen, ohne zuvor in der Klammer zu rechnen? 2 (4 + 4)

S: 2 (4 + 4) = 2 · 4 + 4

G: Zeichne einen Sachzusammenhang für 2 (4 + 4).

S:

Während sie zeichnet, bemerkt die Schülerin, dass sie die Klammer falsch aufgelöst hat und korrigiert: 2 · 4 + 2 · 4. Sie erinnert sich an die „Pfeilregel" 2 (4 + 4).

G: Kannst du auch diese Klammer auflösen? Ebenfalls ohne vorher in der Klammer zu auszurechnen: 2 (4 · 4) = ?

S: 2 (4 · 4) = 2 · 4 · 2 · 4

Die Szene zeigt, dass beim Lösen weder die Paketbedeutung noch die Bedeutung der Operationszeichen mitwirkt. Zuerst lässt die Schülerin die Klammer weg und bemerkt dies erst, nachdem ihr Fokus auf deren Bedeutung gerichtet wird. Beim Korrigieren fällt ihr sofort die „Pfeilregel" ein, die sie dann auch auf die nächste – ähnlich erscheinende – Aufgabe anwendet.

Auch Menschen ohne Dyskalkulie können manchmal in einen schematischen Arbeitsmodus ohne mitwirkendes Verständnis verfallen – z. B. wenn viele Aufgaben des gleichen Typs bearbeitet werden oder wenn ein Problem mit einer Formel kodiert wurde, ohne den mathematischen Hintergrund durchdrungen zu haben. Bei Menschen ohne Dyskalkulie ist dieser Arbeitsmodus jedoch nicht die Regel. Zugleich ist die Hürde, in den Modus mit Verständnis umzuschalten, bei ihnen nicht sehr hoch.

Nachhaltigkeit des Verständnisses

An einem Tag Geübtes und Beherrschtes bleibt nicht nachhaltig hängen, weil die Vernetzung mit dem Sinnzusammenhang fehlt: „Ein Tag geübt, geklappt, 3 Tage später weg" (Zitat aus der Fallbeschreibung von Maria).

Insgesamt wird für Mathematik deutlich mehr geübt als für andere Fächer – oder aber das Üben in Mathematik wurde aufgegeben und wird vermieden.

Einschätzen der mathematischen Fähigkeit

Das eigene Lösungsverhalten kann ganz schwer beurteilt werden. Ob ein Lösungsweg in etwa passen könnte, können die Betroffenen kaum selbst entscheiden, weil dessen mathematische Bedeutung nur untergeordnet mitwirkt (dadurch fehlende Plausibilitätskontrolle). Entsprechend unsicher sind Selbstaussagen darüber, wie eine geschriebene Klausur verlaufen ist.

2.2.4 Spezifische Phänomene bei räumlichen Vorstellungsschwierigkeiten

Räumliche und zeitliche Orientierung

Kinder vor allem der 5. Klasse haben Bedenken oder gar Ängste, Räume im großen Schulgebäude zu finden und mit Zeitplänen zurechtzukommen. Die Bewegungen der Zeiger auf der Uhr werden nicht automatisch verarbeitet. Änderungen der Zeitpläne verursachen Unsicherheit. Auch ein komplizierter Schulweg kann Unsicherheit hervorrufen. Betroffene Kinder orientieren sich daher gern an anderen.

Umgang mit der Geometrie

Parallelitäten und Symmetrien werden nicht von selbst erkannt. Das erschwert Körperberechnungen, die voraussetzen, dass parallele Seiten in Beziehung gesetzt werden.

Die Unterteilung eines Vielecks in „geschickte Flächen" bereitet große Schwierigkeiten.

Bei **Winkeln** wird nicht automatisch die Drehung der Schenkel als relevantes Merkmal erkannt. Die Winkelmessung wird dann wie vorgeführt nachgemacht, doch folgende Frage führt oft zu unsinnigen Antworten:

Welcher Winkel ist größer?

Abb. 14: Aufgabe zur Erkennung relevanter Größenmerkmale von Winkeln

Das **dreidimensionale Zeichnen** von Körpern bereitet Schwierigkeiten: Meist wird erinnert, dass es schräge Seiten gibt, doch deren Funktion und Lage ist nicht klar. Aus Schrägbildern können die Formen verschiedener Flächen oder des Mantels gar nicht oder nur mit Mühe herausgelesen werden.

Gleiches gilt für **Drehungen und Perspektivwechsel. Netze** von Körpern können nicht selbstständig entwickelt werden. Einige Standardnetzformen werden auswendig gelernt.

Raumdiagonalen oder Schnittlinien in einem Quader werden nicht erkannt. Der Umgang mit dem **Koordinatensystem** ist schematisch: „3 rauf, 2 rüber". Die Koordinaten werden vor allem als Ortsangabe und nicht als Größenrepräsentanz verarbeitet. **Proportionale** Vorstellungen wie Maßstäbe und proportionales Wachstum bereiten Schwierigkeiten. Beim Bearbeiten geometrischer Aufgaben können jeweils **relevante geometrische Eigenschaften** nicht erfasst werden, weil die innere Repräsentation davon zu undeutlich ist. Der Umgang mit Umfang, Fläche, Rauminhalt, Winkel oder Symmetrie wird dadurch uneindeutig und verschwommen.

Auswirkung auf das Rechnen

Die beschriebenen Schwierigkeiten in der Geometrie wirken sich unmittelbar und mittelbar auf rechnerische Fähigkeiten aus. Unmittelbar, weil für Körperberechnungen geometrische Zusammenhänge erschlossen werden müssen; relevante geometrische Eigenschaften müssen erkannt und verarbeitet werden. Mittelbar, weil zum Verarbeiten mathematischer Zusammenhänge Größenrepräsentationen zentral sind, die geometrischer Art sind und deshalb mit geometrischen Vorstellungsfähigkeiten korrespondieren (vgl. hierzu Kap. *1.3 Die zentrale Rolle der Geometrie*).

2.2.5 Allgemeine dyskalkuliebedingte Phänomene

Ablenkbarkeit

Manchmal ist Dyskalkulie mit einer starken Reizoffenheit oder auch AD(H)S verbunden. ADS kann zu einer Rechenstörung beitragen, da die flottierende Aufmerksamkeit den Aufbau von funktionalem mathematischen Verarbeiten erschwert: Eine logische Erkenntnis wird erst möglich, wenn eine logische Handlung bis zum (Rück-)Schluss aufmerksam verfolgt werden kann und das relevante quantitative Merkmal so lange im Fokus bleibt (s. Kap 1.2.2). Umgekehrt kann eine Ablenkbarkeit aber auch durch mathematisches Unverständnis mitbedingt sein, denn es fällt schwer, die Aufmerksamkeit auf eine Sache zu richten, die subjektiv keinen Sinn ergibt.

Selbstunsicherheit, die sich ausweitet

Etwas nicht wie andere Kinder lernen zu können und nicht zu verstehen weshalb, verunsichert und macht hilflos. Versuche, den Zugang zur Mathematik zu finden (meist über Merkstrategien), führen zu keiner nachhaltigen Verbesserung. Das führt zu Selbstzweifeln, die über den direkten Umgang mit Mathematik hinausreichen (Generalisierung). Eine innere Erwartungshaltung, wirksam sein zu können, kann so nicht gebildet werden oder wird – falls vorher vorhanden – unterhöhlt. Das führt zu weiteren Handlungsweisen der Verunsicherung, des Rückzugs und der Abwehr:

- allgemeine Unsicherheit im Unterricht, Rückzug, Angst sich zu melden, zurückgehende Beteiligung am Unterricht, gesteigerte Aufgeregtheit vor Klausuren, Versagensangst
- Verlust des Vertrauens in das eigene logische Denken, in die eigene Problemlösefähigkeit

- Abwehrstrategien wie „Mathematik brauch ich sowieso nicht", „Mathematik ist blöd"
- Vermeiden von Situationen, die mathematische Fähigkeiten erfordern, wie der Umgang mit Fahrplänen, mit bestimmten Spielen, Hausaufgaben
- Streit mit den Eltern über Lernen und über Hausaufgaben in Mathematik.
- generelles Abwehrverhalten gegenüber der Schule
- Verunsicherung der Eltern: „Erwarte ich zu viel von meinem Kind? Hält mich mein Kind zum Narren? Rede ich mir etwas ein, weil ich nicht akzeptieren will, dass es das nicht kann? Vernachlässige ich etwas, wenn ich meinen Zweifeln nicht folge?" Im Fallbericht zu Maria sind die ersten Stufen der Selbstunsicherheit gut zu erkennen.

2.2.6 Zusammenfassung

Kinder mit Dyskalkulie können die Grundschule mit akzeptablen Leistungen bewältigen, sofern sie über gute Merkstrategien verfügen, intelligent sind, eine gute Unterstützung erfahren und/oder an einer nur mäßig ausgeprägten Rechenstörung leiden. Zusätzlich haben sie für Mathematik bis zur Unterstufe mehr getan, als für andere Fächer. Die vorhandene dysfunktionale Verarbeitungsstruktur ist mit dem Übergang zur Unterstufe nicht verschwunden: Rechenregeln werden akribisch auswendig gelernt, Lösungsabfolgen werden memoriert und Eselsbrücken entworfen. Aufgaben, die eigenständiges mathematisches Problemlöseverhalten verlangen, führen zu Überforderung, wie z. B. bei ungewohnten Aufgabenstellungen bei Sachaufgaben oder beim Aufstellen von Termen. Die Vorstellung von Zahlgrößen ist nur rudimentär vorhanden und kein selbstverständlicher Teil des Rechnens. Das ungefähre Operationsverständnis reicht, um Plus-, Minus- und Mal-Rechnungen einigermaßen zu bewältigen, Divisionen bereiten Probleme. Kombinationen aller Rechenarten können nur bis zu einer Komplexität gerechnet werden, in der die Anzahl der gedanklich abzurasternden Regeln noch überschaubar ist. Größenmerkmale von Gewicht, Längen, Zeitspannen, Flächen, Volumina und Geld werden nicht selbstverständlich abstrahiert und dadurch unklar verarbeitet. Wenn zusätzlich die räumliche Vorstellungsfähigkeit betroffen ist, bereiten die geometrischen Kombinationsaufgaben der Unterstufe ebenfalls Schwierigkeiten. Häufig gehen mit der Dyskalkulie eine allgemeine Verunsicherung und eine zunehmende Abwehr gegenüber Mathematik einher. Situationen, in denen eine Konfrontation mit mathematischen Zusammenhängen droht, werden vermieden.

2.3 Dyskalkulie in der Mittelstufe

2.3.1 Fallbeschreibung einer Schülerin der 8. Klasse

Marianne (8. Klasse) kam als insgesamt gute Schülerin des Gymnasiums zur Beratung. In allen Fächern ohne mathematischen Bezug fühlte sie sich sicher und arbeitete völlig selbstständig. In Mathematik sei es – so die Mutter – ein dauerndes Hinterherlaufen gewesen und Marianne benötigte schon immer sehr viel Unterstützung. In der Unterstufe kam es schließlich zu heftigen Auseinandersetzungen um das Mathematiklernen, sodass außerhäuslich Nachhilfe in Mathematik organisiert wurde. Parallel zu dieser Entwicklung zog sich Marianne stärker in sich zurück. Sie wollte mit ihren Schwierigkeiten auf keinen Fall auffallen. Niemand sollte von der Nachhilfe erfahren. Die Noten wurden auch mit dem Nachhilfeunterricht nicht besser. Irgendwann kam es sogar zu einer 5 und dann zu einer 6 – trotz Vorbereitung auf die Klausur. Auch die Mathematiklehrerin konnte Mariannes Schwierigkeiten nicht einordnen und fand, es sei wichtig, sich weitergehend zu informieren. Die Familie entschloss sich zu einer Dyskalkulieberatung. Bei den diagnostischen Erhebungen fielen ihr geometrische Anforderungen wie mentales Drehen von Würfelkörpern schwer. Zu Strichrechnungen wie „875 – 675 + 10" und zu einfachen Punktrechnungen wie „4 · 6" konnte sie ohne Schwierigkeiten passende Sachgeschichten erfinden. Bei Aufgaben, die eine trennscharfe Operationsvorstellung und/oder eine selbstverständliche Zahlgrößenvorstellung erforderten, musste Marianne lange herumprobieren. Beispielsweise gelang es ihr für „3 + 4 · 7" nicht mehr, eine passende Sachgeschichte zu gestalten.

Die Aufgabe „8 Birnen kosten 2,50 €. Wie viel Birnen kann ich für 10 € kaufen?" versuchte sie folgendermaßen zu lösen:

10 – 2,50 = … nee oder doch … wie dann … also … 8 · 2 oder nicht. Weiß nicht … also ich habe 10 € – 2,50 € = 7,50-mal … also bringt mich das weiter … also 7,5-mal …

Dann notiert Marianne: 8 B = 2,50 €
= 10 €
Also wie viel bis zu 10, also 2,50 · 3 = 7,50, also 3 · 8.

Die Vorstellung des Größenverhältnisses von 2,5 zu 10 war nicht klar und/oder der additive und multiplikative Zusammenhang verschwammen ineinander. Deshalb konnte sie die operativen Beziehungen der Geschichte nicht eindeutig mathematisieren (Arbeitshypothese zum Zeitpunkt der Testung, die sich in den therapeutischen Sitzungen bestätigte). Bei vielen Jugendlichen mit Dyskalkulie ist die Gleichung 4 · 2,5 = 10 auswendig vorhanden, selbst wenn das Größenverhältnis 2,5 zu 10 nicht zuverlässig repräsentiert ist – in diesem Fall war die Gleichung nicht präsent. Des Weiteren ging Marianne so vor, dass sie vorhandene Zahlen in verschiedene Rechnungen einsetzte und immer wieder mit der Aufgabenstellung verglich und verwarf. Schließlich fand sie den Ansatz zu einer Dreisatzaufgabe passend. Dabei fokussierte sie allerdings den Unterschied zwischen 2,50 € und 10 € (und nicht das Verhältnis), bildete diesen dann multiplikativ (2,50 · 3) und übertrug anschließend das multiplikative Verhältnis auf die 8 Birnen. Die Ergebnisse rechnete Marianne blitzschnell zählend im Kopf aus. Ihr Vorgehen wies gegen Ende zwar in eine passende Richtung, doch war der gesamte Weg von unklaren Vorstellungen quantitativer Beziehungen gekennzeichnet.

Zusammenfassend lässt sich für Marianne feststellen, dass, je komplexer, ungeübter und übertragungsintensiver die mathematischen Zusammenhänge waren, sie diese umso weniger bewältigen konnte. Ihre räumlichen Vorstellungskompetenzen waren nicht altersgemäß gebildet. Die Zahlgrößenvorstellung und die Operationsvorstellungen waren nur sehr ungefähr vorhanden.

2.3.2 Mathematikbezogene Phänomene

Das Fallbeispiel zeigt, dass es einigen Aufwand erfordert, um mit Dyskalkulie in die Mittelstufe zu gelangen und sich dort zu halten – zumindest wenn man sich in der Schulart befindet, die zu den nicht mathematischen Kompetenzen passt. Viel Üben, Unterstützung der Eltern, Diskussionen mit den Eltern, Nachhilfe …

Manchmal wird nach der Grundschule jedoch eine Schulart gewählt, die ein oder zwei Stufen unter dem nicht mathematischen Fähigkeitsprofil liegt, um Schwierigkeiten in Mathematik zu vermeiden oder abzumildern. Das hilft nur bedingt: Die mathematischen Inhalte werden meist trotzdem nicht verstanden, auch wenn die Noten durch Auswendiglernen im Rahmen gehalten werden können, weil die Stoffmenge überschaubarer ist. Dennoch stellt dies keine tragfähige Lösung dar: Die Kluft zwischen Unter- und Überforderung führt zu psychischen Spannungen und den mathematischen Mängeln ist durch das Auswendiglernen der Inhalte keineswegs abgeholfen – was sich dann spätestens im Berufs- und Alltagsleben erneut bemerkbar machen wird (mit oft dramatischen Konsequenzen, siehe Fallbeispiel am Ende von Kap. 3.2). Mehr zu diesen Wechselbeziehungen bei *Allgemeine Phänomene*. Manche Schularten mit integrierten Niveaus haben die Möglichkeit, das Leistungsniveau fächerspezifisch zu gestalten und Schülerinnen und Schüler mit Dyskalkulie bis in die Oberstufe mitzuziehen. Viele der für die Unterstufe beschriebenen mathematischen Phänomene sind auch in der Mittelstufe in etwas veränderter Form zu finden. (Für Leserinnen und Leser, die direkt zu diesem Abschnitt gesprungen sind, lohnt sich ein Abstecher zum Abschnitt der Unterstufenphänomene.)

Wie für die Unterstufe gilt, dass beobachtbare Phänomene für Dyskalkulie der Mittelstufe davon beeinflusst sind, welche Inhalte kürzlich geübt worden sind und wie der Lernhintergrund, die Förderung und Unterstützung insgesamt gestaltet sind. Deshalb sind alle anschließend aufgeführten Symptome immer in der Gesamtschau zu betrachten.

Die Vorstellung von ungefähren Zahlgrößenrepräsentationen und üblichen Größeneinheiten kann nachgereift sein: Das heißt, gängige Kommazahlen (z.B. 0,5; 0,25; 0,75; 0,2) mögen jetzt Prozentwerten und Brüchen zugeordnet und der Größe nach sortiert werden können. Die Größe von Zahlen im drei- bis vierstelligen Bereich kann zugeordnet werden und die Vorstellung von gängigen Zeit-, Gewichts-, Volumen- und Längengrößen mag gefestigter sein. Manche Auffälligkeiten der Unterstufe können abgemildert sein. Zum Beispiel kann sich die Unterscheidungsfähigkeit von Flächen- und Umfangberechnungen (als Vervielfachen von cm^2-Reihen gegenüber dem Zusammenfügen von Strecken) für einfache Figuren gebildet haben oder die korrekte Vereinfachung einfacher Terme und Gleichungen nun möglich sein.

Mühsames Rechnen durch fehlende Basis

Trotz teilweise nachgereifter Vorstellungen fehlt bei Dyskalkulie ein selbstverständliches Verständnis der tragenden Inhalte, die bis in die Mittelstufe behandelt wurden. Dieses selbstverständliche Verständnis bewirkt, dass beim Bearbeiten aktueller mathematischer Inhalte untergeordnete Rechentätigkeiten (z.B. geschicktes Umformen) automatisiert sinnvoll ablaufen können. Nur so ist im Arbeitsgedächtnis genügend Kapazität für ein bewusstes Problemlösen neu eingeführter, übergeordneter Inhalte frei. Ohne Verständnishintergrund müssen Umformungen mithilfe sprachlicher Umformungsregeln mit einer Vielzahl an Fallunterscheidungen abgearbeitet werden – äußerst aufwendig. Es fehlt das „mathematische Gefühl" im Hintergrund.

Das Fehlen der vorgängigen Kompetenzen führt also zu sehr mühsamem und fehleranfälligem Bearbeiten aktueller Aufgaben: Sobald die Konzentration auf mathematische Probleme der aktuellen Klassenstufe gerichtet wird, geschehen Unmengen an Umformungsfehlern – die dann häufig als „Leichtsinnsfehler" deklariert werden. In einer weiter unten aufgeführten Klassenarbeit zu Wurzeln und Zahlmengen ist erkennbar, wie leicht untergeordnete Rechenhandlungen beim Konzentrieren auf aktuelle Themen entgleiten. Beim Bearbeiten anderer Inhalte der Mittelstufe ist das ähnlich. Die aktuellen Inhalte wie Potenzen, Gleichungen und Funktionsgleichungen verschiedener Grade, Sachrechnen, Prozent- und Zinsrechnen sind in einfachen Zusammenhängen (z. B. bei der ersten Einführung) vordergründig verstanden: Die grobe Vorgehensweise kann reproduziert werden, doch kann der Sinnzusammenhang aus (nicht geübten) quantitativen Kontexten weder herausgelöst noch durchdrungen oder mathematisiert werden. Beim Rechnen werden zwar Formvorgaben eingehalten, doch der Sinn der Rechnung wird nicht erfüllt – s. Rechenbeispiel zu Gleichungssystemen (Abb. 16 ff.).

Beim Umgang mit geometrischen Themen der Mittelstufe äußert sich Dyskalkulie auf zwei verschiedene Arten

Wenn die Vorstellung räumlicher Zusammenhänge keine Schwierigkeiten bereitet, können geometrische Eigenschaften wie Winkel, Seitenverhältnisse, Parallelitäten usw. von Flächen und Körpern erkannt und möglicherweise Formeln zugeordnet werden. Auf diese Weise können Strahlensätze, viele Flächen- und Körperberechnungen auch mit trigonometrischen Beziehungen und Pythagoras angegangen werden. Die Anzahl der Formeln und die nötigen Umformungen sind überschaubar. Für manche Umformungen wie z. B. von Gleichungen mit Quotienten können notfalls Schemata wie die „Über-Kreuz-Multiplikation" verwendet werden. Wird ein Realschulabschluss angestrebt, nehmen solche Körper- und Flächenberechnungen einen großen Raum ein. Das kann für Lernende mit Dyskalkulie ohne räumliche Vorstellungsprobleme die Chance auf einen Abschluss erhöhen, zumal solange für die Realschulprüfung Formelsammlung und Taschenrechner in allen Teilen erlaubt sind oder waren.

Bereitet die räumliche Vorstellung jedoch Schwierigkeiten – was grob geschätzt bei einem Drittel der Lernenden mit Dyskalkulie der Fall ist –, können relevante geometrische Eigenschaften nur eingeschränkt aus räumlichen Zusammenhängen herausgefiltert werden. Damit wird das Lösen geometrischer Aufgaben, die über Einführungsaufgaben hinausgehen, kaum realisierbar.

Verarbeiten von Zahlgrößen(-beziehungen) und physikalischen Größen

Die quantitativen Entsprechungen der Zahlen und ihrer Operationen werden nicht oder kaum verarbeitet – weder abstrakt noch als Vorstellung von Größeneinheiten (ausgenommen sehr alltäglicher). Selten wird von selbst überschlagen und offensichtlich unpassende Ergebnisse werden meist nicht bemerkt – das „Gefühl" für die Größenzusammenhänge fehlt. Die semantische Repräsentation als analoge Größe gemäß dem *Triple-Code-Modell* ist schwach ausgeprägt (s. Kap. 1.1 und 1.2). Im Folgenden einige typische praktische Beispiele:

- Der Schüler rechnete 0,9 + 0,9 = 0,18. Beim Prüfen fiel ihm das nicht auf.
- Eine Schülerin half in einem Laden aus. Ein Produkt kostete 2,65 €. Der Kunde gab ihr 3,15 €. Sie konnte sich den rechnerischen Grund dafür (auch im Nachhinein) nicht erklären.
- Schüler der Klasse 9, Aufgabe: Berechne die Lösung der folgenden quadratischen Gleichung: $2x^2 - 4x - 16 = 0$. Rechnung:

$$2x^2 - 4x - 16 = 0 \qquad /:2$$

$$x^2 - 2x - 8 = 0 \qquad p = -2 \quad q = -8$$

$$f(x) = -\tfrac{-2}{2} \pm \sqrt{(\tfrac{-2}{2})^2 - (-8)}$$

$$= 1 \pm \sqrt{1^2 + 8}$$

$$= 1 \pm \sqrt{1 + 8}$$

$$= 1 \pm 9$$

$$x_1 = 10 \qquad x_2 = -8$$

Der Schüler nutzte die p/q-Formel richtig und beachtete auch die Minusregel beim Rechnen. Die Zahlgrößenbeziehung der Wurzeloperation wurde vom Schüler wiederholt nicht bemerkt. Auch „f(x)" notierte er regelmäßig auf die abgebildete Weise, dessen Sinn er vermutlich nicht verstanden hat.

Vermischen von Punkt- und Strichrechnungen in größeren Zusammenhängen

Punkt- und Strichrechnungen werden in komplexeren Rechnungen verwechselt. Einfache Punkt-Strich-Kombinationen wie die Umformungen von 3 (5 + x) können fehlerfrei gelingen, weil die dafür notwendigen, sprachlich kodierten Verarbeitungsregeln noch überschaubar sind und weil die *ungefähr* vorhandene Größenvorstellung zur Kontrolle einfacher Rechnungen herangezogen werden kann. Bei eingebetteten Operationen ist die Aufmerksamkeit durch übergeordnete Zusammenhänge gebunden. Dann wirkt sich das Fehlen des jeweils eindeutig (und unterscheidungsstark) automatisierten Verständnisses der Einzeloperationen (und damit der Grundlage für das mathematische Gefühl, richtig umzuformen) deutlich aus und Umformungsfehler häufen sich. Das manifestiert sich bei: Brüchen, Algebra, Gleichungen, Funktionen, Formelumstellungen, Potenzen (s. auch Kap. 1.2 die Abschnitte zur Multiplikation und proportionale Beziehungen).

In der Beispielaufgabe (Abb. 15) ist zu erkennen, wie durch die Konzentration auf ein übergeordnetes Lösungsschema untergeordnete Rechenhandlungen entgleiten: Das mathematische „Gefühl" für die Punkt-Strich-Kombinationen ist nicht vorhanden und durch die Anwendung der Regeln nicht zu kompensieren – zu viele Regeln, zu aufwendig.

Schwierigkeiten bei der Umformung von Brüchen

Bei Dyskalkulie in der Sekundarstufe ist die Vorstellung von Zahlgrößen nur verschwommen vorhanden, Strichrechnungen und Punktrechnungen sind nur ungefähr als Größenbeziehungen kognitiv repräsentiert und es treten in klassenüblichen Rechenkontexten häufig Punkt-Strich-Verwechslungen auf (→ Punkt-Strich-Unklarheiten). In Brüchen repräsentieren die Zahlen, die im Nenner stehen, zudem noch völlig andere Größen als in „normalen" Punkt- und Strichrechnungen. Auch das Größenwachstum funktioniert anders: Steigt die Nennerzahl, kommen weder Einer noch gleiche Bündel hinzu, sondern die Größe schwindet in umgekehrt proportionalem Verhältnis. Die Bedeutung der Zählerzahl ist regelmäßiger: Sie beschreibt eine Anzahl von Teilchen – dementsprechend muss die komplett unterschiedliche Bedeutung zweier Zahlen integriert werden. Bei ohnehin schon sehr ungefährer und fehleranfälliger Fähigkeit, Größen zu verarbeiten, kann die viel schwierigere Verarbeitung von Bruchgrößen daher kaum gelingen. Ein mathematisches „Gefühl" für Brüche entsteht so nicht (s. Kap 1.3 Abschnitte zu Brüchen). Betroffene Lernende versuchen, sich verzweifelt an Bruchregeln zu erinnern, und verwechseln diese regelmäßig. Auch hierfür sind in der weiter unten folgenden Klassenarbeit (Abb. 19) Beispiele zu finden.

Algebra – ein rotes Tuch

Rechenschwache Lernende verstehen Variablen selten in ihrer Funktion als Zahl, als Repräsentation einer Größe. „ab" wird nicht als das a-Fache von b empfunden, sondern eben als zwei Buchstaben hintereinander. Meist ist die Regel, dass Äpfel und Birnen nicht zusammengezählt werden dürfen, präsent – nicht jedoch die Eigenschaft der Variablen als Zahl bzw. als in einem Zusammenhang operierende Größe. Bei Dyskalkulie verwundert das nicht, da die Zahlgrößen- und Zahlbeziehungsvorstellung ohnehin schwach ausgeprägt ist – wie hier schon mehrfach erwähnt. Buchstaben lösen (noch) weniger den Impuls aus, Größen zu verarbeiten, als Ziffern (s. Kap. 1.3 Abschnitte Variablen bis Algebra). Dies führt dazu, dass Terme als Konstrukte aufgefasst werden, die man nach bestimmten Anleitungen zu behandeln hat und nicht als Beziehungen, die logisch erschließbar sind. Peter aus der 9. Klasse löst z. B. die Gleichung $11 = 3x + 5$ richtig auf und erachtet gleichzeitig die Umformung $5a + 5b = 10ab$ als korrekt. Peter hat den Ablauf der Gleichungsumformung ohne Beziehungslogik trainiert. Auf ähnliche Weise ging Rose bei den abgebildeten Umformungen vor. Trainierte Abläufe sind erkennbar, die Bedeutung der Zusammenhänge spielt kaum eine Rolle.

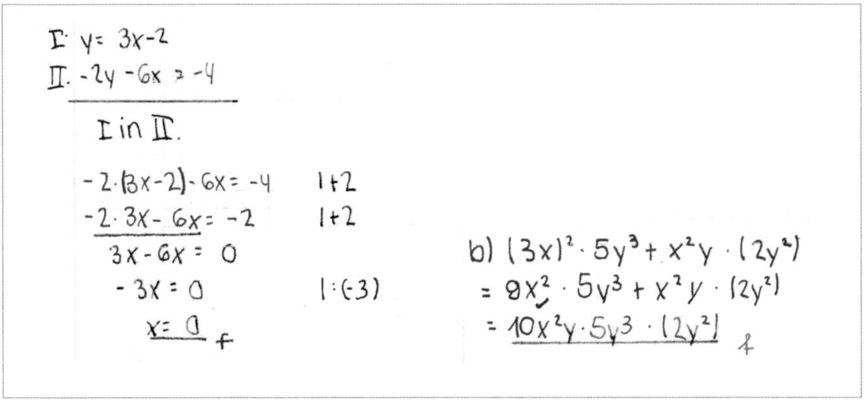

Abb. 15: Umformungsfehler u.a. bei der Bearbeitung eines Gleichungssystems, Rose 8. Klasse (Gymnasium)

Die Vielzahl der zu beachtenden Regeln, die die Schülerin mangels Operationsvorstellung bewusst abarbeiten muss, überfordert sie.

Automatisierte Rezeptstrategien dominieren

Für den Umgang rechenschwacher Lernender mit mathematischen Inhalten der Mittelstufe kann allgemein gesagt werden, dass Verarbeitungsgewohnheiten stark zugunsten von schematisiertem Vorgehen und zulasten des Verständnisses der mathematischen Beziehung verschoben sind. Damit geht die Gewohnheit einher, automatisch nach Merkmalen zu suchen, die zu einem passenden Rezept führen, anstatt automatisch nach quantitativen Merkmalen und Beziehungen zu suchen. Ein Beispiel: Das Gleichungssystem der Arbeit aus der 8. Klasse (s. Abb. 16) wird auf diese Weise angegangen: Beide Gleichungen werden addiert (es heißt ja Additionsverfahren) – nur ohne den Sinn des Additionsverfahrens im Blick zu haben, nämlich die Anzahl der Variablen zu reduzieren. Ähnliches ist generell im Umgang mit Inhalten der Mittelstufe zu beobachten:

- Zum Zeichnen von Funktionsgleichungen ersten Grades ($y = mx + b$) startet man bei b an der y-Achse, geht eins nach rechts und m hoch. Dieses Vorgehen stellt dann nicht eine von verschiedenen Möglichkeiten dar, sondern ist die einzig bekannte. Wie schon bei „Vermischen von Punkt- und Strichrechnungen" dargelegt, ist der operative Zusammenhang der jeweiligen Themen unklar, der Übertrag in eine Sachaufgabe kann nicht geleistet werden.
- Bei Funktionsgleichungen zweiten Grades kann die Scheitelpunktform in eine Zeichnung umgesetzt werden, doch das Herausarbeiten mathematischer Bedingungen für Änderungen oder Schnittpunkte wird schwierig.
- Eine Potenz wie 4^3 kann nicht in einen Sachzusammenhang übersetzt werden, jedoch kann bis zu einem bestimmten Niveau gemäß den Potenz-

gesetzen umgeformt und gerechnet werden – für eine gewisse Zeit nach der Einführung, solange die Regeln noch präsent sind.

- Die „Rezeptstrategie“ befördert auch eine besondere Herangehensweise an Sachaufgaben: Man nehme Zahlen aus dem Text und setze sie in eine assoziativ erinnerte Rechnung.

Ausschnitte aus einer Klassenarbeit der 8. Klasse (Gymnasium)

Die Klassenarbeit beginnt mit einer Aufgabe zu einem Gleichungssystem mit zwei Variablen.

Löse das lineare Gleichungssystem!

I: $2x - 3y = -13$

II: $5x + 2y = -4$

I: $2x - 3y = -13$

II: $5x + 2y = -4$

I + II

$7x - 1y = -9 \quad | -7\cdot$

$-2x - 1y = -9$

Abb. 16: Auszug aus einer Klassenarbeit 8. Klasse (Gymnasium) einer Schülerin mit Dyskalkulie zu linearen Gleichungssystemen

Der erste Lösungsschritt lässt eindeutig erkennen, dass die Schülerin das Lösungsmuster der Addition zweier Gleichungen erinnert, nicht jedoch dessen Sinn. Dann möchte sie den Koeffizienten 7 entfernen und kommt dann durcheinander. Bei dem Ansinnen ist eine für Dyskalkulie typische Punkt-Strich-Unklarheit zu erkennen. Zudem hat sie für die Gleichwertigkeit der Seiten kein Gefühl.

Die nächste Aufgabe dieser Klassenarbeit zeigt den Umgang mit Wurzeln kombiniert mit Punktrechnungen.

Vereinfache soweit wie möglich!

a) $\sqrt{0{,}04}$ b) $\sqrt{\frac{25}{9}}$ c) $\sqrt{3{,}6 \cdot 10^3}$ d) $\sqrt{\left(-\frac{9}{4}\right) \cdot \left(-\frac{1}{4}\right)}$ e) $\sqrt{2\sqrt{3} \cdot \frac{8}{3}\sqrt{3}}$ f) $\sqrt{\frac{3}{7} \cdot \frac{12}{7}}$

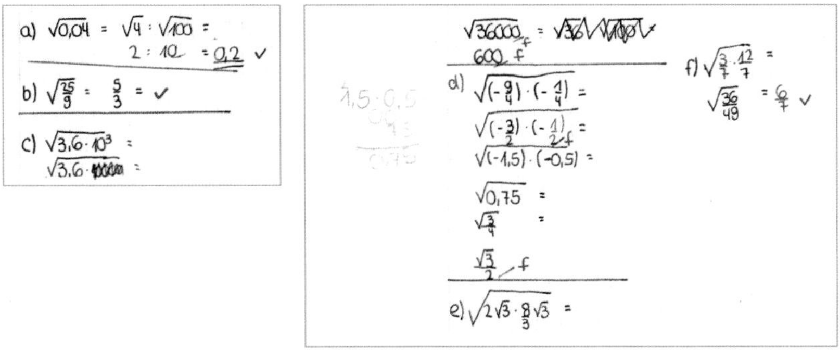

Abb. 17: Auszug aus einer Klassenarbeit 8. Klasse (Gymnasium) einer Schülerin mit Dyskalkulie zu Punktumformungen bei Wurzelrechnungen

Aufgabe a und b sind richtig gelöst und man kann den Lösungen nicht ansehen, welche Vorstellungen mitgewirkt haben.

Aufgabe c ist aufschlussreicher: Die Schülerin hat 10^3 in 10 000 umgewandelt und dann durchgestrichen. Offenbar erinnert sie nicht sicher, welche Zahl 10^3 ergibt. Sie entscheidet sich, die Zahl 3,6 durch drei Nullen zu ergänzen, und notiert statt $3{,}6 \cdot 10^3$ nun 36 000. Das und die weiteren Schritte legen nahe, dass ihre stellenwertbedingte Größenvorstellung unzureichend gebildet ist.

Aufgabe d: Die Schülerin bearbeitet jeden Faktor unter der Wurzel einzeln. Das entspricht der Regel. *Wie* sie jedoch die Wurzeloperation bei jedem Faktor durchführt, lässt vermuten, dass sie den operativen Zusammenhang nicht präsent hat: Zum einen ist das Minuszeichen nach dem Ziehen der Wurzel noch da, zum anderen schreibt sie das Wurzelzeichen nach dem „Wurzeln" wieder hin. Die Schülerin wandelt die sehr einfachen Brüche in Kommazahlen um – evtl. verunsichert sie die Bruchmultiplikation? Die Kommazahlen multipliziert sie schriftlich, obwohl es sich hier um sehr einfache Zahlen handelt. Im nächsten Schritt erinnert sie die Minusregel (minus mal minus gibt plus) im Gegensatz zu vorhergehenden Schritten. Sie erinnert, dass 0,75 dem Bruch $\frac{3}{4}$ entspricht und zieht vom Nenner partiell die Wurzel und lässt nun das Wurzelzeichen auch weg. Es entsteht der Eindruck, dass die Schülerin versucht, Vorgehensschritte zu erinnern und zu treffen, und dabei den Zusammenhang nicht durchdringt.

Aufgabe e: Die Schülerin entscheidet, diese auszulassen – sie erkennt die sich anbietende Vereinfachung von $\sqrt{3} \cdot \sqrt{3}$ nicht. Stattdessen widmet sie sich Aufgabe f, bei der sie nun im Gegensatz zu Aufgabe d die Bruchmultiplikation und auch die Wurzeloperation richtig durchführt.

Die dritte Aufgabe enthält Wurzelrechnungen kombiniert mit Strich- und Punktbeziehungen.

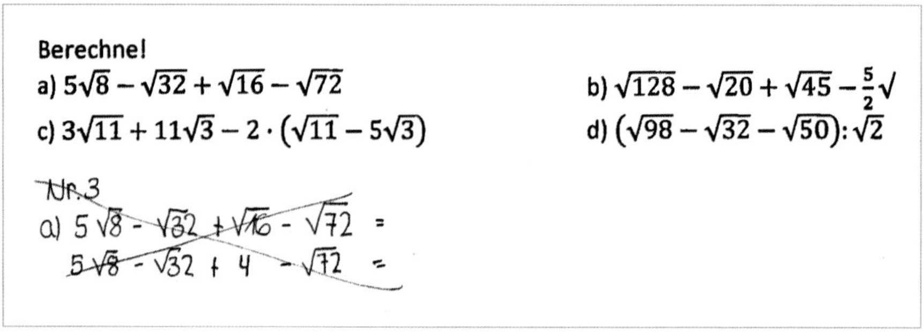

Das war der erste Versuch (Nr. 3), den die Schülerin verwarf, um Aufgaben einzuschieben, die später abgebildet werden. Was war der Grund? Wodurch bekam sie nach den eingeschobenen Aufgaben die Idee zu faktorisieren? Fragen, die wir nicht sicher klären können, die jedoch unsere Perspektive auf das Schülerdenken zu erweitern helfen.

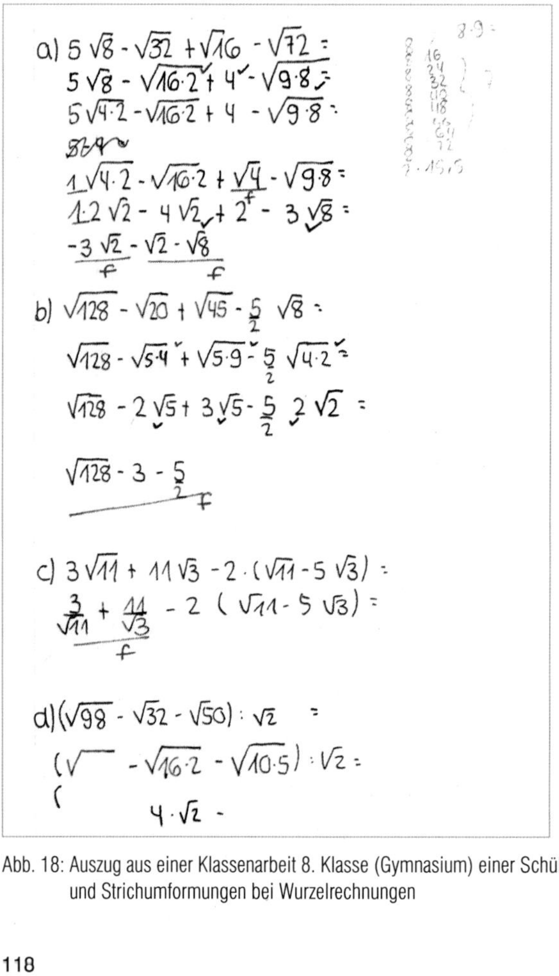

Abb. 18: Auszug aus einer Klassenarbeit 8. Klasse (Gymnasium) einer Schülerin mit Dyskalkulie zu Punkt- und Strichumformungen bei Wurzelrechnungen

Der Lösungsweg beginnt für Aufgabe a) ganz klassisch – nur etwas aufwendig, weil das Vielfache von 8 nicht präsent war und der Bezug zu einfachen Vielfachen wie $80 = 10 \cdot 8$ von ihr nicht hergestellt werden konnte. Das schrittweise Addieren von 8 verrät eine große Unsicherheit der Einschätzung der Größenbeziehung beim Kopfrechnen und verbraucht einen erheblichen Teil der Arbeitsgedächtniskapazität. In der übernächsten Zeile fällt ihr Blick auf die ganzen Zahlen 5 und 4. Diese nimmt sie nicht in ihrem jeweiligen Kontext (der Multiplikation) wahr – den „Wie-oft-Charakter" der 5 beachtet sie nicht. Sie subtrahiert die beiden ganzen Zahlen 5 und 4 einfach kontextunabhängig. In den nächsten Zeilen ereignen sich noch weitere Punkt-Strich-Verwechslungen, die ihr nicht auffallen. Dann verliert sie den Überblick und es tauchen zusätzliche Wurzelzeichen auf.

In Aufgabe b) startet die Schülerin mit Faktorisieren der Radikanden, um Quadratzahlen zu generieren. Dabei hat sie Schwierigkeiten, 128 passend zu faktorisieren – eigentlich eine Sache des Kopfrechnens.

Hier ist wichtig zu wissen, dass bei der Schülerin keine Schwäche des Arbeitsgedächtnisses vorliegt, denn in anderen Fächern hat sie keine Probleme, Inhalte systematisch zu lernen und wiederzugeben. Auch ist es nicht so, dass sie für das Fach Mathematik nicht lernen würde – insbesondere Kopfrechnen wurde von ihr in der Vergangenheit ausführlich und immer wieder mit Unterstützung geübt. Der Mangel an Sicherheit des Kopfrechnens ist mit großer Wahrscheinlichkeit auf die mangelhafte Repräsentation der Größenbeziehungen zurückzuführen. Das Gefühl für die Größe der Zahlen zueinander gibt normalerweise die Richtung für das „Herbeiziehen" der auswendig gelernten Kopfrechenergebnisse vor. Bei Schülerinnen und Schülern ohne Rechenstörung führt dies dazu, dass Ergebnisse, die sich assoziativ anbieten, bei unpassender Größe automatisch ausgefiltert werden.

Die weitere Bearbeitung von Aufgabe b) verläuft analog zu Aufgabe a): Es fehlt die sichere, unterscheidungsstarke und selbstverständliche Operationsvorstellung zu Punkt- und Strichoperationen. Das bestätigt sich bei den Aufgaben c) und d) weiter: Beim Bearbeiten werden Regeln assoziativ erinnert – ein inhaltlich korrigierender Hintergrund in Form der Größenbeziehungsvorstellung fehlt.

Die vierte Aufgabe wurde von der Schülerin nach dem ersten, durchgestrichenen Lösungsversuch von Aufgabe 3 angegangen. Offenbar erschien ihr die vierte Aufgabe leichter, die Bruchumformungen zu periodischen Dezimalbrüchen verlangt.

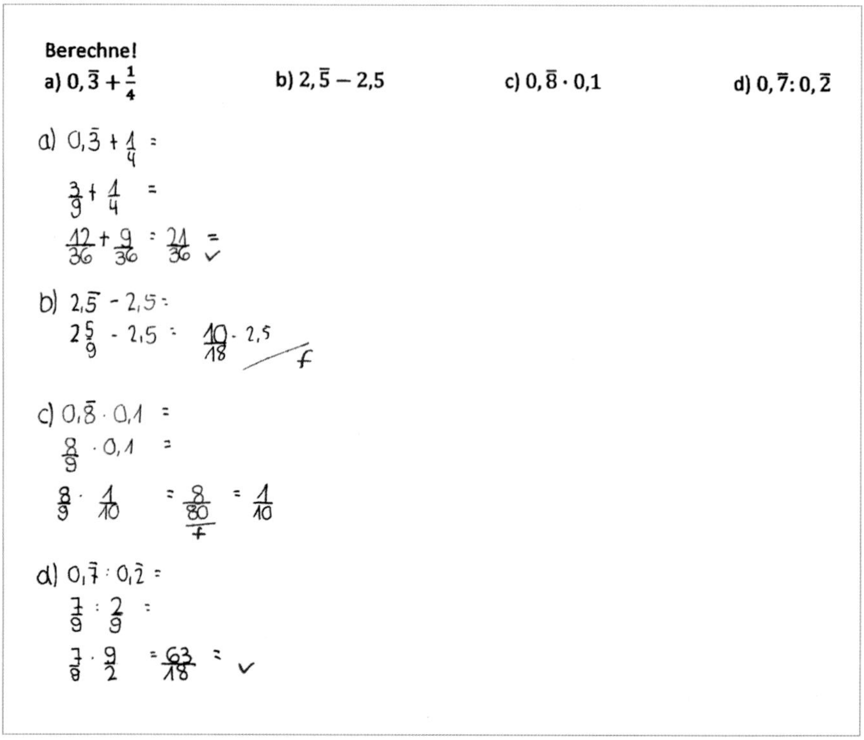

Abb. 19: Auszug aus einer Klassenarbeit 8. Klasse (Gymnasium) einer Schülerin mit Dyskalkulie zur Umformung von periodischen Dezimalbrüchen

Sie kennt die Regel mit der Neuntelentsprechung zu periodischen Zahlen und führt diese bei allen Teilaufgaben aus. Die entstandene Bruchaddition bewältigt sie richtig mit einer Erweiterung, kürzt jedoch nicht danach.

Bei Aufgabe b) verwandelt sie $2,\bar{5}$ in $2\,\frac{5}{9}$ und wendet dann die Regel für die Multiplikation einer ganzen Zahl mit Bruch an. Die Bedeutung der eben umgewandelten Zahl scheint nicht präsent.

In Aufgabe c) wendet sie alle Regeln korrekt an und verwechselt eine Rechenzahl.

In Aufgabe d) wendet sie ebenfalls die Regeln korrekt an, erkennt jedoch vereinfachende Kürzungsmöglichkeiten nicht.

Gesamteindruck aus der Klassenarbeit:
Die prinzipiellen Vorgehensweisen der aktuellen Inhalte sind bekannt, weniger die operativen Aspekte in Form von abstrakten quantitativen Entsprechungen. Häufig treten Umformungsfehler auf und unpassende Größenverknüpfungen fallen beim Umformen nicht auf.

2.3.3 Allgemeine dyskalkuliebedingte Phänomene

Um mit Dyskalkulie in und durch die Mittelstufe der passenden Schulart zu gelangen, bedarf es Durchhaltevermögen, Frustrationstoleranz und Unterstützung von außen. Betroffene Schülerinnen und Schüler erleben, dass sie lernen und lernen, sich abmühen, sich wieder und wieder bemühen. Sie hoffen, dass sie den nächsten, neu eingeführten Stoff vielleicht verstehen, sie schöpfen Hoffnung, weil das Grundprinzip einleuchtet – und dann wieder enttäuscht werden, weil sie beim Rechnen des eingeführten Inhalts erneut versagen. Die betroffenen Lernenden können die Ursache ihres Versagens nicht verstehen, nicht zuordnen – sie lernen ja viel („mehr lernen" wird ihnen meist empfohlen), mehr als für andere Fächer. Bei den nicht mathematischen Fächern fruchtet es auch – warum nicht in Mathematik? Zweifel an der eigenen Denkfähigkeit, an den eigenen Fähigkeiten insgesamt breiten sich aus. Das Vertrauen in sich, in die eigenen Fähigkeiten schwindet, das Selbstwertgefühl sinkt. Wut über die Schwierigkeiten, die nicht verstanden und bewältigt werden können, bildet sich, Wut auf die anderen, die das nicht haben. Jede Mathematikhausaufgabe bedeutet eine Hürde, Lernen für Klausuren ist grauenvoll. Der Mathematikunterricht wird zu einer Sache, die man bestenfalls über sich ergehen lässt und vor der man sich wegen der mündlichen Beteiligung fürchtet – in steter Angst zu versagen, vor den anderen zu versagen, bloßgestellt zu werden, an seine Unfähigkeit erinnert zu werden.

Wie gehen Jugendliche damit um? In einer Zeit, in der die Lebensphase Pubertät ohnehin die Persönlichkeit aufmischt? Viele Lernende wirken gedrückt, wie von einer permanenten Last beschwert. Andere werden wütend und beginnen, alles, was mit Mathematik zu tun hat, abzuwerten und abzulehnen – oder noch weitergehender die gesamte Schule, das System: Schließlich half oder hilft ihnen niemand aus der Misserfolgsschleife. Als Reaktion steigen manche aus dem System aus, werden dissozial. Wieder andere reagieren milder und bauen Maskierungsstrategien auf: Wenn Misserfolge drohen, lenken sie ab, vermeiden Situationen oder übertünchen, verheimlichen Ergebnisse. Manche reagieren zutiefst verunsichert bis ängstlich und ziehen sich zurück.

Der Artikel *Dyskalkulie bei Erwachsenen in drei Fallbeschreibungen* (Mueller & Moeller 2017) beschreibt den Entwicklungs- und Leidensweg von drei Menschen, die erst als Erwachsene von Dyskalkulie erfahren haben. Dabei wird deutlich, wie Hilflosigkeit und Ohnmacht die Gefühle und Handlungsstrategien der Betroffenen über weite Strecken der biografischen Entwicklung geprägt haben.

Wollen und können betroffene Lernende auf ihrem bereits beschrittenen Schulweg bleiben und zum Abschluss gelangen, müssen sie versuchen, irgendwie durch Mathematik hindurchzukommen. Deshalb entwickeln viele ein besonderes Gespür für Interaktionen: z.B. im (Nachhilfe-)Unterricht Lösungen andeuten und im Gesicht des Gegenübers „lesen", ob die Richtung passt. Falls nicht, die Lösungsstrategie auf eine Art ändern, als ob etwas verwechselt worden wäre. Oder im Unterricht erspüren, welche Vorlieben die Lehrperson hat, und diese bedienen, um nachsichtiges Verhalten zu fördern. Oder auch sich nette Banknachbarinnen sichern, die einen unterstützen und abschreiben lassen. Solche durch die Rechenstörung provozierten Fähigkeiten sind Sekundärgewinne und somit als nützliche Nebenwirkungen zu verbuchen, können aber nicht darüber hinwegtäuschen, dass eine Dyskalkulie massive Einschränkungen in der persönlichen Entwicklung mit sich bringt. Natürlich hängt das vom Ausmaß der Dyskalkulie ab – je stärker die Dyskalkulie ausgeprägt ist, umso gravierender können die Störungen für die persönliche Entwicklung ausfallen: gestörtes Selbstwertgefühl, mangelnde Selbstwirksamkeitserwartung, Unsicherheit im Umgang mit mathematischen Anforderungen der Schule, des Berufs und des Alltags, eine gestörte berufliche Entwicklung, psychische Spannungen ... Die Unsicherheit der Jugendlichen wird meist von Hilflosigkeit und Enttäuschung der Eltern begleitet, die die Phänomene auch nicht einschätzen können.

Wenn Eltern und betroffene Jugendliche beginnen, die Phänomene verstehen und einordnen zu können, bekommt das große Fragezeichen einen umgrenzten Ort – es wird nicht mehr die gesamte Persönlichkeit infrage gestellt. Das ist der erste Schritt zur Beruhigung der Situation. In weiteren Schritten kann die Schwäche angegangen werden, wenn dies gewünscht ist und eine passende Unterstützung gefunden wird (dazu mehr in Kap. 3 des Buches).

Das nächste Fallbeispiel beschreibt den Weg einer Schülerin mit Dyskalkulie bis zur 10. Klasse einer Gemeinschaftsschule.

2.3.4 Fallbeispiel einer Schülerin der 10. Klasse

Als ich Sabrina das erste Mal sah, war sie bereits in der 10. Klasse einer privaten Gemeinschaftsschule und 15 Jahre alt. Ich bat sie, ihre Begegnung mit Mathematik zu schildern: Sie berichtet, dass es in der ersten Klasse mit Mathematik eigentlich ging – sie sei schon etwas hinterher, aber es hätte funktioniert. So ab der 5. Klasse hat sie sich nicht mehr getraut, etwas zu sagen. Mit dem 1x1 klappte es nicht so wie bei den anderen. Sie wollte nicht mehr nach vorn gehen, bei Antworten war sie immer unsicher. Sie bekam dann spezielle Förderstunden bei einem Lehrer der Schule, der mit ihr das 1x1 übte. Das war während der Unterstufe und auch noch mal während der Mittelstufe. Immer wieder erkläre man ihr etwas und dann hätte sie den Eindruck, dass sie das jetzt könne. Wenn sie dann zu Hause sei, wisse sie es nicht mehr. Wenn sie jetzt die Aufgaben angehen wolle, sehe sie nur Zahlen. Beispielsweise sei dies so bei Formeln und bei Gleichungen. Wenn sie sich die Aufgaben ihres kleinen Bruders aus der 5. Klasse anschaue, könne sie überhaupt nicht helfen. Bruchrechnen z. B. hätte sie nie verstanden und sie wisse nicht, was sie da jetzt tun solle. Immer wurde wohl gesagt, dass das noch komme und dass sich das noch finde ... (mit der Mathematik). Das sei aber nicht so gewesen. Letztens hätte sie zwei Wochen lang in den Ferien jeden Tag geübt für eine Arbeit über den gesamten Stoff des Jahres (gegen Ende der letzten Klasse in den Pfingstferien). Zu Hause, wenn jemand dabei gewesen sei und ab und zu einen Tipp gegeben hätte, hätte es geklappt. Dann in der Arbeit hatte sie 8 von 48 Punkten. Das sei frustrierend. (Im Anschluss an das Gesprächsprotokoll sind Ausschnitte aus dieser Arbeit zu sehen.)

Ich fragte nach den anderen Fächern: In Englisch sei sie gut, Deutsch wäre auch okay. In Französisch sei sie nicht so gut, jedoch sei der Lehrer in diesem Fach auch nicht gut. Es sei schon so, dass es ihr nicht ohne Lernen zuflöge wie bei manchen, die nie etwas tun müssten und trotzdem mitkämen. Sie müsse schon etwas tun.

Nun wollte ich noch wissen, wie es ihr mit Geometrie ginge: In den ersten Klassen sei es gut gegangen. Zeichnungen, Spiegelungen. Im letzten Schuljahr wären Körperberechnungen dran gewesen. Sie hätte das schon gesehen, also wo die Flächen sind und wie und Diagonalen und Dreiecke. Aber „warum jetzt diese Zahlen malnehmen". Das sei für sie so unlogisch, was die Lehrer von ihr wollen ... Sie könne sich Geometrie vorstellen, aber nicht in eine Rechnung umsetzen. Oft seien so kleine Fehler drin, z. B. die Klammer falsch und dann sei schon die ganze Abc-Formel falsch. Letztes Jahr hätten sie Pythagoras gemacht. Das wäre wohl mit „drauflernen" einigermaßen gegangen. Aber in der Abschlussarbeit (nach Pfingsten) wäre alles durcheinander drangekommen. Da ging nichts mehr.

Auf meine Frage nach ihrem schulischen Ziel antwortete Sabrina, dass sie eigentlich gern das Abitur machen würde, aber mit Mathe ... im nächsten halben Jahr würde entschieden, wie die Klassen aufgetrennt werden. Eventuell sei erst mal ein Realschulabschluss dran?

Die Mutter von Sabrina erzählte, dass sie mit Sabrina von der ersten Klasse an mit Perlen und Ähnlichem, mit Anschauungsmaterial nach Montessori gearbeitet hätte – ohne Erfolg. Außerdem erwähnte die Mutter, dass auch sie selbst und ihre Mutter mit Mathematik größere Schwierigkeiten gehabt hätten. Noch heute würde sie Größen durcheinanderbringen. Sie arbeite im Bauwesen und arbeite viel mit Größen, wisse aber, dass sie aufpassen müsse, und mit besonderer Konzentration und Strategien mit Größen umgehe.

Im Folgenden sind nun Ausschnitte aus der abschließenden Klassenarbeit der 9. Klasse abgebildet.

1 Löse die Gleichung: $(x+3)^2 - (2x-1)(x+3) = 0$

$(x+3)^2 - (2x-1)(x+3) = 0$

$x^2 + 3 - 3x + 5x - x - 3 = 0$ $(x+3)(x+3)$

$x^2 + 6 + 2x = 0$

$x_{1} = \frac{-6 \pm \sqrt{6^2 - 4 \cdot 1 \cdot 2}}{2 \cdot 1}$ $= 25$

$x_2 = \frac{-6 + \sqrt{6^2 - 4 \cdot 1 \cdot 2}}{2 \cdot 1}$ $= 22$

$x_1 = \frac{-6 - \sqrt{22}}{2}$ $= -5{,}34$

$x_2 = \frac{-6 + \sqrt{22}}{2}$ $= -0{,}65$

2 Die Gleichung $x^3 + 2x^2 - x = 2$ hat folgende Lösungen:
Bitte nur ein Kreuzchen machen!

- ☐ $x = 2$
- ☒ $x_1 = 4;\ x_2 = -1$
- ☐ $x_1 = 2;\ x_2 = -2$
- ☐ $x_1 = -1;\ x_2 = -2$
- ☐ $x_1 = -1;\ x_2 = 2;\ x_3 = -2$
- ☒ $x_1 = 1;\ x_2 = -2;\ x_3 = -1$

3 Es soll $4 \cdot 3{,}15 \cdot 25$ ohne Taschenrechner berechnet werden.
Welche Rechenregel kann man benutzen damit man nicht schriftliche sondern im Kopf rechnen kann?
Beschreibe den Kopfrechenweg.

~~Punkt vor Strich~~

$4 \cdot 25 = 100$

$100 \cdot 3{,}15 = 315$

Erst $3 \cdot 100 = 300$ und dann die komma Zahl dazu.

4 Das in der Abbildung zu sehende Dreieck ist gleichseitig mit der Seitenlänge 6 cm.

Berechne den Umfang und den Flächeninhalt der schattierten Figur.

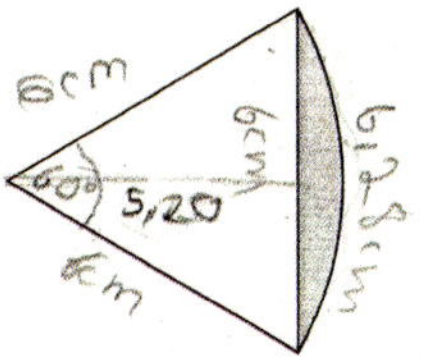

5 Berechne den Flächeninhalt des Dreiecks und des Kreises. Entnimm die benötigten Maße der Zeichnung.

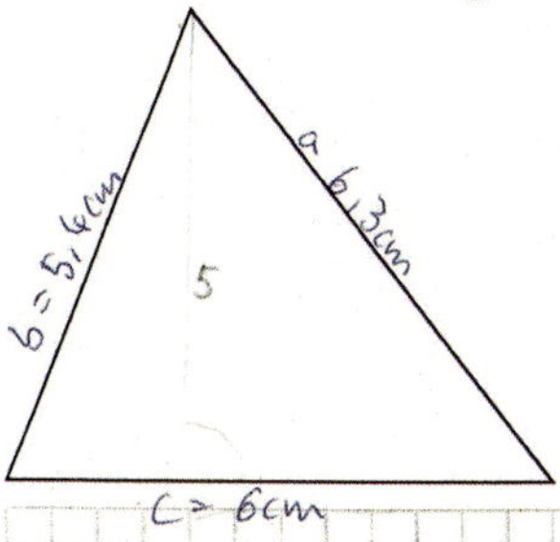

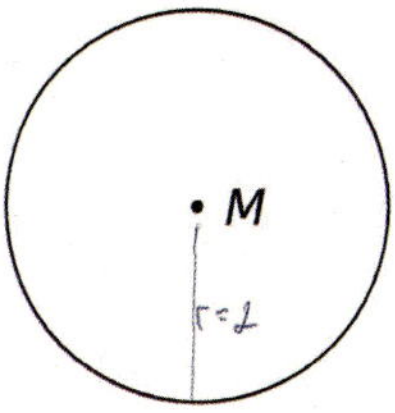

Dreieck

$A = \frac{a \cdot b}{2} = \frac{6,3 \cdot 5,4}{2}$

$A = 34,02 \mid :2$

$A = 17,01\,cm^2$ f

Kreis

$A = \pi \cdot r^2 = 12,56\,cm^2$ ✓

6 Zeichne ein gleichschenkliges Dreieck mit $a = b = 5\,\text{cm}$ und der Höhe $h_c = 4\,\text{cm}$.
Berechne den Umfang und den Flächeninhalt des Dreiecks.
Zeichne die Höhe h_a und berechne deren Länge.

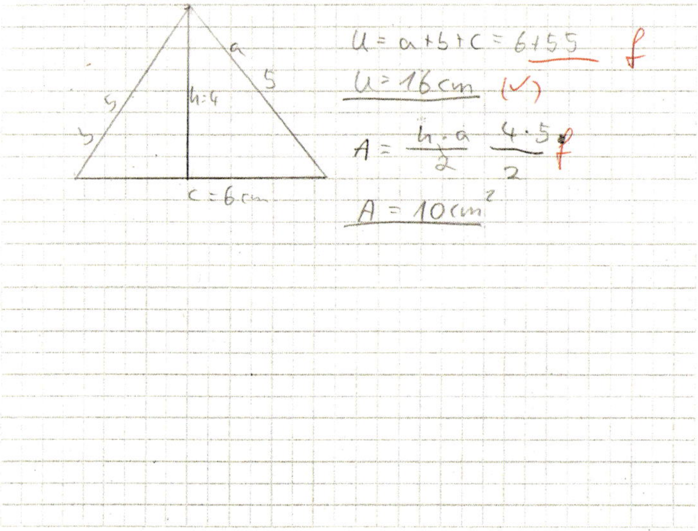

7 Der kleine Kreis hat den Radius 5 cm. Der schattierte Kreisring hat den gleichen Flächeninhalt wie der kleine Kreis.
Berechne die Breite des Kreisrings.

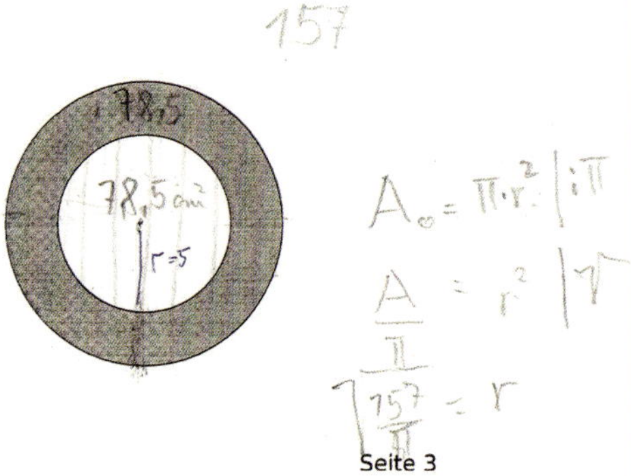

Seite 3

$r = 5\,cm$

$A = \pi \cdot r^2 = 78{,}5$ ✓

$u = 2 \cdot \pi \cdot r = 31{,}4$

8 Eine Pyramide mit quadratischer Grundfläche hat die Höhe $h = 8\,\text{cm}$ und die Grundseite $a = 12\,\text{cm}$.
Berechne die Oberfläche der Pyramide.
Wie lang ist eine Seitenkante der Pyramide?

$G = a \cdot a$

$G = 144$ ✓

$M = \frac{a \cdot ha}{2} \cdot 4 = 576 : 12 = 48$

$O = G + M = 144 + 576$

$O = 720$

$S = \frac{a \cdot ha}{2} = 576$

$S = 576$

9 Löse das Gleichungssystem $\begin{cases} x - 2y = 6 \\ 3x + 2y = 26 \end{cases}$

Zeichne zu jeder der beiden Gleichungen eine Gerade und gib die Koordinaten des Schnittpunktes an.

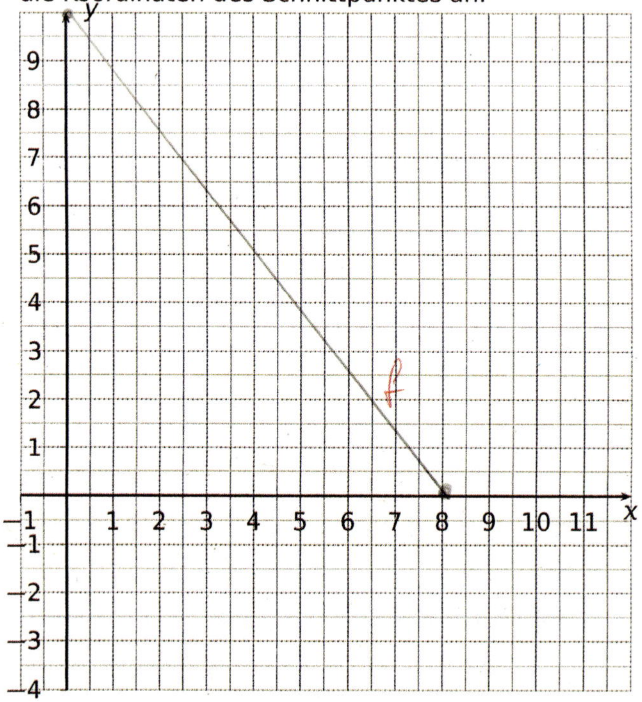

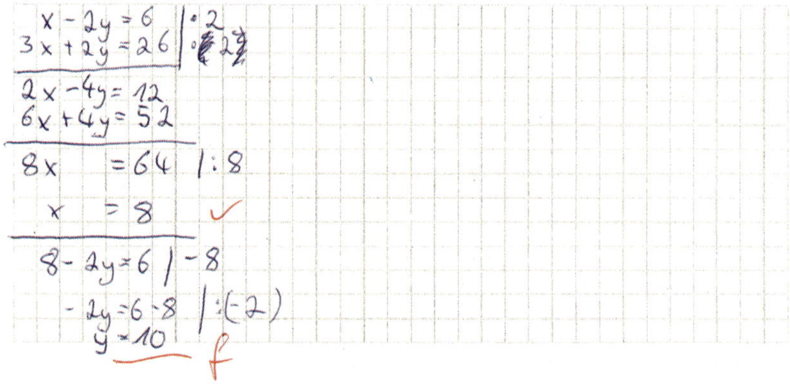

Abb. 20: Ausschnitte aus einer abschließenden Klassenarbeit der 9. Klasse

Bitte vergegenwärtigen Sie sich die wichtigsten Symptome bei Dyskalkulie in der Unterstufe und in der Mittelstufe. Versuchen Sie, sich nun in die Verarbeitungsweise der Schülerin hineinzuversetzen. Nehmen Sie sich für jeden Lösungsschritt etwas Zeit.

- Wo wird offensichtlich, dass nicht mit Zahlgrößenvorstellung gearbeitet wurde?
- Wo sind Zusammenhänge verstanden – also mit quantitativen Beziehungsvorstellungen hinterlegt?
- Wo arbeitet die Schülerin vermutlich mit rein mechanisch gespeicherten Formeln und Rezepten? Welche Rezepte fallen wo durcheinander?

Die von der Familie mehrere Wochen vor unserem Gespräch konsultierte Kinder- und Jugendpsychiaterin diagnostizierte bei Sabrina eine Rechenstörung (F 81.2 nach ICD 10). Der Begabungstest WISC-IV lag im durchschnittlichen Bereich. Der Dyskalkulie-Test Basis-MATH-4-8 ergab unterdurchschnittliche Werte außerhalb des Toleranzbereichs. Dies, obwohl Basis-MATH-4-8 nur bis zur 8. Klasse ausgelegt ist.

ZUSAMMENFASSUNG

Bei Dyskalkulie in der Mittelstufe können einige schematisierbare mathematische Inhalte durchaus richtig bearbeitet werden (Inhalte mit festgelegten Lösungsabfolgen, z. B. Körperberechnungen, sofern die räumliche Vorstellungsfähigkeit nicht mitbetroffen ist). Ungewöhnliche Fragestellungen und Aufgaben, die Übertragungsleistungen erfordern, gelingen jedoch selten (z. B. Modellierungen). Die meisten Umformungen sind fehleranfällig (Punkt-Strich-Verwechslungen) und Brüche werden nicht verstanden und vermieden. In komplexeren Zusammenhängen geht der Überblick verloren: Regeln fallen durcheinander und Ziele aus dem Sinn. Immer wieder passieren für Außenstehende kaum nachvollziehbare Fehler, die meist mit mangelnden Größenvorstellungen von Zahlen und Operationen zusammenhängen (z. B. bei der Einschätzung von Ergebnissen oder Kopfrechnungen). Die oben abgebildete Klassenarbeit zeigt das anschaulich. Im Vergleich zur Unterstufe können einige Größenvorstellungen nachgereift sein, doch in veränderter Form begegnet man den meisten Symptomen der Unterstufe noch. Insgesamt entsteht der Eindruck, dass das „mathematische Gefühl" fehlt, das als Plausibilitätskontrolle und Korrektiv wirkt, wenn eine grob falsche Richtung gewählt wurde. Die gewohnheitsmäßige Suche nach Merkmalen für Bearbeitungsregeln dominiert (z. B. „wenn rechts und links ein Bruch steht, darf man über kreuz") – quantitative Beziehungen werden wenig verarbeitet. Meist hat die frustrierende Begegnung mit Mathematik bereits Spuren in der Persönlichkeit hinterlassen: Selbstunsicherheit und Abwehr gegenüber allem, was mit Mathematik zu tun hat (und nicht selten darüber hinaus). Meist lernen Betroffene viel für Mathematikarbeiten, wobei das Gelernte leicht in sich zusammenfällt. Die zuständigen Lehrkräfte sind meist ratlos, weil sie das Verhalten nicht einordnen können. Die Hilflosigkeit der Eltern und der Betroffenen führt zu häuslichen Spannungen.

2.4 Dyskalkulie in der Oberstufe

Mit einer unbehandelten Dyskalkulie gelangt man nicht so leicht in die Oberstufe. Mir ist keine empirische Untersuchung zu Dyskalkulie und Schulabbruch bekannt, doch liegt der Gedanke nah, dass Dyskalkulie durchaus dazu führen kann, dass die Schulsituation als unerträglich empfunden und abgebrochen wird. Zu Arbeitslosigkeit und Rechenstörung liegt eine englische Erhebung vor. Darin ergab eine Stichprobe von 37-jährigen Männern mit auffälligen Schwierigkeiten in Mathematik, dass 48 % der Männer arbeitslos waren (zitiert in Landerl & Kaufmann 2013, S. 100). In Kapitel 3 dieses Buches wird das Fallbeispiel eines Jugendlichen dargestellt, der die Schule wegen Dyskalkulie abgebrochen hatte und dann als letzten Ausweg eine Rechenschwächetherapie aufsuchte (Marcus).

Eine Möglichkeit, um mit Dyskalkulie in die Oberstufe zu gelangen, führt über die Realschule. Viele Kinder mit Dyskalkulie wechseln wegen der Schwierigkeiten in Mathematik ohnehin vom Gymnasium auf die Realschule. Für andere wird wegen dieser Schwierigkeiten direkt nach der Grundschule die Haupt- oder Realschule gewählt – obwohl sie in den restlichen Fächern gute Leistungen erbringen. Mit viel Lernen und auch mit Lehrern, die die Anstrengung würdigen, kann ein mittlerer Abschluss trotz Dyskalkulie bewerkstelligt werden – manchmal über den Umweg eines Hauptschulabschlusses. Diese Jugendlichen erleben sich trotz mathematischer Schwierigkeiten als lernfähig und flexibel und haben das Bedürfnis, mehr zu lernen und zu erreichen – einige erst nachdem sie schon eine Ausbildung absolviert haben. Auf diese Weise kann man trotz Dyskalkulie auf ein Abendgymnasium oder ein berufliches Gymnasium gelangen. In *Hauptsache, das Ergebnis stimmt* oder *Der Weg ist das Ziel* (Kap. 1.3) beschreibe ich eine Testsituation mit einer jungen Frau, die sich im beruflichen Gymnasium befand. Die Dyskalkulie in der Oberstufe wird in diesem Kapitel mittels einiger Fallbeispiele veranschaulicht – gefolgt von einem Überblick zu spezifischen Phänomenen ab der Oberstufe. Hier soll nun eine andere junge Frau selbst zu Wort kommen. Luna beschreibt ihren Schulweg von der Grundschule bis in die Oberstufe:

2.4.1 Meine Dyskalkuliegeschichte oder auch „Das Matheproblem“

Praxisbeispiel

„Ich weiß noch ganz genau, wie das für mich alles angefangen hat. Ich war sieben Jahre alt und in der 2. Klasse. Bis dahin hatte ich nie wirklich Probleme in der Schule, im Gegenteil, beim Einschulungstest war ich gerade erst sechs Jahre alt geworden und meine Eltern hatten Bedenken, dass ich noch zu jung sei für die Schule, aber das Gegenteil war der Fall – ich konnte alle Einschulungstests problemlos meistern, schnitt sogar verhältnismäßig gut ab. Es stand also nichts mehr zwischen mir und der lang ersehnten Einschulung. In der Schule lief dann auch alles ganz normal, bis in der 2. Klasse dann eben dieses für mich schreckliche Spiel angefangen wurde. Jeden Morgen mussten alle aufstehen und Rechenaufgaben aus dem 1x1 wurden abgefragt, wer als Erste/-r die richtige Antwort wusste, durfte sich hinsetzen. Rechnen – und zwar unter Zeitdruck. Und dann dieses Gefühl, wenn man die Antwort nicht schnell genug wusste, die Letzte war, die stand, oder im schlimmsten Fall beides gleichzeitig. Ich musste also besser werden, das hieß in meinem Fall, besser auswendig lernen. Das nächste Problem, das sich auftat, war das Teilen. Mit Plus, Minus und Mal kam ich noch ganz gut klar aber das Prinzip des Teilens konnte ich mir einfach nicht erschließen. Hier fiel auch meiner Familie zum ersten Mal auf, dass ich viele Dinge in der Mathematik nicht verstanden, sondern einfach auswendig gelernt hatte. Für mich war das damals nicht wirklich hilfreich, denn von da an wurde mein ‚Matheproblem‘ in Angriff genommen. Das hieß stundenlang weinend vor Mathehausaufgaben sitzen, gemeinsam mit Leuten, die mir helfen wollten, indem sie erzählten, wie toll Mathe ist und dass es doch Spaß macht, an Aufgaben ‚herumzuknobeln‘. Während meine Mutter sich die Schwierigkeiten mit der frühen Einschulung erklärte, mein Bruder mich zu seinem neuen Projekt auserkor und mein Vater, da Pädagoge, als Lernhilfe absolut ungeeignet war, entwickelte sich Mathe zu meinem Hassfach. Niemand verstand, wie ich Erklärtes innerhalb von wenigen Stunden einfach wieder komplett vergessen konnte, ich am wenigsten. Dazu kam die blöde Mathenachhilfe, in die ich ständig gehen sollte.

Als sich die Grundschule dem Ende zuneigte, wurde klar: Ich werde keine Gymnasialempfehlung bekommen, wegen Mathe. Für mich war das damals furchtbar. Fast alle meine Freunde hatten eine bekommen und die, die keine hatten, waren generell schwächere Schüler. Aber ich war nicht schlecht, nur Mathe war schuld – langsam vertiefte sich der Hass auf dieses Fach immer mehr.

Zum Glück kam ich auf die Waldorfschule, hier muss man keine Klassen wiederholen und es gibt, zumindest in der Mittelstufe (5.–8. Klasse) Epochenunterricht. Ein Traum. Mathe stand nicht mehr täglich auf dem Stundenplan, fast konnte man es vergessen und in den Mathematikepochen kam ich, wenn auch langsamer als die anderen, ebenfalls voran. Zusätzlich gab es eine schulinterne Mathenachhilfe für mich, das hieß, ich musste nicht mehr

meine wertvolle Freizeit/Spielzeit mit Nachhilfe verbringen. Für eine Weile kam ich ganz gut mit, zwar kam irgendwann wieder eine Nachhilfe ins Spiel, aber ich konnte mich trotzdem vorwiegend auf Dinge, die mir besser lagen, konzentrieren. Durch die Epochen war mein ‚Matheproblem' nicht mehr allgegenwärtig und so konnte ich sogar meine Eltern überzeugen, die Nachhilfe zu pausieren. Trotzdem merkte ich, wie der Stoff schwerer wurde und ich allmählich den Anschluss verlor. Zu diesem Zeitpunkt war der Begriff Mathe schon ein ‚rotes Tuch' für mich, egal in welcher Situation, sobald es ums Rechnen ging, bekam ich Panik. Es sollte bloß niemand merken, wie unsicher ich war. Ich wusste ja selbst, dass ich lange nicht so gut war, wie ich eigentlich hätte sein müssen. In der Klasse war es mir mittlerweile mehr als unangenehm, wenn ich etwas nicht wusste, ich wäre immer am liebsten vor Scham im Boden versunken, wenn ich aufgerufen wurde, ich wollte auf keinen Fall, dass die anderen mich für dumm hielten. Und zu Hause ansprechen wollte ich es nach Möglichkeit auch nicht, es führte immer nur zu Streit. Ich selbst hatte das Gefühl, mich verteidigen zu müssen, sobald Mathe Thema wurde, und auch wenn mein ‚Matheproblem' etwas in den Hintergrund gerückt war, wussten meine Eltern natürlich immer noch, dass es da war. Die beste Lösung, um Konflikte zu umgehen, war also, bessere Noten nach Hause zu bringen, und so begann ich ein Abschreibimperium. Meine Freunde waren diesbezüglich zum Glück immer sehr großzügig. Die Hausaufgaben versuchte ich vor meinen Eltern weitgehend zu verbergen, indem ich sie schon in der Schule abschrieb, und selbst in Mathearbeiten gelang es mir zumindest, so viel abzuschreiben, dass die Ergebnisse hinnehmbar waren. Für eine Weile funktionierte dieses System ganz gut und verschiedenen Mathelehrern fiel gar nicht wirklich auf, wie wenig ich tatsächlich konnte. Anfangs war es mir zu unangenehm zuzugeben, dass ich Matheschwierigkeiten hatte – irgendwann hatte ich das Gefühl, nicht mehr zugeben zu können, wie groß diese Schwierigkeiten geworden waren.
Oberstufe: In der 9. Klasse änderte sich dann alles. Mathe stand zusätzlich zu den Epochen wieder regelmäßig auf dem Stundenplan. Ich bekam einen sehr netten neuen Mathelehrer, der natürlich relativ schnell merkte, dass ich sehr schwach in seinem Fach war und wollte das ändern. Er gab mir und zwei anderen Schülern in seiner Freizeit Zusatzstunden. Hier besprach er nochmal ausführlich die Themen, die wir im Unterricht behandelt hatten und gab uns die Möglichkeit, Fragen zu stellen. In diesem Rahmen traute ich mich auch ein zweites, drittes und manchmal sogar viertes Mal zu sagen, dass ich etwas nicht verstanden hatte. Mein Lehrer erklärte mir alles sehr geduldig, aber wenn er mich nach der vierten Erklärung hoffnungsvoll fragte, ob ich es verstanden hätte, konnte ich ihm einfach nicht sagen, dass es nicht so war, er gab sich doch so viel Mühe. Außerdem kam ich mir ja selbst ziemlich blöd vor, da ich die Einzige war, die es anscheinend nicht verstand. So wuchs meine Antipathie immer weiter. Mathematik war wie der Scheinriese bei ‚Jim Knopf', nur andersherum, anfangs war es nur ein kleines Problem, aber je näher man kam – und je näher das Abitur rückte –, desto größer wurde es. Eine weitere Schwierigkeit war, dass ich, je älter ich wurde, ein immer größeres Schamgefühl aufbaute, nicht mal mehr vor meinen Freunden traute

ich mich in der 10. und 11. Klasse, über Mathe zu sprechen, es war mir einfach zu unangenehm, immer wieder zuzugeben, wie wenig ich tatsächlich verstand.
In meiner Schule wurde von der 9. bis 11. Klasse jedes Jahr ein Orientierungsgespräch mit Eltern und Klassentutor geführt, das alle Beteiligten auf den aktuellen Stand bringen sollte, was die Noten und Ziele der Schüler betraf und wie ihre Leistungen von Eltern und Lehrern eingestuft wurden. Hierbei ging es primär darum aufzuzeigen, welche Möglichkeiten der Schüler seinem Leistungsstand zufolge hat, allerdings sollte es auch dazu dienen, die Schüler ‚wachzurütteln' für den Fall, dass sie höhere Ziele anstreben, als ihre Zensuren momentan zuließen. Im letzten dieser drei Orientierungsgespräche wurde jedem Schüler dann eine Empfehlung für den jeweiligen Schulabschluss ausgesprochen. Meine Gespräche waren allesamt ziemlich ähnlich; alle Zensuren und Lehrer sprachen für die Abiklasse, außer natürlich die Mathenoten. Alle waren etwas ratlos, wie damit nun umgegangen werden sollte, während für mich ein Realschulabschluss gar nicht zur Debatte stand. Deshalb wurde mir in meinem letzten Gespräch die Entscheidung auf eigene Verantwortung überlassen. Die erste Hürde war geschafft, es war klar, dass Mathe ein Problem werden würde, aber ich hatte die Möglichkeit bekommen, dieses Problem zu bewältigen. Und so begann die Nachhilfeodyssee von Neuem. Bis dahin war Mathenachhilfe für mich ein rotes Tuch. Meine Schwierigkeiten, Menschen [etwas] vorzubringen, die nicht nur sehr gut in Mathe sind, sondern es auch noch gern machen – es gab wenig Beschämenderes für mich zu diesem Zeitpunkt. Allerdings sollte sich diese Einstellung ändern, denn meine Mutter hatte eine Adresse herausgefunden, die sich speziell mit Dyskalkulie befasste. Ich ging also, mittlerweile mehr als unmotiviert, in meine sechste Mathenachhilfe, mit dem tief in meinem Kopf verankerten Gedanken, dass Mathe der Feind ist, und von da an wendete sich das Blatt. Anfangs kam ich gar nicht damit klar, dass Mathe irgendwie begreifbar sein konnte, allein zu akzeptieren, dass Mathe tatsächlich so was wie Spaß machen konnte, war ein Prozess, gegen den ich mich anfangs sträubte ..."

Luna schrieb die Geschichte, als sie das Abitur längst hatte und einen Freiwilligendienst leistete. Sie zeigt, dass auch in klassischen Gymnasien und in Gesamtschulen ein „Durchkommen" bis zur Oberstufe trotz Dyskalkulie möglich ist. In solchen Fällen zeigen die Schülerinnen und Schüler in nicht mathematischen Fächern ein engagiertes Lernverhalten und gute Leistungen. So können sie schlechte Noten in Mathematik ausgleichen. Doch spätestens in der Kursstufe sinken die Leistungen radikal. Die meisten Aufgaben können nicht mehr gelöst werden. Ein von Dyskalkulie betroffener Elftklässler hat in einer Mathematikklausur folgende Zeichnung (Abb. 21) angefertigt.

2.4.2 Silas aus der Oberstufe

Abb. 21: Ausschnitt aus einer Klassenarbeit von Silas, 11. Klasse

Während seine Schulkameraden für ihn unlösbare Aufgaben rechneten, skizzierte Silas sein Verhältnis zur Mathematik. Er blieb anwesend – trotz der Ausweglosigkeit, die seine Zeichnung widerspiegelt. Viele Schülerinnen und Schüler packt nach so vielen Jahren des Kämpfens ohne Chance eine enorme Wut und Enttäuschung, sie geben dann oft schon viel früher auf. Silas Lehrer vermutete eine Dyskalkulie und machte sich auf den Weg, um Hilfe zu suchen.

Im Gespräch erzählte Silas von seiner Erfahrung mit Mathematik von der ersten Klasse an: Am Anfang hätte es keine Probleme gegeben, dann seien größere Zahlen gekommen … 100 Pappäpfel seien da gewesen. Da sei er nicht mehr durchgestiegen. Später hätte er öfter bei einem Freund Hausaufgaben gemacht und immer länger als dieser gebraucht – mit Euro rechnen, das sei noch irgendwie vorstellbar gewesen. Schriftlich dividieren sei mit massiven Problemen verbunden gewesen, welche Zahl runterfällt … auch schriftliches Multiplizieren.

Wie war das mit den Malreihen?[18] Manche Reihen hätte er gemacht und andere nicht, es hätte lange gedauert bis er sie auswendig konnte. Sprachvokabeln hingegen würden extrem schnell gehen. Auch den Trick über 10-mal hätte er nie kapiert. Textaufgaben in der Grundschule gingen gar nicht. Auch später den Dreisatz hätte er regelrecht gehasst – mittlerweile würde er den Dreisatz wohl hinbekommen.

Bruchrechnen? In der 5. und 6. – am Anfang die einfachen Aufgaben seien gegangen. Aber sobald es komplizierter geworden wäre, ging nichts mehr, wie z. B. bei $\frac{7}{8} + \frac{3}{7}$. Auch jetzt würde Bruchrechnen nicht gehen.

Kommazahlen? Wenn es geläufige wie auf Flaschen seien, hätte er eine Vorstellung – jedoch damit rechnen sei fraglich. Da würde es so Regeln geben, dass das Ergebnis kleiner werde.

Prozentrechnen? Das sei nichts. Wenn da stünde „30 % reduziert", dann hätte er keine Ahnung. Wenn etwas 100 € koste und es sei 20 % reduziert, würde das gehen. Dann irgendwann begann die Phase, wo er sich um Mathe gedrückt hätte.

Klammerrechnen? Das würde nicht gut klappen, nur einzelne Sachen wie $x + x = x^2$. Mit den Vorzeichen hätte er es nicht, bis heute würde er viele Vorzeichenfehler machen. Die Minuszahlen hätten ihn immer komplett rausgehauen. Es sei ihm immer nicht klar gewesen, dass bei 5 – 4 das Minus zur 4 gehöre. Er würde denken wie in der 1. Klasse. Und dass x in einer Rechnung nur für eine Zahl gälte und nicht für verschiedene, wäre ihm auch erst kürzlich klar geworden.

Geradengleichungen? Ganz am Anfang sei das gegangen. Dann sobald, es mehr als zwei Formeln geworden wären, wisse er nicht mehr, was b usw. sei. Ab der Algebra sei er konstant schlecht gewesen.

Funktionsgleichungen? „Das ist auch so ein Zeug. Ableiten geht jetzt. Ich machs. Aber keine Ahnung, keine Vorstellung vom Zusammenhang."

Andere Fächer? Außer Physik und manches in Chemie würde alles gut laufen. Bei einer Aufgabe des förderdiagnostischen Tests beschreibt Silas sehr eindrücklich seine Gedanken: „Wenn ich rechne, sehe ich im Kopf einen Hintergrund wie eine Tafelfarbe, schwarz oder grünlich. Dann davor in dem Raum die Zahlen und Rechnungen. Wenn es einfach ist, dann erscheint es klar.

18 Die von mir ins Gespräch eingeworfenen Fragen sind stichwortartig und kursiv wiedergegeben.

Wenn es schwierig ist, dann verschwimmen die Zahlen, es wird unklar. Dann wechseln Gedanken und Zahlen, Stichworte wie z. B. ‚Nullprodukt' erscheinen […] hektisch hin und her […]. Dann wird mein Kopf so zugemüllt, dass ich nichts mehr verstehe." Ich möchte an dieser Stelle an die Abbildung zu Beginn dieses Kapitels erinnern:

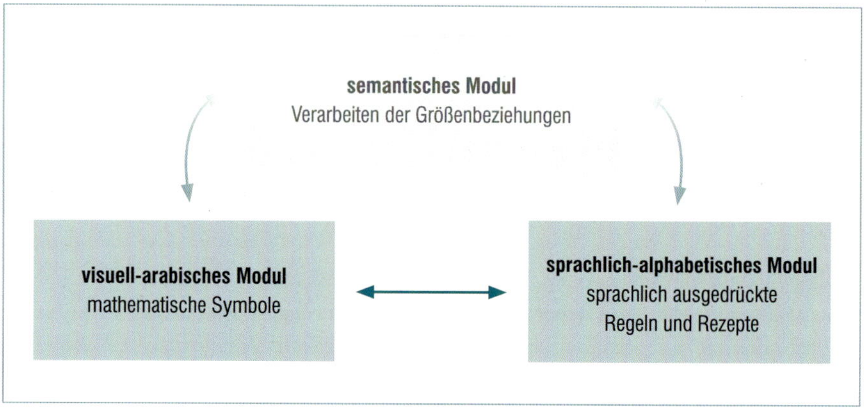

Sie stellt die Gewichtung der Denkaktivität bei Dyskalkulie im *Triple-Code-Modell* dar: Weniger Aktivität im verständnistragenden *semantischen Modul* und kompensierend mehr Aktivität im *Zeichenmodul* und im *sprachlichen Modul.* Silas' Beschreibung der vorgestellten Tafelaufschriebe trifft das sehr eindrücklich.

Die **Ergebnisse der Förderdiagnose** zeigen, dass für mathematische Anforderungen der Grundschule – manchmal mit etwas Überlegungszeit – Lösungen gefunden werden konnten: „[…] da brauch ich ewig, um klarzumachen, was ich benutzen kann. Dann kommt das Gefühl ‚peinlich'. In der Schule tut man dann so, als ob man noch rechnen würde, um den Schein zu wahren […]".

Zu vielen Kopfrechnungen konnten Ergebnisse erinnert werden, doch häufig von unsicheren Gefühlen begleitet. Eine ungefähre Zahlgrößenvorstellung, auch für gängige Brüche und Dezimalbrüche, wurde meist durch bewusstes Nachdenken hergestellt. Kein selbstverständliches Verständnis kombinierter Zusammenhänge und Formeln, kaum eine Vorstellung von Brüchen, Potenzen, Wurzeln, Funktionen und deren Diskussionen. Eine Vorstellung geometrischer Zusammenhänge existierte, deren Mathematisierung z. B. in der analytischen Geometrie war nicht möglich.

Die quantitativen Werte des Untertests für rechnerisches Denken des *Hamburger-Wechsler-Intelligenztests* ergaben einen Durchschnittswert für 12-Jährige. Der Gedächtnistest dagegen fiel überdurchschnittlich für alle Altersstufen aus (Nachsprechen von Zahlwörtern, vorwärts und rückwärts).

Hier wird deutlich, dass die Unsicherheit im Kopfrechnen nicht etwa durch eine mangelnde Funktion des Arbeitsgedächtnisses hervorgerufen wird.

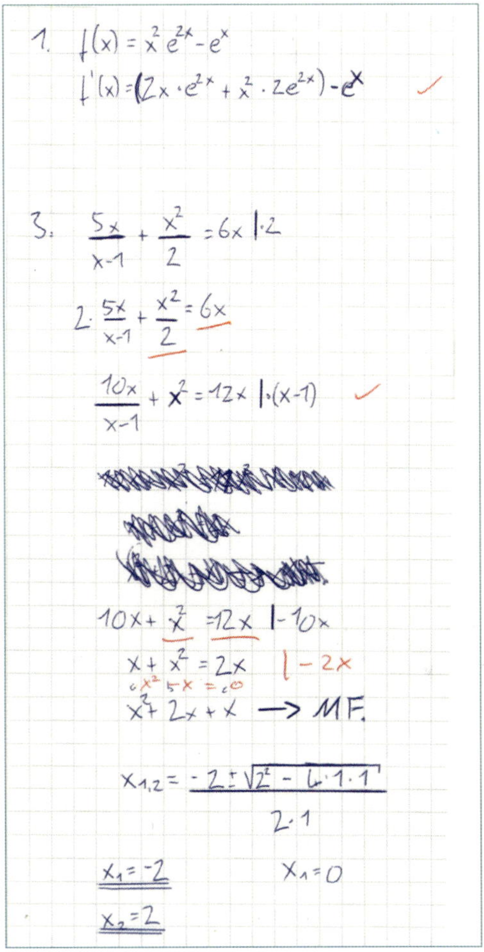

Abb. 22: Ausschnitt aus einer Klassenarbeit Stufe K1

Ausschnitte aus z. B. nebenstehender Klassenarbeit lassen erkennen, dass Silas viele Rechenregeln parat hat: Er erkennt, dass für die Ableitung die Produktregel nötig ist, und wendet Ableitungsregeln für Potenzen und e-Funktionen richtig an.

Bei der zu lösenden Gleichung versucht er zweckmäßig, die Nenner durch Multiplikation zu entfernen. Dabei fehlt das mathematische Gefühl für die Gleichwertigkeit der Seiten, für die Bedeutung und die operativen Zusammenhänge der Variablen. Er kennt die Grundform und die Lösungsform der quadratischen Gleichung. Zur Identifikation der Koeffizienten a, b und c orientiert sich Silas offensichtlich am Aussehen der Formel (a steht vorn, b in der Mitte, c hinten). Die auf diese Weise extrahierten Koeffizienten setzt er (nach seiner Interpretation) richtig in die Lösungsformel ein.

Diese Abbildung zeigt nur einen Ausschnitt, dennoch verweist sie auf die für eine Dyskalkulie in der Oberstufe typische Kombination aus richtig angewandten Regeln mit unverständlichen Fehlern, die auf ein fehlendes mathematisches Verständnis schließen lassen. Silas vermochte, seine Fähigkeiten differenziert einzuschätzen, und konnte so den Lernwillen in anderen Fächern behalten. Er verfügte über Ressourcen, die ihm halfen, trotz der Misserfolge nicht völlig aufzugeben. Er begann noch in der Kursstufe mit einer Dyskalkulietherapie – dazu jedoch mehr in Kapitel 3 dieses Buches.

Mit Dyskalkulie gelangt man schwer in die Oberstufe – das erwähnte ich bereits zu Beginn dieses Kapitels. Lernende, die das schaffen, verfügen über mehr als durchschnittliche Ressourcen: äußere Ressourcen in Form von unterstützenden Eltern und Lehrenden und von Menschen, die an sie glauben. Eine finanzielle Absicherung, die externe Unterstützung durch Nachhilfe und Therapie ermöglichen, oder auch Hobbys, die den Selbstwert stärken.

Ebenso wichtig sind innere Ressourcen, die helfen, weiter nach Lösungen zu suchen und trotz der Selbstzweifel noch dem eigenen Denken zu vertrauen, noch ein gewisses Selbstwertgefühl zu behalten. Innere Fähigkeiten, die einen bestärken, trotz der vielen Misserfolge nicht aufzugeben und trotz des vielen Nichtverstanden-Werdens das System nicht völlig abzulehnen. Meist trägt eine hohe Intelligenz dazu bei, trotz Dyskalkulie die Oberstufe zu erreichen. Doch selbst mit sehr hoher Intelligenz und unterstützendem Elternhaus ist der Weg nicht einfach. Ich möchte einen betroffenen jungen Mann selbst zu Wort kommen lassen:

2.4.3 „Hochbegabt, aber kein Mathe können?!"

Mathematisches Können wird im Allgemeinen mit hoher Intelligenz verknüpft. Auch das Umgekehrte ist üblich. In diesem Buch wurde bisher deutlich, dass für funktionales Rechnen bestimmte Vorstellungsstrukturen aufgebaut und zusammenwirken müssen (Kap.1.1.2). Auch, dass für diesen Aufbau mehrere Bedingungen zur gleichen Zeit gegeben sein müssen (Kap. 1.2.2). Ebenso wurde deutlich, dass für die Verarbeitung von Rechnungen „Nebenwege" aufgebaut werden können, die dysfunktional sind, weil sie am Verständnis vorbeigehen (u. a. Kap. 1.2.4). Bei Leonardo fiel eine dysfunktional aufgebaute Verarbeitungsstruktur mit einer weit überdurchschnittlichen Intelligenz zusammen. Er fasste sein Erleben rückblickend in einigen Zeilen zusammen:

Praxisbeispiel

„Wie fühlt man sich mit einer Rechenschwäche in unserem Schulsystem? Vernachlässigt, ignoriert und belächelt. In meinem Fall kam eine kindliche Hochbegabung dazu, die dann bei vielen Lehrern sofort die Reaktion ‚Ach, hochbegabt, aber keine Mathe können, oder wie?' auslöste. Meine engagierte Mutter versuchte alles in ihrer Macht Stehende, um mir meinen Schulweg zu erleichtern, Nachhilfe, verschiedene Schulen und Lerntechniken. All das half nicht wirklich. Meine Nachhilfelehrer waren mit mir überfordert, nach dem dritten Schulwechsel war dann auch genug. Und Lerntechniken, wie sie für Kinder mit Rechenschwächen geeignet sind, findet man nicht, wenn man nicht danach sucht. So blieb Mathe mein mit Abstand schlechtestes Fach. Bis ich es in die elfte Klasse schaffte und das erste Mal eine Mathelehrerin hatte, die sich meine Geschichte angesehen hat und sich dachte, dass da etwas nicht stimmen konnte. Über sie habe ich dann Frau M. kennengelernt. Mit ihrer Hilfe konnte ich endlich etwas nachholen, was mir seit der Grundschule fehlte. Es war schwer, mein Grundverständnis der Mathematik neu aufzubauen, da ich zu dem Zeitpunkt schon achtzehn Jahre war. Zwölf Jahre in der Schule hat es gedauert, bis ich an jemanden geriet, die sich mit ihrem Auftrag als Lehrerin/Pädagogin mehr als nur nötig auseinandergesetzt hat. Heute kann ich dank der Zeit mit Frau M. einigermaßen normal rechnen, ich weiß worauf ich achten muss und kann meine Fehler selbst finden und verbessern."

Leonardos Schulweg

Leonardo wurde zu Beginn der dritten Klasse als hochintelligent eingestuft. Er beschrieb rückblickend, dass er sich ab der zweiten Klasse mit Mathematik nicht mehr wohlgefühlt habe, nicht so gut mitgekommen sei. Dennoch hatte er in nahezu allen Untertests des *AID (Adaptives Intelligenz Diagnostikum)* sehr weit überdurchschnittliche Werte erzielt. Das ist dadurch zu erklären, dass in dieser Altersstufe mangelndes mathematisches Verständnis noch durch eine hohe Verarbeitungsgeschwindigkeit kompensiert werden kann. Je komplexer mathematische Zusammenhänge werden, desto weniger lassen diese sich ohne passende Abstraktionen bewältigen – selbst mit hoher Intelligenz. Deshalb war Leonardos Schulweg alles andere als einfach. Am Ende der Grundschule bekam Leonardo aufgrund der schlechten Mathematikleistungen eine Empfehlung für die Hauptschule. Er wechselte dennoch auf ein Gymnasium dank der Testung aus der 3. Klasse. Mitte der 6. Klasse verschlechterten sich die Noten und Leonardo wechselte auf eine Privatschule. Diese schloss nach einem halben Jahr. Leonardo wechselte wieder auf ein Gymnasium und wiederholte die 9. Klasse wegen schlechter Mathematikleistungen. In der 11. Klasse schließlich wies eine Lehrerin darauf hin, dass er eine Dyskalkulie haben könnte. Leonardo begann eine Rechenschwächetherapie. Im Jahr darauf schloss er das Abitur ab.

Leonardos hohe Verarbeitungsgeschwindigkeit war bei der erst in der Kursstufe begonnenen Dyskalkulietherapie direkt wahrnehmbar: Sobald er begann, quantitative Aspekte gezielt zu abstrahieren, konnte er die Erkenntnisse schnell verallgemeinern und auf weitere Ebenen übertragen – doch vorerst lediglich als bewusste Erkenntnis. Das mathematische Arbeiten der Kursstufe besteht jedoch aus mehreren Schichten von Verständniseinheiten, die automatisiert mitwirken müssen, damit die oberste Schicht – der aktuelle Kursstufeninhalt – bewusst durchdacht werden kann (s. Abb. 25). Das bewusste Durchdenken der untergeordneten Verständnisschichten, die dem Hauptprozess zuarbeiten, würde zum einen die Bearbeitung immens verlangsamen und zum anderen die Kapazität des Arbeitsgedächtnisses überlasten. Das Erschaffen dieser automatisierten (aus Sicht der Kursstufe untergeordneten) Verständniseinheiten benötigt auch bei sehr intelligenten Menschen Zeit – mehr hierzu in Kapitel 3.

Abschließend möchte ich einen Ausschnitt aus einer Klassenarbeit von Leonardo einfügen. Auch hier ist eine Kombination von richtig angewandten Regeln und unverständlichen Fehlern zu erkennen. Oberflächlich betrachtet könnte die Frage auftauchen, warum Leonardo die eine Regel richtig und die andere falsch anwandte. Tiefer betrachtet wird deutlich, dass sich Leonardo überwiegend an Regeln verbunden mit der Schreibweise orientiert hat, doch die Fülle an Regeln ohne hinterlegtes Verständnis war nicht kontrollierbar. Dadurch ereignen sich zuverlässig Umformungsfehler, die bei vorhandenem Operationsverständnis auffallen würden:

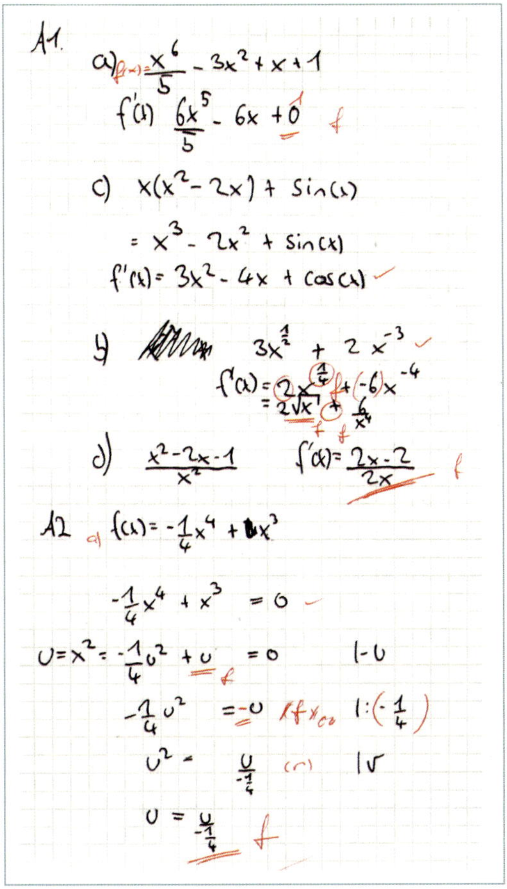

Abb. 23: Ausschnitt aus einer Klassenarbeit

x leitet er zu 0 ab (a), 2 x zu 2 (d). Die Hochzahl $\frac{1}{2}$ wird zu $\frac{1}{4}$, weil er die Operation $\frac{1}{2}$ minus 1 nicht verstanden hat. Die Potenzen aus Aufgabe 2 substituierte er, weil er gelernt hat, dass man das bei Hochzahlen, die größer als 2 sind, so macht. Dabei erkennt er nicht, dass man x ausklammern könnte.

Auch bei Leonardo war die mathematisch notwendige Gewohnheit, quantitative Aspekte eines Zusammenhangs automatisch zu abstrahieren, nicht „installiert". Die Symptome ähneln den Symptomen bei Silas und anderen Schülerinnen und Schülern mit Dyskalkulie der Oberstufe.

Wenn bei Lernenden der Oberstufe jedoch zusätzlich Mängel in der räumlichen Vorstellungsfähigkeit vorliegen, können weder mathematische noch geometrische Zusammenhänge der Oberstufe erschlossen werden. Wechselnde Perspektiven bei Kurvendiskussionen oder in der analytischen Geometrie können dann nur schwierig eingenommen werden.

Ein betroffener Schüler der 2. Kursstufenklasse konnte bei der hier abgebildeten Kurve beispielsweise nicht spontan entscheiden, wo eine Rechtskurve oder Linkskurve vorliegt und wo die Umkehrpunkte sind.

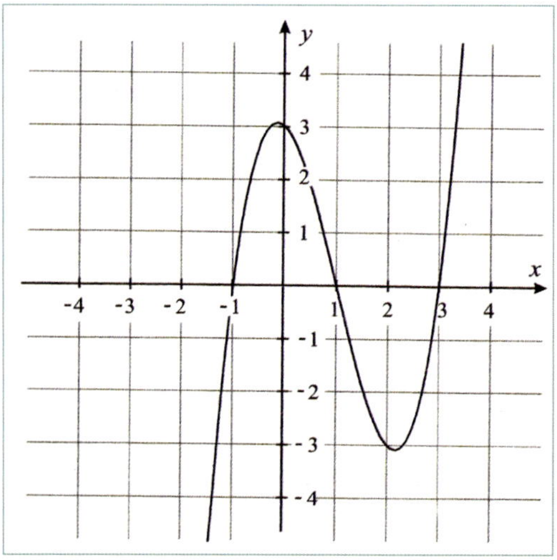

Abb. 24: Graph einer Funktion 3. Grades

Allerdings hatte er in der Therapie bereits enorme Teile an mathematischem und geometrischem Verständnis aufgebaut. Dadurch war es ihm möglich, sich den Perspektivwechsel systematisch erneut zu vergegenwärtigen, weiter zu festigen und zu mathematisieren. Dann konnte er die Steigungsverläufe der ersten und zweiten Ableitung beschreiben und begründen.

Auch komplizierte Zusammenhänge von Körpern und Geraden im dreidimensionalen Koordinatensystem stellten für ihn eine besondere Herausforderung dar – wenn er jedoch die Vorstellungshürde gemeistert hatte, vermochte er sie (mittlerweile) selbstständig zu mathematisieren. Bei einer unbehandelten Dyskalkulie, die mit räumlichen Vorstellungsschwierigkeiten einhergeht, stellt das Mathematisieren geometrischer Zusammenhänge ein unüberwindbares Problem dar.

2.4.4 Phänomene bei Dyskalkulie in der Oberstufe – Überblick

Einfache Aufgaben z. B. aus der Grundschule können mit etwas Überlegungszeit gelöst werden. Aufgaben aus der Sekundarstufe I und II, die sich mithilfe eines Schemas bearbeiten lassen, können in einfacher Ausführung bearbeitet werden. Ergebnisse zu Kopfrechnungen können gespeichert sein, sind jedoch häufig von einem Gefühl der Unsicherheit begleitet. Eine ungefähre Zahlgrößenvorstellung, auch für gängige Brüche und Dezimalbrüche, wird meist durch bewusstes Nachdenken hergestellt. Nicht vorhanden ist ein selbstverständliches Verständnis von kombinierten Zusammenhängen und Formeln sowie eine stufenangemessene Vorstellung von Brüchen, Potenzen, Wurzeln, Funktionen und deren Diskussionen. Ein Mathematisieren von Sachzusammenhängen und geometrischen Konstellationen der Oberstufe ist nicht möglich. Aufgaben, die mit einem Rezept gelöst werden könnten, wären machbar – doch sind diese in der Kursstufe selten. Häufig machen Umformungsfehler einen richtig getroffenen Ansatz zunichte und auch bei eigentlich gut formalisierbaren Ableitungen bildet das Erkennen-Können der inneren und äußeren Funktion eine Hürde. Konkrete Beispiele zu Umformungsfehlern sind in den Ausschnitten zu Klassenarbeiten und bei Phänomenen in der Mittelstufe (Kap. 2.3.2 ff.) zu finden. Das Konstruieren eigener Lösungswege, indem man sich z.B. auf die mathematischen Bedingungen eines Problems konzentriert und durch logisches Kombinieren Wege herausarbeitet, gelingt kaum.

Ist die räumliche Vorstellungsfähigkeit mit betroffen, können wichtige geometrische Zusammenhänge der Kurvendiskussionen und der analytischen Geometrie nicht erkannt und damit nicht mathematisiert werden – selbst wenn die Fähigkeit, sie zu mathematisieren, vorhanden wäre.

Lernende der Oberstufe, die unter Dyskalkulie leiden, verfügen in der Regel über innere und/oder äußere Ressourcen, die ihnen trotz der massiven Frustrationen und Selbstzweifel helfen, schulisch nicht aufzugeben. Die Selbsteinschätzung des mathematischen Versagens hat sich bei ihnen verfestigt. Psychische Folgen wie eine große Ängstlichkeit, Introvertiertheit, Selbstunsicherheit und Antriebsverslust sind möglich.

2.5 Praktische Hinweise

Eltern, Lehrkräfte und Betroffene wollen wissen, was zu tun ist, wenn sie eine Dyskalkulie vermuten. Als Erstes empfiehlt es sich zu versuchen, das Phänomen zu verstehen. Dann verliert es seine Bedrohlichkeit und der Umgang mit betroffenen Lernenden wird beruhigt. Für eine Diagnose kann man sich an die Psychiaterinnen und Psychiater (Fachrichtung Kinder- und Jugendpsychiatrie), an schulpsychologische Beratungsstellen oder an Einrichtungen, die Dyskalkulie behandeln, wenden. Letztere erstellen üblicherweise *kostenpflichtige* Förderdiagnosen. Auch die Therapie von Dyskalkulie ist kostenpflichtig und wird nicht von der Krankenkasse übernommen. Nach §35a Sozialgesetzbuch VIII kann beim Jugendamt die Förderung einer Dyskalkulietherapie beantragt werden. Wenn eine Förderung genehmigt wird, ist diese üblicherweise zeitlich beschränkt. Nicht alle der erwähnten Anlaufstellen verfügen über Erfahrungen mit Dyskalkulie in der Sekundarstufe – hier lohnt es sich nachzufragen (und sich nicht zu schnell abweisen zu lassen, siehe Fallbeispiel Unterstufe). Allgemeine Informationen zu Förderungsmöglichkeiten bei Dyskalkulie sind beim *Bundesverband für Legasthenie und Dyskalkulie* erhältlich.

2.5.1 Zur Diagnostik von Dyskalkulie

Hier geht es eigentlich darum festzustellen, ob eine mathematische Inkompetenz so beschaffen ist, dass sie mit üblichen Mitteln nicht aufgearbeitet werden kann. Übliche Mittel zur Aufarbeitung mathematischer Lücken wären z. B. Üben, Erklären des Stoffs oder auch Nachhilfe – alles in angemessenem Ausmaß.

Die Motive für eine Diagnose gehen in zwei Richtungen:

1. Den in der Regel jungen Menschen soll geholfen werden, aus der Not und aus den Zweifeln rund um Mathematik herauszufinden, damit sie sich sinnvoll in das Leben der Gesellschaft einbringen zu können. Dazu muss entschieden werden, ob tatsächlich eine spezialisierte Förderung wie eine Dyskalkulietherapie nötig ist und wie sie strukturiert werden muss, um wirksam zu sein. Dafür sind Förderdiagnosen notwendig, deren Ziel es ist, die Verarbeitungsweise zu erkunden und Begleitbedingungen zu erfassen (zu Förderdiagnostik siehe Abschnitt weiter unten).
2. Bei einer Dyskalkulie spielen auch formale Aspekte eine Rolle. Nach den Verwaltungsvorschriften bzw. Schulgesetzen der Kultusministerien können Kindern und Jugendlichen mit besonderem Förderbedarf (z. B. mit Dyskalkulie) Nachteilsausgleiche und Förderungen gewährt werden (beispielsweise mehr Zeit für Klassenarbeiten). Außerdem können bei vorhandener Dyskalkulie mit einer drohenden „Beeinträchtigung ihrer Teilhabe am Leben der Gesellschaft" (nach §35a KJHG Sozialgesetzbuch VIII) unterstützende finanzielle Hilfen vom Jugendamt beantragt werden. Dazu ist eine kinder- und jugendpsychiatrische Feststellung einer Dyskalkulie sowie der drohenden Beeinträchtigung an der gesellschaftlichen Teilhabe notwendig.

Kriterien für die Diagnostik von Dyskalkulie wurden 2018 unter der Federführung der *Deutschen Gesellschaft für Kinder- und Jugendpsychiatrie, Psychosomatik und Psychotherapie e. V. (DGKJP)* als Leitlinie herausgegeben (S3-Leitlinie, 2018): „Die Empfehlungen dieser Leitlinie beziehen sich auf Kinder, Jugendliche und Erwachsene, bei denen eine Rechenstörung vorliegt. Die Rechenstörung ist wie die Lese- und/oder Rechtschreibstörung eine umschriebene Entwicklungsstörung schulischer Fertigkeiten. Sie ist in den einschlägigen internationalen Klassifikationssystemen (*ICD*, *DSM*) definiert. Wie bei den anderen umschriebenen Entwicklungsstörungen (Motorik, Sprache) handelt es sich bei den umschriebenen Entwicklungsstörungen schulischer Fertigkeiten um persistierende Störungen mit Krankheitswert, bei denen fachkundige, individualisierte Diagnostik, Förderung und Therapie sowie Maßnahmen der Eingliederungshilfe in der Regel notwendig werden. Die umschriebenen Entwicklungsstörungen schulischer Fertigkeiten sollen auch schulrechtlich gleich betrachtet werden. Übergeordnetes Ziel ist ein Beitrag zu psychosozialer und körperlicher Gesundheit im umfassenden Sinne der WHO."

Die S3-Leitlinie wurde unter breiter Beteiligung vieler Fachgesellschaften, Verbände und Experten erarbeitet. Sie kann auf der Webseite der *DGKJP* bzw. der *Arbeitsgemeinschaft der wissenschaftlichen medizinischen Fachgesellschaften e. V. (AWMF)* heruntergeladen werden.

Der erste Testkriterienbereich beschreibt die **Mathematikleistungen** und ist besonders beachtenswert, weil er sich von der bisher gängigen Praxis unterscheidet. Die Leistungen sollen im „unterdurchschnittlichen Bereich" sein und die „Alters- oder Klassennormdiskrepanz" soll „mindestens 1,5 Standardabweichungen (d. h. PR ≤ 7)" betragen, „wenn die qualitativen und klinischen Kriterien den Verdacht auf eine Rechenstörung nicht zusätzlich unterstützen. Unterstützen die qualitativen und klinischen Kriterien hingegen diesen Verdacht, so beträgt die Diskrepanz nur mindestens 1 Standardabweichung (d. h. PR ≤ 16). Die Verwendung des Intelligenzdiskrepanzkriteriums wird nicht empfohlen [...]" (S3-Leitlinie, S. 6).

PR (Prozentrang) ≤ 16 bedeutet, dass nur 16 % der Altersgruppe oder Klassengruppe gleiche oder schlechtere Mathematikleistungen aufweisen. Das entspricht einer Standardabweichung. Bisher wurden häufig anderthalb bis zwei Standardabweichungen gefordert. Das heißt, viele Kinder, bei denen bisher keine Dyskalkulie festgestellt wurde, haben nach der S3-Leitlinie doch eine.

Ein weiterer Unterschied zu bislang verbreiteten Vorgehensweisen ist hervorhebenswert: Ein Mindestunterschied zum Intelligenzwert soll nicht mehr vorgeschrieben werden (kein Intelligenzdiskrepanzkriterium). Die Literaturauswertung, die zur Gestaltung der S3-Leitlinie vorgenommen wurde, ergab, dass ein Vergleich mit der eigenen Intelligenz das Erkennen einer Rechenstörung nicht verbessert.

Zusätzlich zur Erfassung der Mathematikleistungen (psychometrische Kriterien) ist die Berücksichtigung der **körperlichen Entwicklung und Gesundheit** gefordert (klinische Kriterien). Es könnte beispielsweise eine Hirnschädigung oder eine Seh- und/oder Hörstörung zur mathematischen Minderleistung geführt haben. In diesen Fällen würde nach der momentan gültigen Definition keine Rechenstörung diagnostiziert werden. Diese Aspekte sind medizinisch abzuklären. Das ändert jedoch nichts an dem Förderbedarf, der nötig ist, um eine Teilhabe an der Gesellschaft zu ermöglichen. Der dritte Bereich, der zur Diagnose gehört, ist die Erfassung des Entwicklungsverlaufs sowie der **sozialen und psychischen Lebensbedingungen** (qualitative Kriterien). Jacobs und Petermann haben in *Diagnostik von Rechenstörungen* für diesen Bereich einen Leitfaden für das Grundschulalter entworfen (2012, S. 175), der eine erweiterungsfähige Grundlage für ein Interview mit betroffenen Jugendlichen und deren Eltern bildet.

Für die „Zusammenfassung der Empfehlungen der Leitlinie" sowie für Zusatzmaterial wie eine Liste der in der Leitlinie S3 vorgeschlagenen Tests befinden sich Links im Literaturverzeichnis des Buchs. Das Zusatzmaterial enthält u. a. eine tabellarische Differenzierung der Testverfahren.

Die für die Empfehlung zugrunde liegenden Untersuchungen wurden vor allem mit Grundschülern, selten mit Lernenden der Unterstufe durchgeführt.[19] Die wenigen Untersuchungen mit Lernenden der Mittelstufe und Erwachsenen befassen sich nicht mit diagnostischen Kriterien. Die Forschungslage zu Jugendlichen und Erwachsenen mit Dyskalkulie ist noch dünn. So empfiehlt die Leitlinie in einem Exkurs für die „Anwendung der Empfehlungen bei älteren Jugendlichen und Erwachsenen", solche Testverfahren anzuwenden, die zur Situation und zum Schul- bzw. Lebenslauf der Betroffenen passen. Hier werden professionelle prozessorientierte Untersuchungen besonders wichtig.

2.5.2 Förderdiagnostik bezogen auf die schichtweise Bildung der Verarbeitungsmuster

In **Förderdiagnosen** ist es – neben den oben erwähnten qualitativen und klinischen Kriterien – wichtig herauszufinden, an welcher Stelle im Lösungsprozess Schwierigkeiten auftreten und welche mathematisch notwendigen kognitiven Bausteine brüchig sind. Dazu ist ein umfassendes Verständnis der Denk- und Vorstellungsprozesse nötig, die beim Verarbeiten mathematischer Zusammenhänge eine Rolle spielen. Teil 1 dieses Buches zeigt, dass für ein funktionales Verarbeiten mathematischer Zusammenhänge verschiedene Kompetenzbereiche sinnvoll über viele Entwicklungsstufen hinweg zusammenwirken müssen. In der Sekundarstufe haben diese Kompetenzbereiche schon zwischen 4 und 12 Jahre lang interagiert und aufeinander aufbauende Schichten von Verarbeitungsmustern gebildet. Wenn notwendige Kompetenzbereiche zu Beginn der Entwicklung nicht mitwirken, bilden sich die Verarbeitungsmuster der betreffenden Schicht dysfunktional. Da die folgenden Schichten auf den Verarbeitungsmustern der jeweils darunterliegenden Schicht aufbauen, werden die weiteren Schichten ebenfalls dysfunktionale Verarbeitungsmuster entfalten.

19 Literaturliste zur S3-Leitlinie: https://www.awmf.org/leitlinien/detail/ll/028-046.html (Zugriff 6.6.2020)

Abb. 25: Schichtweise Bildung mathematischer Verarbeitungsmuster

Nun ist durchaus denkbar, dass ein ursprünglich mangelhafter Kompetenzbereich (z. B. die räumliche Vorstellungsfähigkeit), der zu dysfunktionalen Verarbeitungsmustern geführt hat, inzwischen nachgereift ist. Dann ist dieser Mangel also nicht mehr feststellbar – doch das dysfunktionale Verarbeitungsmuster hat sich in dem Folgeprozess der Schichtenbildung gehalten. Es ist sogar möglich, dass manche dysfunktionale Verarbeitungsmuster der unteren Schicht(en) nachgereift sind, weil alltägliche Notwendigkeiten, wie z. B. der Umgang mit kleinen Geldbeträgen, die Veränderung des Musters anstießen und dennoch die bereits gebildeten, darauf fußenden Schichten von Verarbeitungsmustern nach wie vor dysfunktional sind.

Zusätzlich werden die Verarbeitungsmuster der jeweiligen Verarbeitungsschichten durch *Kompensationsstrategien* angereichert, weil die Schülerinnen und Schüler verzweifelt versuchen, richtige Ergebnisse aufs Papier zu bringen. Die Kompensationsstrategien können dysfunktionale Verarbeitungsmuster maskieren, weil dadurch richtige Ergebnisse produziert werden können. Kompensationsstrategien bestehen hauptsächlich aus begriffslosem Auswendiglernen oder aus dem Verwenden unmathematischer Algorithmen. Zum Beispiel: Bei der Umrechnung von Meter in Zentimeter verschiebt man das Komma um zwei Stellen nach rechts. Daraus wird häufig „um zwei nach rechts" für alle Umrechnungen von Metern oder darüber hinaus abgeleitet.

Die kognitive Weiterentwicklung, die aufeinander aufbauende Schichtung der Verarbeitungsprozesse und die Bildung von Kompensationsstrategien sowie möglicherweise das Nachreifen einfacher Rechenkompetenzen haben zur Folge, dass sich die Symptome über den Zeitverlauf verändern. Das heißt, es ist – wie in diesem Kapitel des Buches mehrfach betont – wichtig, die mathematischen Symptome im *Kontext* des Alters, des Bildungsniveaus, des Förderhintergrundes und der aktuell gelernten Inhalte zu betrachten. Grundlegend dafür ist für Testende ein Verständnis der Verarbeitungsdynamik beim Rechnen mit den neurokognitiven Hintergründen und deren Entwicklung notwendig (s. Kap. 1). Ebenfalls grundlegend ist, dass Testleiter mathematische Zusammenhänge bis zur Oberstufe verstehen, ansonsten ist eine Fehleranalyse von Klassenarbeiten nicht möglich.

Im Folgenden möchte ich einige **mathematische Kriterien** zur Förderdiagnose benennen. Ich beginne mit Fragen, die die *Verarbeitungsdynamik* der Verarbeitungsmuster (s. Abb. 25) betreffen:

- Wie funktional sind die Verarbeitungsmuster jeder Entwicklungsschicht?
- Welche Verarbeitungsmuster sind so weit mit Verständnis hinterlegt, dass grobe Fehler bemerkt und selbstständig alternative Lösungswege gefunden werden können?
- Welches sind die in der Folgeentwicklung zuunterst liegenden Verarbeitungsmuster, die nicht verstanden sind?

Für die zu prüfenden Verarbeitungsmuster sind folgende *Verständnisbereiche* (angepasst an Alter und Bildungsgang) zu prüfen:

- Mathematisieren von Strichoperationen und Punktoperationen verschiedener Schwierigkeitsstufen;
- Mathematisieren kombinierter Operationen und mehrstufiger Operationen;
- Mathematisieren geometrischer Zusammenhänge bis zur Klassenstufe;
- geometrische Vorstellungskompetenzen bis zur Klassenstufe;
- einfache Kopfrechenfähigkeiten und die Fähigkeit, geschickte Kopfrechenwege zu finden;
- Fähigkeit, sinnvolle Überschlagrechnungen zu finden;
- Begriff der Größenbeziehungen im Stellenwertsystem (evtl. mit 10er-Potenzen);
- Begriff der Größenbeziehungen der Dezimalzahlen;
- Begriff der Größenbeziehungen von Bruchzahlen;
- Bruchrechnen (mit Mathematisierungen);
- Begriff von Variablen und Termen (mit Mathematisierungen);
- Verständnis von Gleichungen (mit Mathematisierungen);
- Verständnis proportionaler Zusammenhänge (Sachzusammenhänge, geometrische Zusammenhänge, Prozent);
- Begriff von Potenzen und Wurzeln (mit Mathematisierungen);
- Verständnis von Funktionsgleichungen;
- je nach Bildungsgang: schriftliche Rechenverfahren.

Verschiedene Bereiche, die bei Grundschulkindern eine Rolle spielen, müssen bei Sekundarstufenschülerinnen nicht überprüft werden, weil sie trotz Dyskalkulie nachgereift sind und die Diagnose unnötig ausdehnen (Ausnahme: sehr schwache Schülerinnen und Schüler):

- Mengenverständnis;
- Zählfehler;
- Transkodierungsfehler (Ausnahme: der Schrift-Zeichen-Übertrag sehr großer Zahlen);
- sehr einfache geometrische Vorstellungen.

Die Liste der zu prüfenden inhaltlichen Bereiche kann bei Bedarf erweitert werden. Nach meiner Erfahrung reichen die aufgeführten Elemente aus, um auch bei Lernenden der Oberstufe und Studierenden herauszufinden, ob eine Rechenstörung vorliegt und wo im Problemlöseprozess die Schwachstellen liegen. Eine Analyse von Klassenarbeiten ist notwendig und bezieht dann auch aktuelle Inhalte mit ein.

Für alle Bereiche gilt, dass mit einfachen Aufgaben begonnen wird und der Schwierigkeitsgrad gesteigert werden soll. Dabei sollen Beobachtungen des

Lösungsprozesses notiert werden und auf eine Weise nachgefragt werden, dass die Verarbeitungsprozesse transparent werden können – insbesondere ist wichtig herauszubekommen, inwieweit die abstrakte Größenvorstellung selbstverständlicher Teil der Verarbeitung ist (Plausibilitätskontrolle).

Exakte Frage- und Aufgabenkataloge gehören in den Rahmen von Fortbildungen und Supervisionen, weil die qualitativ vertiefende Frageweise sinnvollerweise im Rahmen einer Ausbildung gelernt wird.

Für die Bewertung der Verständnisbereiche können beispielsweise die qualitativen Bewertungskategorien von Michael Wehrmann verwendet werden (Wehrmann 2003, S. 192):

- I = Ergebnis nicht leistbar.
- II = unverstanden/mechanisch: Richtige oder falsche Ergebnisse werden erbracht ohne ein zugrunde liegendes mathematisches Verständnis.
- III = rudimentäre Einsichten: Fragmentarisches Verständnis schimmert durch, jedoch sind keine Transferleistungen erbringbar, im Wesentlichen unverstandener Umgang.
- IV = einfache Einsichten: Teilweises Verständnis der Stoffinhalte ist feststellbar, einfache Widersprüche fallen dem Probanden auf.
- V = begrifflich verinnerlicht: Eine sichere, verständige Bearbeitung der Frage ist möglich, Transferleistungen sind durch die Lernenden begründet vollziehbar.
- 0 = keine Aussage möglich: Eine Analyse ist mangels Information nicht durchführbar (z. B. Verweigerung o. Ä.).
- „Nicht verstanden" wäre hier die Bewertungskategorie I bis III.

Eine weitere Möglichkeit besteht darin, ein normiertes Testverfahren wie z. B. Badys oder Demat mit vertiefenden Fragestellungen anzureichern und entsprechend auszuwerten. Damit können einige der oben angeführten Bereiche abgedeckt werden.

Einige Bücher rund um das Thema

Mit der Diagnose von Rechenstörungen befassen sich Landerl und Kaufmann (2013) in Kapitel 4 in *Dyskalkulie* sowie Jacobs und Petermann (2012) in *Diagnostik von Rechenstörungen*. Der Schwerpunkt liegt bei beiden Büchern im Grundschulbereich.

2.5.3 Begleiterkrankungen (Komorbidität)

Dyskalkulie und Legasthenie kommen signifikant häufig gemeinsam vor. Eine Studie mit 1 633 Kindern der 3. und 4. Klasse in München (Moll et al.

2014) ergab sogar, dass mehr als ein Drittel der Kinder, die Dyskalkulie haben, auch noch an einer Lese- oder Rechtschreibstörung leiden.

Liegt zusätzlich zur Dyskalkulie eine Legasthenie vor, ist ein effektiver Transport von Informationen über die Schriftsprache immens erschwert. Mathematische Beschreibungen und Anleitungen werden dadurch wertlos, die Handlungen in Textaufgaben können schon wegen der Entzifferungsprobleme schwierig vorgestellt werden. Sich allgemein Wissen zu beschaffen wird enorm aufwendig. Die zusätzliche Fehlkodierung bzw. mangelhafte Verbindung von Ziffern mit quantitativen Abstraktionen bei Dyskalkulie führen zu aufwendigem und gleichzeitig wenig effektivem Rechnen. Damit sind zwei wesentliche Kulturtechniken unserer Gesellschaft beeinträchtigt. Dies bedeutet jedoch nicht, dass prinzipiell keine Problemlösefähigkeit vorhanden wäre – auch mit Dyskalkulie und Legasthenie kann die kognitive Flexibilität sehr hoch sein. Doch kann diese nicht schriftsprachlich oder in Form von rechnerischen Zusammenhängen ausgedrückt bzw. weiterentwickelt werden. Das erschwert die Teilnahme am Unterricht, ein Lesen von Büchern, den Umgang mit Alltagsmathematik ... die kognitiven Fähigkeiten kommen kaum zur Verwirklichung. Viele der Betroffenen gelangen so in die Förderschule, die weder bei Dyskalkulie noch bei Legasthenie wirklich helfen kann und auch der prinzipiell vorhandenen, jedoch mit Hindernissen versehenen Lernbereitschaft dieser Lernenden nicht gerecht wird.

Auch andere Auffälligkeiten treten bei Kindern mit Dyskalkulie häufiger, als statistisch zu erwarten wäre, auf. Steinhausen weist in *Psychische Störungen bei Kindern und Jugendlichen* (Steinhausen 2018, Kap. *12.1.2*) darauf hin, dass Hyperaktivität, sozialer Rückzug, Schulverweigerung, Depression, Somatisierungen, beeinträchtigtes Selbstwertgefühl und Störungen des Sozialverhaltens etwa bei einem Drittel der Kinder mit spezifischen Lernstörungen vorkommen – sowohl als Reaktion auf die Lernstörung wie auch als parallele Entwicklung. Auch in der S3-Leitlinie zu Dyskalkulie ab S. 38 der Langfassung (S3-Leitlinie 2018) wird darauf hingewiesen, dass begleitende Störungen signifikant häufig auftreten. Insbesondere wird empfohlen, LRS (Lese-Rechtschreib-Störung), Symptome aus dem ADHS-Spektrum (Aufmerksamkeits-Defizit mit/ohne Hyperaktivität), internalisierende Symptome, wie Mathematik-, Prüfungs- und Schulangst, und externalisierende Störungen, wie gestörtes Sozialverhalten oder aggressives Verhalten, zu beachten und zusätzlich zu testen.

Eine aus Literaturrecherchen aufbereitete Tabelle zu Komorbiditäten ist in den bereits zitierten Leitlinien S3 zu finden. Es ist davon auszugehen, dass sowohl Dyskalkulie wie auch sekundär auftretende Auffälligkeiten im Erwachsenenalter weiter bestehen bleiben. Deshalb befasse ich mich in Kapitel 3 des Buches damit, wie wir einer Rechenstörung entgegenwirken können.

3 Verständnis locken

In Kapitel 1 haben wir innere Verarbeitungswege für die aufeinander aufbauenden Schichten des mathematischen Verständnisses erkundet – durch einen Blickwinkel, der neurokognitive Erkenntnisse mit Erfahrungen aus der Praxis verbindet. In Kapitel 2 haben wir uns dysfunktionalen Verarbeitungsweisen durch die Schulstufen hindurch bis über das Abitur hinaus gewidmet. Eine entscheidende Frage ist nun, ob mathematisches Verständnis trotz ausgeprägter Dyskalkulie noch entwickelt werden kann. Dazu will ich in Kapitel 3 auf der Grundlage des bisher Dargestellten und meiner Erfahrungen als Therapeutin systematische Überlegungen vortragen. Ich spreche im Zusammenhang der Dyskalulietherapie nicht von Unterstützung oder Förderung der mathematischen Fähigkeiten, ich habe für die sich hier stellenden Aufgaben den Ausdruck „Verständnis locken" gewählt, weil ich den Akt des Begleitens zum nachhaltigen Selbsterkennen betonen möchte. Dieser eignet sich, um die eingefahrenen bisherigen Lösungswege, die sich als unzureichend oder unangemessen erwiesen haben, aufzugeben und ein neues Verständnis mathematischer Zusammenhänge zu erarbeiten.

Eine zentrale Aussage der bisherigen Kapitel ist, dass die mathematische Verarbeitungsdynamik eine komplexe Interaktion aus (mindestens) drei Funktionseinheiten – Zeichen, Sprache und mathematische Semantik – darstellt (s. *Triple-Code-Model* in Kap. 1) und dass diese Interaktion innerhalb der aufeinander aufbauenden Schichten des mathematischen Verarbeitens immer komplexer wird. Zugleich wurde deutlich, dass die Gewichtung dieser Verarbeitungsaspekte oder Module beim Rechnen eine entscheidende Rolle für das Verständnis spielt: Bei überwiegend mechanischem, rezeptbasiertem Verarbeiten wird die für das Verständnis zentrale Funktionseinheit *(semantisches Modul)* wenig aktiviert, entwickelt und vernetzt. Und je weniger das *semantische Modul* in die Verarbeitungsdynamik eingebunden ist, desto weniger präsent ist die Größenbeziehung der mathematischen Zusammenhänge, desto weniger wird der Sinn einer Rechnung verstanden. Damit fehlt die Grundlage für das mathematische Verständnis. Sachzusammenhänge in Rechnungen zu übertragen, zu entscheiden, ob eine Regel, ein Rezept oder eine Formel passen bzw. diese zu verändern, falls nötig – all dies ist dann viel schwieriger. Als pädagogisch Tätige oder auch als Betroffene bekommen wir erst mal nur mit, dass eigenständiges Rechnen nicht funktioniert. Deshalb kommt dem Erkunden und Verstehenwollen der inneren Verarbeitungswege eine sehr zentrale Rolle zu – doch mangelndes Verständnis gepaart mit überwiegend mechanischem Vorgehen ist nicht nur bei Jugendlichen mit Dyskalkulie ein Thema, sondern in jeder Schulklasse, wenn auch in milderer Ausprägung:

Verstehensorientierter Unterricht

In einer unlängst von Markus Vogel (PH Heidelberg) durchgeführten Befragung unter 19 Mathematikdidaktikerinnen und -didaktikern wird der Aufbau von Verständnis als zentrale Größe für den Unterricht benannt (Vogel 2019): Auf die erste Frage „Welche Qualitätsmerkmale halten Sie für den Unterricht für essenziell?" wird durchweg betont, dass eine „Verstehensorientierung" zu den zentralen Merkmalen eines Mathematikunterrichts zähle. Außerdem wird von den Befragten das Primat des Inhaltlichen vor dem Formalen hervorgehoben, um „unverstandenes Hantieren mit unverstandenen und deshalb kryptisch anmutenden mathematischen Zeichen" zu vermeiden. Für die Aufgabengestaltung solle deshalb die Orientierung am Prozess im Vordergrund stehen: Fragen nach den inhaltlichen Zielen, nach den Denkprozessen, die angestoßen werden sollen, nach der Kernidee und nach den zu erwartenden Schwierigkeiten. Diese Fragen sollen vor dem Einsatz von Aufgaben reflektiert werden. Zudem ergebe es Sinn, Lernaufgaben von Leistungsaufgaben zu unterscheiden. Auf die Frage zu wirksamen Lehr- und Lernformen lautete die Antwort einhellig, dass Lernmethoden den „inhaltlichen Lerndispositionen der Schülerinnen" unterzuordnen seien und (deshalb) keine generell gültige Lehrmethode existiere. Um geeignete Methoden an das Unterrichtsgeschehen anpassen zu können, sei u. a. die Beachtung der Unterrichtsphasen von Bedeutung:

- Für die Phase des fragend-entwickelnden Unterrichtsgesprächs sei darauf zu achten, dass kein Begrifferaten stattfindet, sondern sich Nachdenken auf inhaltlicher Ebene ereignet.
- Für die Phase des eigenständigen Erkundens bzw. selbstständigen Problemlösens sei eine gute Unterstützung der Lehrkraft für das Systematisieren und Sichern der Inhalte bedeutsam.
- In Phasen des Übens seien die Methoden davon abhängig, ob die Inhalte für alle gemeinsam gefestigt werden oder individuell z. B. mit dem Prinzip des operativen Durcharbeitens.

Dabei wird die ausgewogene Balance von Instruktion und Konstruktion besonders hervorgehoben, um passende Methoden für die Unterrichtsphasen zu finden.

Der Kurzüberblick des Artikels von Vogel (2019) lässt erkennen, wie wichtig den Befragten das Verständnis im Mathematikunterricht ist. Andere Autorinnen und Autoren sehen das ähnlich: Fritz und Schmidt zitieren in ihrem Buch *Fördernder Mathematikunterricht in der Sek I* mehrere Autoren, die darauf hinweisen, dass „wenn im Mathematikunterricht einseitig das Auswendiglernen von nicht verstandenen Algorithmen oder der Abruf von Faktenwissen betont werden, [...] das den Aufbau von Einsicht und Verständnis [erschwert] und [...] auch nicht unbedingt auf Anforderungen vor[bereitet], die im Berufsalltag gestellt werden" (Fritz & Schmidt 2009, S. 31).

Die Rolle eines verständnisorientierten Mathematikunterrichts reicht jedoch über das Fach Mathematik hinaus. Einen mathematischen Zusammenhang verstehend verarbeiten bedeutet, relevante Aspekte herauszufiltern und logisch zu kombinieren. Es bedeutet, verschiedene logische Szenarien durchzuspielen und zu vergleichen. Dabei werden Fähigkeiten aufgebaut und trainiert, die für ein systematisches Problemlösen unverzichtbar sind und zudem eine Erfahrung des Wirksamsein-Könnens produzieren. Das unterstützt ein positives Selbstwirksamkeitskonzept. Dies alles spricht dafür, der Verstehensorientierung im Unterricht auch im Sinne einer allgemeinen Denkschulung mehr Raum zu geben – auch wenn das manchmal auf Kosten der Stoffmenge geht.

In diesem Sinne stehen im Zentrum von Kapitel 3.1 Überlegungen zur Gestaltung von Unterricht oder Förderung, die sich eignen, um den Schülerfokus möglichst effektiv zum Verständnis hin zu locken. Hierzu werden strukturgebende Fragen entwickelt und exemplarisch anhand einiger mathematischer Inhalte – z. B. dem Bruchverständnis – konkrete Vorgehensweisen dargelegt. In Kapitel 3.2 steht der Umgang mit Jugendlichen und Erwachsenen mit Dyskalkulie im Vordergrund. Dabei werden anhand von Fallbeispielen zentrale Kriterien entwickelt. Kapitel 3.2 baut auf Kapitel 3.1 auf.

3.1 Verständnisorientierte Anregungen für den Lernprozess

> „Mathematik ist keine Menge von Wissen. Mathematik ist eine Tätigkeit, eine Verhaltensweise, eine Geistesverfassung [...]" (Spiegel & Selters 2015, S. 48)

Die Tätigkeit in der Mathematik besteht darin, quantifizierbare Ereignisse und Zusammenhänge (in Aufgaben) zu beobachten, zu verarbeiten, zu kombinieren und weiterzuentwickeln. Dafür ist es notwendig, dass die quantifizierbaren Zusammenhänge erkannt und abstrahiert werden können. Jede Aufgabe bietet eine Reihe von Aspekten, die beachtet und abstrahiert werden können: Bei Rechnungen kann auf die Symbolanordnung geachtet werden (anstatt auf quantitative Aspekte), bei Sachaufgaben können Reizworte gesucht oder Personen beachtet werden. *Was* verarbeitet wird, hängt davon ab, wie die Verarbeitungsfähigkeit und die Motivation der Lernenden zur Aufgabenstellung passen und wie das Setting der Begegnung gestaltet ist. Deshalb ist die Kenntnis der Verarbeitungsprozesse von Lernenden eine wichtige Grundlage für die effektive Gestaltung von Lernsettings. Die hier erläuterten Förderimpulse basieren somit auf dem Kapitel 1 dieses Buches – also darauf, Lernende beim Rechnen verstehen zu wollen.

Quantitative Zusammenhänge, die für das Leben von Lernenden relevant sind, erhöhen das Interesse, diese gedanklich aufzusuchen. Schülerinnen und Schüler, die bereits in der Grundschule Freude an der Mathematik entwickelt haben, benötigen den Motivationsschub weniger. Das Lösen logischer Probleme ist für sie bereits lustbesetzt, denn sie haben schon oft erlebt, dass sich das gut anfühlt – beim Auflösen einer logischen Spannung werden im Gehirn Endorphine ausgeschüttet. *Wenn* motivationsfördernde Lebensbezüge eingebaut werden, dann möglichst nicht als Beiwerk, sondern als Teil der mathematischen Problematik. Eine Detektivgeschichte, deren Fortsetzung durch das richtige Lösen einer Rechnung erlangt werden kann, stellt eine künstliche Verknüpfung mit Mathematik dar. Kriminalfälle, die von Lernenden durch logisch-mathematisches Tüfteln selbst gelöst werden können, befördern übertragungsfähiges mathematisches Denken und hinterlassen eine tiefere Befriedigung.

Auf allgemeine förderliche Bedingungen beim mathematischen Lernen wird in *Bedingungen für die Verarbeitung mathematischer Informationen* (Kap. 1.2) eingegangen.

Die folgenden Fragen dienen zur Strukturierung des Lernprozesses und können die Gestaltung von Aufgaben und die Einführung neuer Inhalte erleichtern. Sie lenken den Blickwinkel auf das Schülerdenken und verbinden diesen mit Aspekten der mathematischen Inhalte.

- Können und sollen die quantitativen Zusammenhänge der Aufgabe verstanden werden oder wird das Vermitteln von Anwendungsregeln im Vordergrund stehen? Fehlen Vorstellungsvoraussetzungen für das angestrebte Verständnis (s. Kap. 1)? In oder mit welchem Setting können fehlende Voraussetzungen nachgeholt werden?
- Wie kann vorrangig das Verarbeiten quantitativer Aspekte provoziert werden und weniger die Suche nach Rezepten (→ verständnisorientierte Impulse)? Die gedankliche Gewohnheit, quantitative Aspekte sofort und automatisch aus einer (Sach-)Aufgabe heraus zu lösen, ist unterschiedlich stark ausgeprägt (s. Kap. 2.1 über bewusstes und automatisches Verarbeiten). Deshalb ist es sinnvoll, wenn die Aufmerksamkeit durch die Aufgabenstellung prinzipiell auf quantitative Aspekte gezogen wird – etwa indem eine passende Skizze vor dem Rechnen verlangt wird oder abwechslungsreiche Sachzusammenhänge mathematisiert werden sollen.
- Die nächsten Fragen betreffen die Einführung neuer Inhalte: Ist die Notwendigkeit, aus der heraus die neue Berechnungsmethode entstand, transparent? Das ermöglicht einen sinnvollen Zugang. Besteht die Mög-

lichkeit, dass Schülerinnen und Schüler eigene Lösungsmethoden für die Fragestellung erarbeiten können, bevor die Standardmethode eingeführt wird? Haben die quantitativen Probleme einen Bezug zum Leben der Lernenden?
- Welche Kompetenztiefe soll erreicht werden? Wenn ein neues Thema eingeführt wird, ist es zweckmäßig zu klären, wie weit die Bearbeitungskompetenz ausgebaut werden soll – das ist auch abhängig davon, welche Folgekompetenzen auf der jeweiligen Kompetenz aufbauen sollen.

Die Fragen werden im nächsten Abschnitt anhand ausgewählter Inhalte der Sekundarstufe durchgespielt.

3.1.1 Impulse für ausgewählte mathematische Inhalte

Die folgenden Ausführungen enthalten Denkanstöße für die didaktische Gestaltung. Der Fokus ist ganz und gar auf die Bildung eines Verständnishintergrundes und der Abstraktion von Größenbeziehungen gerichtet. Dies wird anhand einzelner Inhalte exemplarisch durchgespielt. Zuerst wird die Rolle des Kopfrechnens differenziert beleuchtet und eine verständnisvertiefende Übungsmethode geschildert. Dann wird auf die Einführung von proportionalen Sachzusammenhängen eingegangen. Ausführlicher wird die Verständnisbildung von Brüchen und deren Rechnungen behandelt, weil viele Schülerinnen und Schüler in der Mittel- und Oberstufe Schwierigkeiten mit Bruchumformungen haben. Es folgt ein kurzer Exkurs zur Algebra.

Eine umfassendere Ausarbeitung zu den wichtigsten Inhalten der Sekundarstufen (s. Kap. 2, Abb. 25) ist in Planung. Dort werden u. a. auch Aufgaben und Fragestellungen aus Schulbüchern für ihre Verwendung einerseits zur Verständnisunterstützung oder andererseits zur Vertiefung von Routinen beleuchtet.

Für ein *therapeutisches* Bearbeiten von Dyskalkulie in der Sekundarstufe ist ein streng verständnisorientiertes Vorgehen *grundlegend*, um das dysfunktionale Übergewicht von rein mechanischem Vorgehen erfolgreich abbauen und überwinden zu können.

Die im Folgenden dargestellten Anregungen sind das Resultat vieler Einzelsitzungen, die zum Ziel hatten, in kurzer Zeit möglichst viel nicht vorhandenes mathematisches Verständnis in der Sekundarstufe und darüber hinaus aufzubauen – meist in Konkurrenz zu bereits verfestigten dysfunktionalen Verarbeitungsstrukturen. Dabei war es zum einen wichtig, nur die notwendigsten verständnistragenden Elemente herauszuarbeiten, und zum anderen Impulsfragen zu finden, die Einsicht und Verstehen möglichst effektiv provozieren können. Die notwendigsten verständnistragenden Elemente, die nach meiner Erfahrung für ein selbstständiges mathematisches Arbeiten bis zur Oberstufe unbedingt beachtet und gebildet werden sollten, sind am Ende von Kapitel 1 in den Leitfragen angesprochen.

Bezug zum schichtweisen Aufbau der Kompetenzen (Kap. 2, Abb. 25)

Bei der Gestaltung von Impulsfragen ist prinzipiell zu prüfen, ob die für den angestrebten Verständnisbereich *zugrunde liegenden* Verarbeitungsmuster tragfähig vorhanden sind. Wenn bspw. Kopfrechnen geübt werden soll, ist zu prüfen, ob die räumlich-analoge Größenvorstellung für den angestrebten Zahlbereich und die Operationsvorstellung für die Rechenübungen ausreichend gut gebildet sind. Als Gegenüber für die verständnisinduzierenden Impulse werden einige *Verständnisfallen* aufgeführt – Aufgaben, die rein schematisches Vorgehen befördern können. Zudem wird das übergreifende Lernziel für die Gestaltung des Lernprozesses berücksichtigt: Welche zukünftigen mathematischen Inhalte sollen auf dem angestrebten Verständniskonzept aufbauen können? Das ist auch vom Bildungsgang abhängig. Die Beantwortung dieser Frage hilft einzuschätzen, wie tief und breit das Verständniskonzept angelegt werden soll. Kapitel 1 erörtert die *Vernetzung* der zu bildenden Fähigkeiten.

Zugrunde liegende Verarbeitungsstrukturen können als Groborientierung aus dem Schichtenmodell (Kap. 2, Abb. 25) und genauer aus der Beschreibung der jeweiligen Verarbeitungskompetenz in Kapitel 1 herausgelesen werden *(Strukturen mathematischen Verarbeitens)*. Von den in Abbildung 25 (Kap. 2) aufgeführten Kompetenzen wurden folgende Inhalte zur beispielhaften Gestaltung verständnisorientierter Impulse ausgewählt:

- Kopfrechnen (1 x 1),
- proportionale Sachaufgaben (mit %),
- Bruchvorstellung,
- Bruchrechnen (Strichrechnen),
- Bruchrechnen (Punktrechnen),
- Umgang mit Termen/Algebra.

Wir beginnen mit dem Kopfrechnen und seiner Bedeutung für das mathematische Verständnis:

3.1.2 Kopfrechnen – Grundlage für mathematisches Verständnis(?)

Um diese Aussage zu beleuchten, stelle ich das Fallbeispiel einer erwachsenen Frau vor, die Schwierigkeiten mit dem Kopfrechnen hat:

Praxisbeispiel

Susanna und das Kopfrechnen

Susanna spielte in der Vorschulzeit sehr viel draußen, baute oft Sachen aus Gerümpel. Ihr Vater war sehr belesen, ihre Mutter kannte sich mit Technik aus.
Ihr Verhältnis zu Mathe war in der Grundschule nicht so gut. Das Einmaleins konnte sie nicht, man musste in der Unterrichtsstunde stehen und die Ergebnisse aufsagen und sie blieb oft bis zum Schluss stehen. Mengenlehre konnte sie richtig gut, Schnittmengen bilden usw. Als in der Schule eine „Rechenmaschine" zum Addieren gezeigt wurde, baute sie diese selbst zu Hause aus Schuhkarton nach. Ich fragte sie nach Textaufgaben – da hatte sie überhaupt keine Erinnerung.
Nach der Grundschule wechselte sie aufs Gymnasium und hatte in Mathematik in der Unterstufe eine stabile 3. Die Schwierigkeiten beim Auswendiglernen machten ihr nach wie vor in Mathematik und in Fremdsprachen beim Lernen von Vokabeln zu schaffen. Rechtschreiben fiel ihr auch nicht so leicht.
Schließlich wurde ein Begabungstest gemacht. Da lag alles etwa im Mittelbereich – bis auf die räumliche Vorstellung. Die lag sogar über dem vorgesehenen Darstellungsbereich des Tests.
In Mathematik hatte sie auch in der Mittelstufe weiterhin das Gefühl, sie müsse das meiste auswendig lernen. Das lag ihr nicht und das wollte sie auch nicht. Manche Formeln konnte sie, andere nicht. Dann leitete sie die Formeln oft selbst her, jedoch dauerte das viel länger. In Geometrie war das anders – das war leicht.
Ab der Oberstufe hatte Susanna den Eindruck, dass da noch etwas anderes sei als nur Auswendiglernen. Dann schrieb sie im Unterricht alles von der Tafel ab und erarbeitete sich das Verständnis zu Hause. Sie hatte oft das Gefühl, dass sie Mathe nicht ganz kapiere, weil sie das Dahinter nicht ganz verstand, weil sie nicht wusste, wie es zu dieser oder jener Formel gekommen war.
Ab der 12. Klasse begann ihr das mathematische Arbeiten richtig Spaß zu machen. Funktionsaufgaben und Modellierungen liebte sie. Sie benötigte wenig Kopfrechnen, der Taschenrechner war erlaubt. Die Formeln standen in der Formelsammlung. Trotzdem hatte sie immer wieder das Bedürfnis, den Hintergrund der Formeln verstehen zu wollen. Die Noten lagen mittlerweile zwischen 1 und 2.
Vor einigen Jahren hatte sie mit ihrem Partner einen Termin in einer Bank, um sich über Geldanlagen beraten zu lassen. In einem Szenario erkannte sie sofort ein schwer zu kontrollierendes Risiko, das weder ihr Partner noch der Bankangestellte sehen konnten. Nach Rückfrage bei weiteren Spezialisten in der Bank bestätigte sich ihre Einschätzung. Für die anderen war nicht nachvollziehbar, wie sie das sofort erkennen konnte (auch hatte sie sich zuvor weder mit Geldanlagen noch mit ähnlichen Modellen befasst; beruflich ist sie im sozialen Bereich tätig).
Bis heute kann sie nicht besonders gut Kopfrechnen oder Auswendiglernen. Strukturieren und Organisieren zählen zu ihren Stärken.

Der Fallbericht kann Anlass für vielerlei Hypothesen zur Entwicklung mathematischer Verarbeitungsfähigkeiten geben – im Moment möchte ich mich auf die Beziehung von Kopfrechnen zur Verständnisbildung konzentrieren. Susanna hatte offensichtlich Schwierigkeiten, sich viele Kopfrechenergebnisse zu merken (→ Kapazität des Arbeitsgedächtnisses?) – und bildete dennoch ein tragfähiges Operationsverständnis. Nicht nur tragfähig, sondern so geschärft und unterscheidungskräftig, dass sie sowohl Formeln herleiten als auch Sachzusammenhänge der Oberstufe modellieren konnte. Dies widerspricht einer gängigen These, die Kopfrechnen als die Grundlage für mathematisches Verständnis erachtet.

Gleichwohl sollte aus dem Fallbericht nicht abgeleitet werden, dass Kopfrechnen unnötig sei. Indessen möchte ich die Funktion des Kopfrechnens für die Verständnisbildung differenziert betrachten. Lassen Sie uns die innere Struktur des Kopfrechnens mithilfe des *Triple-Code-Modells* durchleuchten. Bei durchschnittlichem Kopfrechenvermögen interagieren beim Denken die semantische Operationsvorstellung basierend auf räumlich-analogen Größen mit den passenden Zeichengebilden und Wortformen. Wird Kopfrechnen so eingesetzt, dass die Operationsbedeutung eine Rolle spielt, wird diese im Gehirn mit aktiviert und synaptisch vernetzt. Die Bedeutungsvorstellung wird dadurch geschärft und bildet infolge eine gute Basis für komplexere Verknüpfungen von Operationen.

Wird Kopfrechnen primär als Ergebnisabfrage gestaltet, wird die Operationsvorstellung wenig mitaktiviert (und auch nur, wenn die synaptische Verknüpfung sowieso schon ausreichend vorhanden ist), weil für das Aufsagen auswendig gelernter Ergebnisse die Verarbeitung semantischer Größenbeziehungen nicht nötig ist.

Für die Verständnisbildung bedeutet dies, dass Kopfrechnen auf eine Weise geübt wird, dass *zugleich* die semantische Vorstellung benutzt und geschärft wird. Das Setting sollte so gewählt werden, dass die innere Nutzung der räumlich-analogen Größenvorstellung provoziert wird. Ein Geschwindigkeitstraining unterstützt das eher nicht.

Zur Verdeutlichung eignen sich zwei Beispiele zum Training von Multiplikationsaufgaben:

Methode A: Aufsagen der Multiplikationsaufgabe in Verbindung mit der „Reihe".
Z. B. 6, 12, 18, 24 … bzw. $1 \cdot 6 = 6, \quad 2 \cdot 6 = 12, \quad 3 \cdot 6 = 18 \ldots$
Manchmal wird dies mit Klatschen oder Hüpfen verbunden.

Methode B: Verwenden der Größenbeziehung, um zum Ergebnis zu kommen.
(Die Größe der Zahl soll mit Anfang und Ende gezeigt werden, z. B. mit zwei Stiften.)

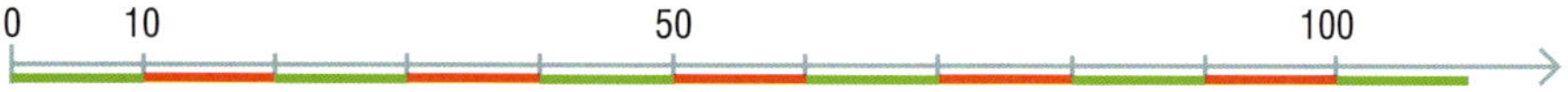

Abb. 1: Strahl zum Kopfrechnen

$1 \cdot 6$? → Zeige, wie groß das Ergebnis ist.
$2 \cdot 6$? → Zeige wieder, wie groß das Ergebnis ist.
$10 \cdot 6$? → Wie groß?
$5 \cdot 6$? → Wie groß?
Vergleiche mit $10 \cdot 6$. Was fällt dir auf?
Für die nächsten Aufgaben nutze $10 \cdot 6$ oder $5 \cdot 6$, um das Gefragte zu bilden.
Gehe dabei immer vom Ergebnis $10 \cdot 6$ oder vom Ergebnis $5 \cdot 6$ aus:
$9 \cdot 6$? $4 \cdot 6$? $8 \cdot 6$?
(hier ist interessant, ob der Zusammenhang $8 \cdot 6 = 10 \cdot 6 - 2 \cdot 6$ erkannt wird)

Der Vergleich von Methode A und B zeigt, wie Kopfrechnen ohne oder mit Aktivierung der Größenvorstellung praktiziert werden kann.

Durch die Anforderung in Methode B, Zahlgrößen und operative Handlungen z. B. mittels zweier Stifte am Strahl zu zeigen (Anfang und Ende der Einerzahl), wird automatisch die räumlich-analoge Größe der Zahl (im Vergleich zu 10, zu 5, zu 100, zu 50 …) mitverarbeitet. Dadurch wird die Vorstellung der Größenbeziehung für Punkt- und Strichrechnungen unterscheidungsstark gefestigt. Einzelne Errechnungswege können zum Anlass genommen werden, Terme notieren zu lassen. Bei der Übung bekommt man gut mit, ob ein Kind über- oder unterfordert ist, und kann die Aufgabe entsprechend anpassen.

Kognitive Voraussetzungen für sinnvolles Üben des 1x1 sind eine selbstverständlich präsente räumlich-analoge Zahlenvorstellung (s. Kap. 1.2) und eine Operationsvorstellung der Multiplikation (s. Kap. 1.3.2).

Worin liegt der Sinn von Kopfrechnen? Zum einen können Ergebnisse zu quantitativen Problemen ausgerechnet werden. Zum anderen wird durch sinnvolles Üben die Vorstellung der Operationsbeziehung vertieft. Das Grundprinzip von Methode B – die Größenvorstellung in den Lösungsprozess einzubeziehen – ist für viele Arten des Kopfrechnens anwendbar: für Dezimalbrüche, für Brüche, für größere Zahlen … und selbstverständlich auch für variable Zahlbereiche bis 1, bis 10, bis 100 bis 1 000 …

Die Größenvorstellung von Zahlen wird auch durch den Auftrag, Rechnungen zu überschlagen, provoziert. Carla Cederbaum und Anja Fetzer (Universität Tübingen) entwickelten das Mathematikspiel *Ganita* (freies Download siehe Cederbaum & Fetzer 2019), das u.a. durch Schätzaufträge die Größenvorstellung von Zahlen mit Bezug zum Leben anregt. Besonders eignen sich hier die Karten aus der Kategorie „Begreife die Welt“. Im Folgenden die Kurzstruktur zu verständnisorientiertem Üben des 1 x 1.

Inhalt:	**Kopfrechnen „mal“ im Bereich bis 100**
zugrunde liegende Verarbeitungsmuster bzw. kognitive Voraussetzungen:	räumlich-analoge Zahlenvorstellung bis 100 Operationsvorstellung „mal“ übertragbar (s. a. Kap. 1.3)
Impulsfragen bzw. Impulsaufgaben:	siehe Methode B
übergeordnete Lernziele:	Vertiefen der semantischen Punkt-, Strichunterscheidung, flüssiges Rechnen
Verständnisfallen:	1x1 Lernen wie ein Gedicht

Tab. 1: Struktur zur verständnisorientierten Gestaltung von 1 x 1-Aufgaben zum Kopfrechnen

3.1.3 Dreisätze mit einfachem Prozentrechnen

Dreisätze benötigt man, wenn verschiedene Größen oder Mengen zusammenhängend und gleich vervielfacht oder geteilt wachsen (= Sinnzusammenhang). Verständnisunterstützend wirkt, mit einfachen und gut vorstellbaren Verhältnisbeziehungen zu beginnen, die Lösungsvorschläge der Lernenden aufzugreifen und daran anschließend die Systematik herauszuarbeiten:

Beispiel: 10 Tafeln Schokolade kosten 20 €. Wie viel kosten 5 Tafeln?

Vermutlich werden die Lernenden einwerfen, dass dies doch klar sei, nämlich 10 €.

Als Lehrende kann man nun die Lösung aufgreifen und mit den Schülerinnen und Schülern das Prinzip des gleichen Verhältnisses herausarbeiten:

:2	10 Tafeln → 20 €		:2
	5 Tafeln → 10 €		

Als Nächstes könnte die Frage nach dem Preis für 6 Tafeln gestellt werden. Das Verhältnis zu 10 Tafeln ist nicht so einfach herzustellen. Irgendwann wird die Idee kommen, zuerst den Preis für eine Anzahl zu bestimmen, die sich als Grundlage für 6 Tafeln gut eignet (z.B. eine Tafel). Nun kann das von den Lernenden entworfene Prinzip in eine systematische und transparente Darstellung gebracht werden.

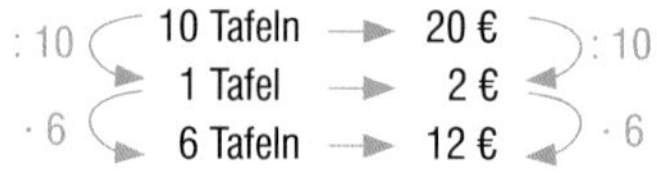

... und steht für weitere Anwendungen zur Verfügung. Nach einer Phase des Vertiefens kann das Verständnis durch Provokationen weiter vertieft werden – etwa indem gefragt wird, ob die Aufgabe auch so lösbar ist (mit Begründung!):

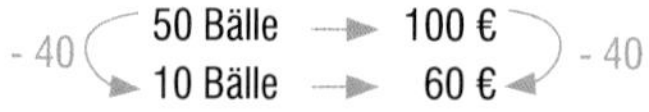

Auch die grafische Darstellung der Beziehung beider Größen im Koordinatensystem vertieft das Verständnis – am meisten, wenn die Lernenden die Darstellungsform selbst entwickeln (gerade auch, wenn die Gefahr besteht, dass Schwierigkeiten mit dem Koordinatenmaßstab auftauchen). Falls ein Schüler mehrere Anläufe für die Zeichnung benötigt, wird er sich die Größenbeziehung erarbeiten und das ist dem Vermitteln eines evtl. nur halb verstandenen Schemas vorzuziehen. Fragen wie „Wie ändert sich der Graph, wenn 1 Ball nicht 2 €, sondern 4 € kostete?" oder „Wie kann man bei einem Graphen immer erkennen, wie viel ein Ball kostet, auch wenn der Anfangsteil des Graphen abgedeckt ist?" können dann untersucht und beantwortet werden. Das Konzept von linearen Funktionen kann aus diesen Betrachtungen sinnvoll abgeleitet werden. Einfache Prozentbetrachtungen (ohne Brüche) benutzen dasselbe kognitive Konzept. Nachdem von den Schülerinnen und Schülern der Sinn von Prozent erkundet und diskutiert wurde, ist die Gelegenheit günstig, entsprechende Größen zu visualisieren (als Dreisatz oder Längen s. Abb. 3) und dies verständnisfördernd zu nutzen: Mit der Dreisatzdarstellung (siehe oben, mit Rechenpfeilen) lassen sich auch für Prozentrechnungen Entsprechungen und Beziehungen gut kontrollieren. Deshalb sehe ich für einfache Prozentrechnungen keinen mathematischen Gewinn durch die Verwendung von Prozentformeln. Für sich wiederholende Zins- und Prozentzusammenhänge ist die Gestaltung von Formeln sinnvoll – jedoch erst nach der Erarbeitung des Bruch- und Termverständnisses.

Merkhilfe: Zunächst einfach zu rechnende Zahlen verwenden und selbst Lösungswege und Begründungen gestalten lassen. So kann der Fokus der Lernenden ungeteilt auf die Beziehungslogik gerichtet werden.

Kognitive Voraussetzungen für ein Verstehen proportionaler Beziehungen sind, dass die innere Repräsentation von proportionalen Größenbeziehungen bereits angelegt und mit dem Konzept der Multiplikation verknüpft ist:

Abb. 2: Entsprechung der Größen bei proportionalen Zusammenhängen – hier Prozent

Das ist ausführlich in Kapitel 1.3.3 beschrieben. Sind die Voraussetzungen zu wenig ausgebildet, werden die Größenverhältnisse im Sachzusammenhang nicht „empfunden" und es wird versucht, das Schema auswendig zu lernen. Eine Maßnahme, um die Repräsentation proportionaler Größenbeziehungen nachzubilden, wäre, einfache Zeichnungen und geometrische Formen vergrößern und anschießend die Handlung beschreiben zu lassen. Ist das Konzept der Multiplikation kaum angelegt, ist auch dieses auf geeignete Weise nachzuholen (s. Kap. 1.3).

Inhalt:	**Dreisätze zu proportionalen Beziehungen, %**
zugrunde liegende Verarbeitungsmuster bzw. kognitive Voraussetzungen:	Repräsentation proportionaler Größenbeziehungen, Operationsverständnis von Multiplikation und Division (s. a. Kap. 1.3)
Impulsfragen bzw. Impulsaufgaben:	Lösungswege für einfache Verhältnisbeziehungen selbst entwickeln lassen und Prinzip gemeinsam herausarbeiten; grafisches Darstellen selbst entwickeln lassen; Auswirkung von veränderten Größen/Parametern beschreiben lassen
übergeordnete Lernziele:	flexibler Umgang mit unterschiedlichsten proportionalen (Wachstums-)Beziehungen, Grundlage für Funktionsgleichungen
Verständnisfallen:	dominantes Einsetzen von Lösungsschemata und Prozentformeln

Tab. 2: Struktur zur verständnisorientierten Gestaltung von Dreisatzaufgaben für proportionale Beziehungen, %

3.1.4 Vorstellen von Brüchen

Eine Bruchzahl besitzt ungewöhnliche Eigenschaften: Sie besteht aus zwei Zahlen, die völlig Unterschiedliches bedeuten und die einmal als Rechnung betrachtet werden und ein anderes Mal als eine Zahl.

Wofür eigentlich benötigt man Bruchzahlen? Diese Frage könnte man Schülerinnen und Schülern der Sekundarstufe bei der Einführung des Themas stellen. Schließlich haben alle Schülerinnen und Schüler bis zur Einführung der Brüche schon einen Bruch gesehen. Das gemeinsame Erkunden des Zwecks einer einfachen Bruchzahl kann genutzt werden, um die bedeutende Rolle der Zahl 1 zu unterstreichen. Jede Zahl wird ja aus Einsen gebildet, nicht nur Bruchzahlen. Wenn eine 1 für Gebrauchszwecke zu groß ist – z. B. 1 Brot oder 1 m –, besteht die Notwendigkeit, diese zu zerteilen und die zerteilte Größe benennen zu können: z. B. $\frac{1}{4}$ Brot oder $\frac{1}{2}$ m.

Das Besondere bei der Bruchvorstellung ist, dass die Nennerzahl keine Anzahl, sondern ein Verkleinerungsverhältnis repräsentiert. Wenn wir $\frac{1}{5}$ hören oder lesen, stellt sich die Größenvorstellung im Vergleich zur 1 sofort und spontan ein – ohne dass wir erst das Zerteilen praktizieren müssen. Nur zu Beginn des Bruchlernens nehmen wir die „1" und zerteilen sie in so viele Bruchstücke wie die Nennerzahl vorgibt. Da die bis zur Einführung der Brüche behandelten natürlichen Zahlen üblicherweise linear wachsende Größen repräsentieren, benötigt die Bildung einer selbstverständlichen Bruchgrößenvorstellung (mit dem umgekehrt proportionalen Wachstum) Zeit. Eine Zeitspanne, in der das Verkleinerungsverhältnis möglichst häufig vorgestellt wird – bis das Hören oder Sehen einer Nennerzahl selbstverständlich und automatisch deren Größe im Verhältnis zu 1 hervorruft. So wie beim Hören oder Sehen von „30" spontan das Größenverhältnis zu 10, zu 50 oder zu 100 präsent ist. Nach meiner Erfahrung eignet sich für die Bildung einer selbstverständlichen Größenvorstellung die Aufgabe, Bruchgrößen als Farbstrecken im Vergleich zu einem Einer zeichnen zu lassen (s. u.). Vorzugsweise auf einem leeren Blatt, damit nicht das Abzählen von Kästchen im Vordergrund steht – weil dieses häufig auf eine Weise praktiziert wird, dass der 1 so viele Kästchen zugeteilt werden, wie die Nennerzahl benennt. In diesem Fall wird die Aufmerksamkeit nicht zum Verarbeiten des Größenverhältnisses gezogen. Auch kann die Größe verschiedener Brüche bei dieser Vorgehensweise nicht verglichen werden. Das Zeichnen von Farbstrecken anstatt von Endmarkierungsstrichen zieht den inneren Fokus auf die Verarbeitung der Größe:

Abb. 3: Beispiel für das Zeichnen von Stammbrüchen mit Betonung der Größe im Vergleich zu 1

Die Zeichenaufgabe kann für die Addition von gleichnamigen Stammbrüchen (danach von gleichnamigen Brüchen) fortgeführt werden. Das Verständnis der ganzzahligen Multiplikation von Brüchen wie $3 \cdot \frac{2}{5}$ und der Umwandlung von unechten Brüchen in gemischte Brüche bereitet nach meiner Erfahrung dann keine Schwierigkeiten mehr. Vertiefend wirken Sachaufgaben und provozierende Fragen wie: „Kann man Zähler und Nenner vertauschen? Begründe."

Verständnishinderlich sind innere und äußere Handlungen, die von der Bildung der Vorstellung der Nennergröße ablenken – beispielsweise wenn Merksätze dominant eingesetzt werden. Es lohnt sich auch, mit der Einführung von Bruchanteilen einer beliebigen Größe wie $\frac{1}{5}$ von 7 m zu warten, bis die Vorstellung der Nennergröße im Vergleich zur Bezugsgröße 1 gefestigt ist.

Dann kann die Vorstellung der 1 inklusive des Bruchteiles auf jede beliebige Größe (als ein Ganzes) übertragen werden und führt nicht mehr zu Verwechslungen der Bezugsgröße.

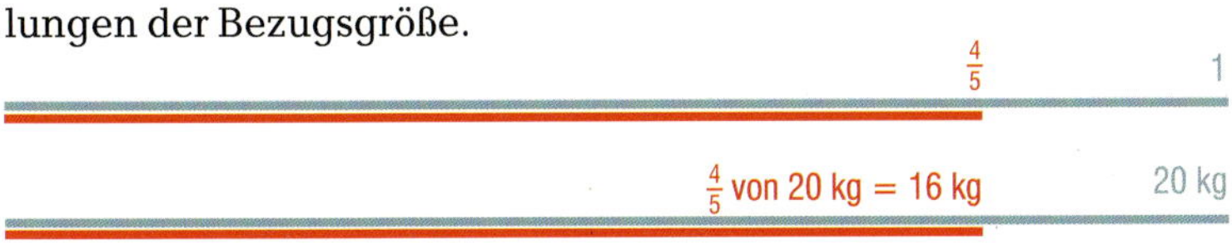

Abb. 4: Übertragen der Bruchteilvorstellung auf eine beliebige Größe

Kognitive Voraussetzungen für den Aufbau von Bruchvorstellungen sind: Das Operationsverständnis der Grundrechenarten sollte auf eine verständnisbasierte Weise zweckdienlich automatisiert sein (s. Kap. 2.1 zu „automatisiertes Verarbeiten mit und ohne Verständnis" und Kap. 1.3 die ersten fünf Abschnitte). Zudem basiert die Bruchvorstellung auf proportionalen Längenbeziehungen. Somit bildet ein gefestigter Umgang mit Proportionen von Formen und mit Vergrößerungen bzw. Verkleinerungen von Zeichnungen eine Grundlage für das Vorstellen von Brüchen. Bruchzahlen beschreiben Anteile von Eins bzw. in der Übertragung Anteile von beliebig definierten Ganzen. Das Ziel bei der Erarbeitung der Bruchvorstellung ist, dass, wenn ein Bruch in Ziffernform wahrgenommen wird, selbstverständlich eine Vorstellung der entsprechenden (ungefähren) Größenanteile präsent ist. Damit dient die Bruchvorstellung auch als Grundlage der Prozentbearbeitung. Wenn ein Arbeiten mit Bruchgleichungen, Potenzen mit negativen Hochzahlen und Ableitungen angestrebt wird, ist das mathematische Gefühl für den Nenner als Repräsentation eines Verkleinerungsverhältnisses besonders gut zu festigen, um das Umformen komplexer Bruchterme zu erleichtern.

Inhalt:	**Erarbeiten der Bruchvorstellung**
zugrunde liegende Verarbeitungsmuster bzw. kognitive Voraussetzungen:	Operationsvorstellung von +, −, :, · auf verständnisbasierte Weise automatisiert; gefestigte Vorstellung von Längenproportionen z. B. bei geometrischen Formen oder Vergrößerungen (s. a. Kap. 1.3)
Impulsfragen bzw. Impulsaufgaben:	Zweck einer Bruchzahl? Stammbrüche als räumlich-analoge Ausdehnung in Bezug zur 1 zeichnen lassen; Addition von gleichnamigen (Stamm-)Brüchen zeichnerisch entwickeln lassen
übergeordnete Lernziele:	Grundlage für Prozent- und einfache Verhältnisrechnungen Grundlage für komplexe Bruchrechnungen, Bruchgleichungen, Potenzen mit negativen Exponenten
Verständnisfallen:	dominantes Verwenden von Merksätzen

Tab. 3: Struktur zur verständnisorientierten Erarbeitung der Bruchvorstellung

3.1.5 Bruchrechnen – ungleichnamige Addition und Subtraktion

Wenn die räumlich-analoge Größenvorstellung von Stammbrüchen und deren Vielfache ausreichend gefestigt ist, kann deren Beziehung untereinander angegangen werden. Auch hier kann mit einer Knobelaufgabe ohne Lösung begonnen werden. Exemplarisch wird hier die Einführung für die Addition ungleichnamiger Brüche dargestellt:

Stellt folgende Addition farbig am Zahlenstrahl dar: 1/3 + 1/4.
Das ergibt folgende Zeichnung:

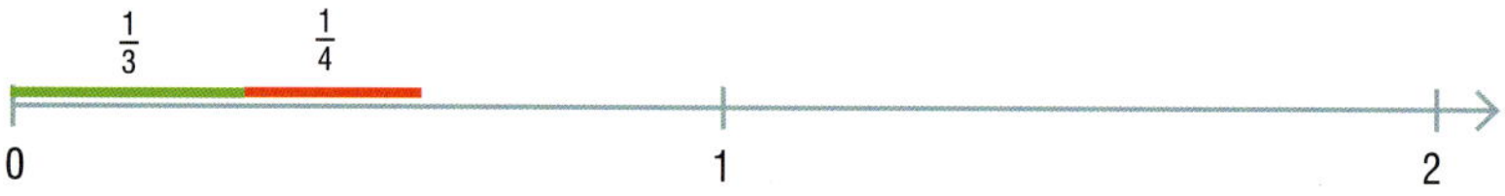

Abb. 5: Zeichnung der Addition $\frac{1}{3} + \frac{1}{4}$

Wie lautet das Ergebnis?

Hier kann sich eine interessante Diskussion mit verschiedenen Vorschlägen entspinnen. Die Vorschläge können alle am Strahl gezeichnet und abgewogen werden. Wenn keine der Schülerinnen und Schüler auf die Idee kommt, die Bruchstücke in kleinere, für beide Bruchstücke passende Stückchen zu verwandeln, eignen sich Fragen wie: *Wie rechnet man noch mal die Addition $\frac{2}{5} + \frac{1}{5}$? und Wieso klappt das hier? oder Wie rechnet man 1 m + 1 cm? Gibt das 2? ...*

Nach einigem Diskutieren wird sich das Konzept, ungleiche Stückchen in kleinere *gleiche* Stücke umzutauschen, als sinnvoll durchsetzen. Dann kann gemeinsam überlegt werden, wie man Bruchstückchen findet, die kleiner sind, doch glatt und bündig in die beide Stücktypen passen. Dazu eignet sich folgende Übung:

Zeichnet einen Strahl, dessen Einer genau 24 Kästchen lang ist, weil wir jetzt die Bruchgrößen genauer als bisher benötigen. (Inzwischen sollte das Kästchenzählen die Bruchgrößenvorstellung nicht mehr verunsichern.)
Zeichnet $\frac{1}{3}$ (später $\frac{1}{4}$, $\frac{1}{6}$, $\frac{1}{8}$, $\frac{1}{12}$) und versucht, kleinere Bruchstücke zu finden, die bündig in $\frac{1}{3}$ hineinpassen.

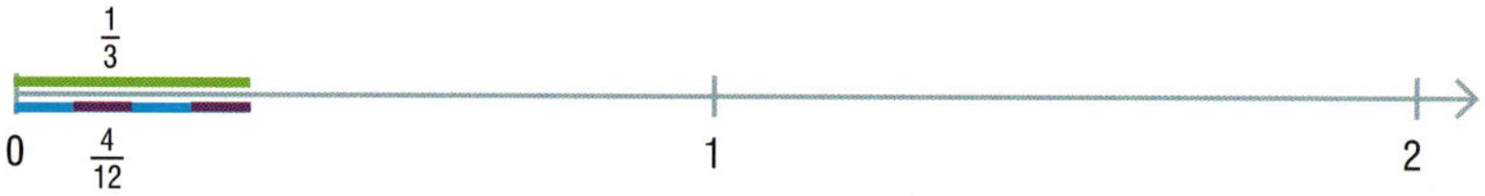

Abb. 6: Tauschen von größeren Bruchstücken in gleiche kleinere $\frac{1}{3} = \frac{4}{12}$

Im Folgenden kann gemeinsam erarbeitet werden, dass, wenn der Nenner des kleinen Stückchens ein Vielfaches des Ausgangsstückchens ist, also die 1 vielfach so oft unterteilt wird, um das kleine Bruchstückchen zu erhalten – dass dann mehrere der kleinen Bruchstückchen bündig in das Ausgangsbruchstück passen (müssen). Dies kann als Rechnung dargestellt werden:

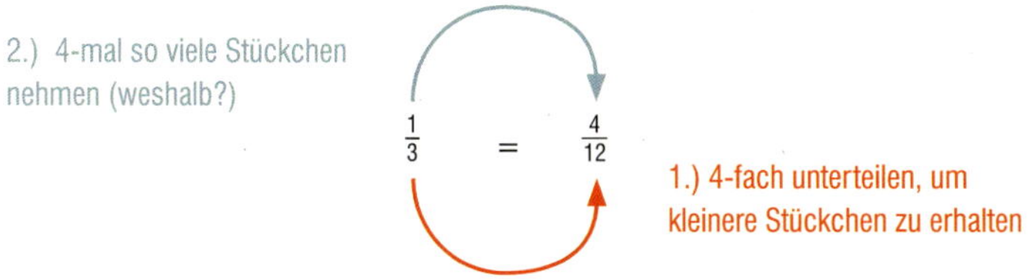

Abb. 7: Rechnerisch dargestellte Handlung beim Erweitern

Nun ist der Weg zur Addition der ungleichnamigen Brüche $\frac{1}{3} + \frac{1}{4}$ verständlich gebahnt und die Lernenden können aufgefordert werden, die gesamte Addition mit Tausch der Ausgangsbruchstücke in kleinere Bruchstücke zu zeichnen.

Abb. 8: Tauschen von größeren Bruchstücken in gleiche kleinere zur Ermöglichung der Addition $\frac{1}{3} + \frac{1}{4} = \frac{4+3}{12}$

Bei der rechnerischen Darstellung der ungleichnamigen Addition mit Erweiterung ist darauf zu achten, dass der Handlungsprozess präsent bleibt und die formale Vorgehensregel nicht völlig in den Vordergrund tritt. Dazu sind Verständnisfragen, die in den folgenden Übungsphasen immer wieder eingestreut werden, brauchbar:

- *Weshalb multipliziert man im Zähler und im Nenner mit der gleichen Zahl?*
- *Weshalb benutzt du als gleiche Teilchen 12tel und nicht 10tel?*
- *Weshalb erweitert man überhaupt?*
- *Weshalb benutzt du nicht 24tel statt 12tel beim Erweitern?*
- *Gibt $\frac{1}{2}$ von 3 kg Zucker und $\frac{1}{2}$ von 4 kg Zucker = 1? Begründe. …*

Nehmen Sie sich einen Moment Zeit, um Fragen zu gestalten, die den Fokus auf die Größenbeziehungen lenken. Wenn Regeln und Merksätze beim Bearbeiten von Brüchen im Vordergrund stehen, ist die Aufmerksamkeit davon beansprucht. Das Vorstellen der mathematischen Größenbeziehung kommt dann zu kurz. Wie weit ein verstehendes und versiertes Bruchrechnen sinnvollerweise vertieft wird, hängt vom übergeordneten Ziel ab: Soll damit alltagstaugliches Rechnen ermöglicht werden oder eine Grundlage für das Bearbeiten von Bruchtermen, Ableitungen und Funktionen gelegt werden? Letzteres empfiehlt sich durch Provokationen und Sachaufgaben sehr gut zu festigen.

Inhalt:	**Erarbeiten von Strichrechnungen bei Brüchen**
zugrunde liegende Verarbeitungsmuster bzw. kognitive Voraussetzungen:	Bruchvorstellung und deren Voraussetzungen (siehe oben und auch Kap. 1.3)
Impulsfragen bzw. Impulsaufgaben:	ungleichnamige Additionen räumlich-analog zeichnen lassen, eigene Lösungswege dafür erarbeiten lassen, das Erweitern zeichnerisch erkunden lassen, Anwendungen finden lassen
übergeordnete Lernziele:	Grundlage für alltagstaugliche Bruchrechnungen, einfache Wahrscheinlichkeiten Grundlage für komplexe Bruchrechnungen, Bruchgleichungen, Ableitungen, Funktionen
Verständnisfallen:	dominantes Verwenden von Merksätzen

Tab. 4: Struktur zum verständnisorientierten Erarbeiten der ungleichnamigen Bruchaddition und -subtraktion

3.1.6 Bruchrechnen – Punktrechnungen

Das Verständnis von Brüchen, ihren Kombinationen und Erweiterungen ist nun vertraut. Dann kann die **Multiplikation von zwei Brüchen** angegangen werden – die ursprünglich als Vervielfachung gedachte Multiplikation wird bei zwei Brüchen zu einem Verhältnis von einem Verhältnis, zum Beispiel die Hälfte von der Hälfte bei $\frac{1}{2} \cdot \frac{1}{2}$. Am einfachsten beginnt man mit der „normalen" Vervielfachung eines Bruches: *Stellt folgende Rechnungen farbig am Zahlenstrahl dar.*
Zuerst $3 \cdot \frac{1}{4} =$
dann $1 \cdot \frac{1}{4} =$
dann $\frac{1}{2} \cdot \frac{1}{4} =$

Vermutlich werden verschiedenste Zeichnungen entworfen, die dann geprüft werden können, beispielsweise mit: *Sieht man jetzt ein halbes Mal ein Viertel – also die Hälfte von einem Viertel?* Falls die Tauschrechnung gezeichnet wird, sollte nicht übergangen werden, dass sich deren Handlung unterscheidet – auch wenn das Ergebnis gleich groß ist, fragen: *ein viertel Mal ein Halbes oder ein halbes Mal ein Viertel?*. Außerdem:

- *Wie groß ist das Ergebnis?*
- *Wie heißt es?*
- *Wie geht das rechnerisch?*

Nachdem die Ergebnisse einiger einfacher Bruchmultiplikationen zeichnerisch entwickelt worden sind, können die Rechenregeln von den Lernenden erkannt und formuliert werden.

Das Verständnis kann vertieft werden, indem immer wieder eine Größenschätzung eingestreut wird – Aufgaben ähnlich wie: *Zeichne die Handlung von* $\frac{3}{4} \cdot \frac{1}{2}$ *als ungefähre Schätzung am Zahlenstrahl:*

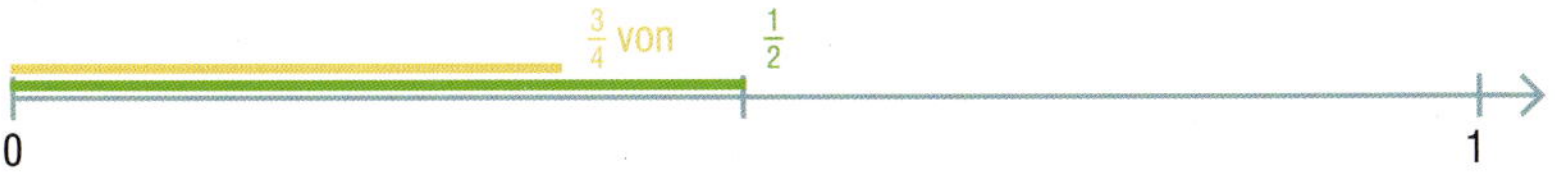

Abb. 9: Räumlich-analoge Zeichnung zur Multiplikation zweier Brüche

Wieder eignen sich Übertragungen von Sachaufgaben in Rechnungen und Zeichnungen sowie das Umgekehrte zum Vertiefen des Verständnisses.

Das Verständnis der ganzzahligen Vervielfachung einer Bruchzahl ist bereits bei der Addition gleichnamiger Brüche entstanden. Es kann an dieser Stelle weiter gefestigt werden. Zugleich kann die unterschiedliche Bedeutung von $3 \cdot \frac{2}{5}$ zu $\frac{2}{5} \cdot 3$ zeichnerisch entwickelt und in Sachzusammenhänge übertragen werden. Die Lernenden können aufgefordert werden, die Rechenregel selbst zu formulieren. Die Rechenregeln der bisher erkundeten Operationen können systematisch im Überblick dargestellt werden. Bei dieser Gelegenheit kann den Lernenden aufgetragen werden, den Unterschied des Malnehmens zum Erweitern eines Bruches aufzuzeigen – mit zeichnerischer Darstellung und mit Verwendungszweck.

Die Entwicklung der Division durch Brüche bereitet mehr Schwierigkeiten. Teilen durch $\frac{1}{2}$ wird häufig mit : 2 verwechselt. Zudem sind viele Lernende irritiert, wenn das Ergebnis nach dem Teilen größer als die Ausgangszahl ist. Zudem wird die Rechenregel mit dem Umkehrbruch häufig nicht eindeutig erinnert. Auch hier helfen die räumlich-analoge Größenvorstellung und die Sinnbindung weiter. Man könnte mit der offenen Aufgabe beginnen, dass eine Sachaufgabe für die Rechnung gestaltet werden soll. Die vorgeschlagenen Geschichten werden geprüft, in dem ihre Handlungen Schritt für Schritt mit der Rechnung verglichen wird. Vermutlich (hoffentlich!) werden einige unpassende Rechengeschichten von den Lernenden präsentiert.

Merkhilfe: Dies ist ein guter Moment, um an eine konstruktive Fehlerkultur zu erinnern. Das selbstständige Erkunden von Lösungswegen geht mit fehlerhaften Ansätzen einher – wichtig ist, dass mit Lernenden geübt wird, wie beim Experimentieren auf Plausibilität geprüft werden kann. Zum Umgang mit Fehlern lohnen sich S. 39–43 in *Kinder und Mathematik* (Spiegel & Selter 2015).

Von den zwei Handlungsvarianten der Division eignet sich nur eine, um die Division durch einen Bruch zu begreifen. Bei der Einführung der Division durch Brüche sollte daher die Operationsvorstellung der beiden Varianten der Division als Sachgeschichte und Strahlabstraktion in Erinnerung gerufen werden – z. B. anhand der ganzzahligen Rechnung 50 : 5.

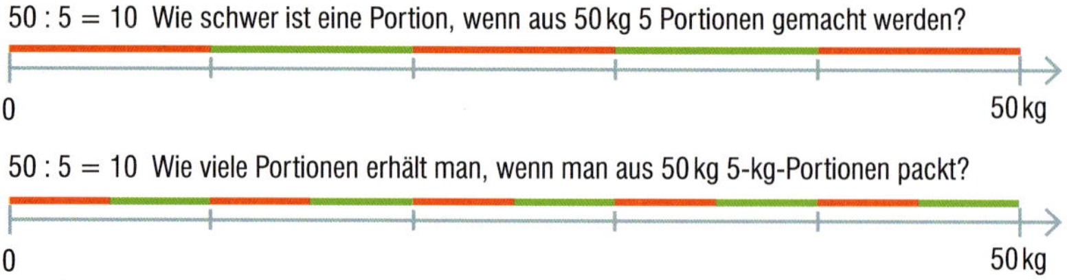

Abb. 10: Zwei Operationsvarianten der Division 50 : 5

Merkhilfe: Das Abstrahieren von Rechnungen und Sachgeschichten in Form von Zahlenstrahlzeichnungen bietet sich generell als Plausibilitätskontrolle für Lösungsansätze an, weil die Handlungen entlang der Strahlzeichung erzählt werden kann (Abb. 10).

Nachdem die zwei Operationsvorstellungen für die Division in den Vordergrund geholt wurden, fällt die Entscheidung für die 2. Variante als geeignete Operation für $\frac{1}{2} : \frac{1}{4}$ nicht schwer und passende Sachgeschichten sind dann ebenfalls leicht zu finden (und zu prüfen).

Abb. 11: Abstraktion von $\frac{1}{2} : \frac{1}{4}$ als Strahlzeichnung: Wie oft passt $\frac{1}{4}$ in $\frac{1}{2}$?

Auch das Ergebnis ist für diese Bruchdivision dank der einfachen Zahlen offensichtlich – jedoch wie lässt sich die Rechenregel dafür logisch entwickeln?
Dazu nützt eine weitere Zahlvereinfachung und erneut die räumlich-analoge Darstellung. Der Auftrag lautet:

Zeichnet $1 : \frac{1}{4} \quad 1 : \frac{1}{5} \quad 1 : \frac{1}{8} \quad 1 : \frac{1}{2} \quad 1 : \frac{1}{3}$ *am Strahl. Was fällt euch auf?*

Wichtig ist, dass die Lernenden mit ihren eigenen Worten Erklärungen für die Rechenregel $1 : \frac{1}{5} = 1 \cdot \frac{5}{1}$ finden. Diese könnte so lauten: Da die Nennerzahl beschreibt, wie oft die 1 unterteilt worden ist, um das Bruchstück zu erhalten, muss das Bruchstück genauso oft in 1 passen. Deshalb wird aus dem Nenner ein normaler Faktor, also ein Zähler, der Bruch wird umgekehrt. Das gilt auch für $3 : \frac{1}{5} = 3 \cdot \frac{5}{1}$. In 3 passt $\frac{1}{5}$ 3-mal so oft hinein wie in 1.
Für die Division ganzer Zahlen durch Stammbrüche sind die Größenbeziehung der Operation und die Ableitung der Rechenregel daraus – wie oben ersichtlich – greifbar. Für allgemeine Bruchdivisionen wie $\frac{4}{5} : \frac{2}{3}$ wird die Herleitung der Rechenregel kompliziert und aufwendig. Es ist abzuwägen, ob das prinzipielle Verständnis der Bruchdivision durch die schrittweise Herleitung der Rechenregel gewinnen würde oder ob die Verallgemeinerung der Rechenregel in Verbindung mit Größenschätzungen genügt.

Abb. 12: Schätzung von $\frac{4}{5} : \frac{2}{3}$ als Strahlzeichnung: Wie oft passt $\frac{2}{3}$ in $\frac{4}{5}$? Etwas mehr als 1 Mal.

Die Verallgemeinerung der Rechenregel ergibt:
$\frac{4}{5} : \frac{2}{3} = \frac{4}{5} \cdot \frac{3}{2} = \frac{4 \cdot 3}{5 \cdot 2} = \frac{6}{5} = 1\frac{1}{5}$ also $1\frac{1}{5}$ mal. Möglicherweise stellt die Herleitung der Rechenregel für die Division eine Aufgabe für unterforderte Lernende dar.

Die **Division von Brüchen durch ganze Zahlen** kann auf ähnliche Weise eröffnet werden: Man wählt einfache Brüche, die Zählerzahl so, dass sie ein Vielfaches der Zahl, durch die dividiert wird, darstellt, lässt Strahlzeichnungen der Handlung und Sachgeschichte entwickeln, festigt die Operationsvorstellung ausführlich und präsentiert anschließend die Rechenregel. Wenn die Vorstellung der Bruchzusammenhänge sehr selbstverständlich ist, kann die Kurzversion der Rechnung ohne obige Einführung erfolgen, weil dann präsent ist, dass der Bruchstrich das Teilen ausführt und somit der Teiler einfach in den Nenner geschrieben werden kann: $\frac{4}{5} : 2 = \frac{4}{5 \cdot 2}$.

Wie weit soll semantisch **vertieft** werden? Bruchrechnungen und dazu passende Textaufgaben sollten unabhängig voneinander die gleiche semantische Abstraktion hervorrufen, also als Strahlskizze darstellbar sein. Ein wichtiger Verständnisschritt stellt das sichere Erkennen des jeweils geltenden Bezugsganzen dar – z. B. in solchen Textaufgaben, in dem jeder Bruch ein anderes Bezugsganzes hat:

„*Wenn man für eine Kinderbowle zwei $\frac{3}{4}$-Liter-Flaschen in das Bowlegefäß gießt, ist es zu $\frac{1}{2}$ gefüllt. Wie viel Liter passen in das Bowlegefäß? Wie viele Flaschen kann man noch hineingießen?*" (Schnittpunkt R2 2005)

Das Operationsverständnis des Teilens durch Brüche wird u. a. für das Verständnis von Bruchgleichungen und von Potenzen mit negativen Hochzahlen benötigt. Sinnvoll ist, wenn es so weit gefestigt ist, dass auch nach zwei Jahren wieder eine Vorstellung davon hervorgelockt werden kann.

Inhalt:	**Erarbeiten der Multiplikation und der Division durch Brüche**
zugrunde liegende Verarbeitungsmuster bzw. kognitive Voraussetzungen:	Bruchvorstellung und deren Voraussetzungen (siehe oben und auch Kap. 1.3), gute Vorstellung von Größenproportionen, Operationsvorstellung der zwei Modi der Division
Impulsfragen bzw. Impulsaufgaben:	Lernende selbst Sachaufgaben und Strahlzeichnungen für eine Aufgabe finden lassen: Vergleich zur ganzzahligen Multiplikation von Brüchen herstellen lassen; Sachaufgaben und immer wieder Strahlskizze
übergeordnete Lernziele:	Grundlage für alltagstaugliche Bruchrechnungen, einfache Wahrscheinlichkeiten; Grundlage für komplexe Bruchrechnungen, Bruchgleichungen, Ableitungen, Funktionen
Verständnisfallen:	Verwenden von Merksätzen vor dem Erkunden der Operation und dominantes Anwenden von Merksätzen

Tab. 5: Struktur zum verständnisorientierten Erarbeiten der Multiplikation von und der Division durch Brüche

3.1.7 Einige Bemerkungen zur Algebra

Wie eingangs schon erwähnt, kann in diesem Buch nicht auf die gleiche Weise wie beim Bruchrechnen auf alle Verständnisinhalte der Sekundarstufe eingegangen werden (dazu ist ein eigener Band geplant). Da die Algebra neben dem Bruchrechnen jedoch einer der größten Stolpersteine im Mathematikunterricht ist, soll wenigstens kurz darauf eingegangen werden.

Für den Umgang mit Termen und Gleichungen ist es vorteilhaft, wenn beim Lesen der Terme automatisch gedankliche Größenbeziehungen aktiviert werden – und zusätzlich die wichtigsten Rechenregeln. Diese Haltung wird durch Aufgaben begünstigt, die ein Verarbeiten von Größen bedingen – beispielsweise bei der Bildung von Termen für Umfänge oder Kantenlängen von geometrischen Figuren. Zudem ist es sinnvoll, wenn Lernende durch ein geeignetes Lernsetting Rechenregeln selbst erarbeiten können.

Zum Vertiefen der Rechenregeln eignen sich Fehleraufgaben, die korrigiert werden müssen (dabei sollen auch richtig gerechnete zwischendurch vorkommen!). Geometrische Sachaufgaben bieten den Vorteil, dass die Größenbeziehungen vorgestellt und auf den Term übertragen werden.

Hierzu ein schönes Beispiel zu Termen mit Klammern aus einem Realschulbuch für die 8. Klasse:

Abb. 13: Verwendung von Klammertermen bei einer Umfangberechnung (Schnittpunkt 2007, S. 16)

Die Bedeutung der Klammer als abstrakter „Behälter" ist in dieser Aufgabe (be-)greifbar umgesetzt. In der Folge können Lernende aufgefordert werden, die Rechenregel für die Auflösung oder Bildung der Klammer selbst zu bilden.

Auch die Multiplikation von Summen bzw. binomische Zusammenhänge sind als Sachaufgabe denkbar:

Bei der Ernte von 10 Bäumen auf dem Grundstück von Silvia und 5 Bäumen von Anna werden jeweils 10 rote und 5 grüne Äpfel geerntet. Erkläre, wie folgender Term passt: (10 + 5) (10 + 5).

Wie viele grüne Äpfel sind von Silvia bzw. von Anna? Wie viele rote von Silvia bzw. von Anna?

Hierdurch wird die „Wie-oft-Bedeutung" der ersten Klammer und die gegenständliche Bedeutung der zweiten Klammer offensichtlich. Die Rechenregel wird einsichtig vorbereitet. Im weiteren Verlauf können Lernende immer wieder Sachaufgaben mit Variablen gestalten, um die Operationsbedeutung zu pflegen.

Dem „Algebraisieren von Sachsituationen" hat Annegret Nydegger-Haas eine ganze Dissertation gewidmet. Diese könnte in obigem Kontext interessant sein (Nydegger-Haas 2018).

Bei komplexeren Termen und Gleichungen wird der Bezug zu Sachzusammenhängen immer schwieriger. Deshalb ist es wichtig, das „Gefühl für die Operationen" bei einfacheren Termen gut zu festigen. Dadurch werden Umformungen in komplexen Zusammenhängen weniger fehleranfällig und zugleich wird das Verständnis für Modellierungen der Oberstufe angebahnt. Als Informationshintergrund bieten sich die Abschnitte ab „Verschachtelte Vorgänge" in Kapitel 1.3 an.

3.1.8 Zusammenfassung

Fragen und Aufgaben wirken verständnisbildend, wenn die Aufmerksamkeit durch die Art der Problemstellung auf die Verarbeitung und Abstraktion von *Größenzusammenhängen* gezogen wird. Geometrische Probleme sind hierfür besonders geeignet. Viele Rechnungen oder Textaufgaben kann man entlang einer Strahlskizze erklären lassen. Wenn sowohl Rechnung wie auch Handlung aus einem Text entlang derselben Strahlskizze erklärt werden kann, passen beide logisch zueinander (→ Plausibilitätskontrolle). Auch das Darstellen von Zusammenhängen im Koordinatensystem aktiviert die Größenvorstellung beim Bearbeiten von Aufgaben, sofern es nicht schematisiert durchgeführt wird.

Zu beachten ist, dass ein einmal erzieltes Verständnis selten für die Bildung von funktionalen Routinen reicht – das Abstrahieren der Größenbeziehungen benötigt Übung, damit nicht vor allem verständnisfreie Rezepte gelernt werden. Idealerweise kann ein kognitives „Zugreifen" auf Größenzusammenhänge zur Gewohnheit werden.

Wenn Schülerinnen und Schüler keinen Lösungsweg finden, bewirkt das Vereinfachen von Aufgaben mehr als ein Zeigen des Lösungswegs. Oft genügt es, einfachere Zahlen einzufügen oder/und die Anzahl der benötigten Rechenschritte zu reduzieren. Je höher der Anteil an eigenen Erkenntnissen, desto einfacher (und nachhaltiger) gelingt der Zugang zum Verständnis.

Die Komposition von verständnisbildenden Aufgaben gelingt einfacher, wenn die Denkstruktur der Lernenden verstanden wird (s. Kap. 1). Die folgende Tabelle hilft bei der Strukturierung verständnisorientierter Impulse.

	Antworten	Ergänzungen
Mathematischer Inhalt → *Fragen zu Lernvoraussetzungen*		
Sind die kognitiven Voraussetzungen für das Erfassen des angestrebten Inhalts vorhanden?		
Fehlende Kompetenzen? (→ Grafik Schichtenmodell)		
Nachholbar im gegebenen Setting oder in welchem Setting?		
Ist das Verarbeiten quantifizierbarer Aspekte als Gewohnheit vorhanden?		
Falls nicht, mögliche Maßnahmen?		
Fragen zu Aufgabenstellungen bzw. zur Einführung neuer Inhalte ↓ Wird durch die Aufgabenstellung der Fokus auf quantifizierbare Aspekte oder auf die Anwendung einer Regel gezogen?		

Ist das dem neuen Inhalt zugrunde liegende mathematische Problem verständlich dargestellt? (→ Sinnbezug)		
Besteht die Möglichkeit, eigene Lösungswege zu erkunden, *bevor* Lösungsschemata eingeführt werden? (→ Sinnbezug)		
Sind genügend Sachaufgaben vorhanden? (→ Praktizieren von Modellieren)		
Welche Kompetenztiefe wird angestrebt? (abhängig von übergeordneten Lernzielen)		
Maßnahmen zur Vertiefung?		

Tab. 6: Strukturierung lernprozessorientierter Fragen

3.2 Prinzipielles zur Therapie von Dyskalkulie in der Sekundarstufe bzw. im Erwachsenenalter

Die Förderung und der Aufbau von Verständnis unterscheiden sich bei Menschen mit Dyskalkulie von Menschen ohne Dyskalkulie. In diesem Kapitel wird auf diesen Unterschied und auf wesentliche Aspekte der Verständnisbildung in der Therapie eingegangen. *Detaillierte* Therapiestrukturen sind Gegenstand der Therapieausbildung und würden den Rahmen dieses Kapitels sprengen. Anhand von zwei Fallbeispielen werden mögliche Therapieverläufe anschaulich skizziert.

Was unterscheidet die Verständnisbildung bei Lernenden mit Rechenstörung von der bei „Durchschnittsrechnern"?

Der Verständnisaufbau bei Menschen mit Dyskalkulie bedeutet *eine strukturelle Veränderung vorhandener kognitiver Gewohnheiten* – je älter die Kinder, Jugendlichen oder Erwachsenen sind, desto gravierender fällt die strukturelle Änderung aus. Das Gleichgewicht von unverstandenem mechanischem Bearbeiten zu verständnisgetragenen Verarbeitungsweisen ist bei Dyskalkulie stark verschoben, sodass nur eingeschränkt selbstständig Lösungen aufgebaut werden können – nicht für die mathematischen Anforderungen der eigenen Klassenstufe, nicht für viele Anforderungen der Klassenstufen darunter und auch nicht für verschiedene Zusammenhänge des beruflichen und allgemeinen Alltags (s. Kap. 2). Viele abstrakte semantische Vorstellungselemente sind nicht oder kaum gebildet und wenn, nur schwach vernetzt. Dahingegen ist die Gewohnheit, nach Rezepten zu suchen und diese anzuwenden, über viele Jahre ausgeprägt worden. Beim Anblick einer mathematischen Aufgabe springt die „Rezeptstrategie" automatisch an. Das Lesen von Ziffern aktiviert das in der Regel dysfunktional aufgebaute Zahlenbild (zur Nummernvorstellung s. Kap. 1.2.4). Bei Menschen mit durchschnittlichen Rechenstrategien hingegen ist der Verarbeitungsschwerpunkt weniger festgelegt und kann situativ einmal beim verständnisgetragenen und dann wieder beim rezepthaften Vorgehen liegen. Dabei bleibt das Verstehenkönnen noch in Reichweite und kann mit geeigneten Methoden gelockt werden (Kap. 3.1). Bei Menschen mit Rechenstörung ist die dysfunktionale Verarbeitungsgewohnheit dominant und läuft von selbst ab – und besonders wenn bekannte Aufgabentypen präsentiert werden. Hinzu tritt eine innere Abwehr, die sich durch unzählige Misserfolge über Jahre hinweg in Verbindung mit den Aufgaben gebildet hat. Aus diesen Gründen eignen sich schulübliche Aufgaben sehr eingeschränkt zur Provokation von mathematischem Verständnis bei Dyskalkulie. Hier drängt sich die Frage auf, *ob und wie* sich dysfunktionale Verarbeitungsstrukturen noch durch mathematisches Verständnis ersetzen lassen – Strukturen, die sich durch mehrere Klassenstufen hindurch gehalten haben, gepflegt und auf immer mehr mathematische Inhalte ausgedehnt wurden.

Und wenn, welche Ziele können dann bei einer Dyskalkulietherapie in der Sekundarstufe bzw. bei Erwachsenen ins Auge gefasst werden?

Zur Beantwortung dieser Fragen soll das Fallbeispiel eines Jugendlichen, der wegen Mathematik die Schule abgebrochen hatte und dann eine Therapie durchführte, beitragen:

3.2.1 Fallbeispiel Markus

Die Frage, ob mathematisches Verständnis trotz ausgeprägter Dyskalkulie noch entwickelt werden kann, kann durch das Fallbeispiel von Markus (s. S. 177) eindeutig positiv beantwortet werden. Zu bedenken ist allerdings, dass die Bedingungen rund um die Therapie von Markus sehr günstig waren: Eine hohe Motivation und Ausdauer bei Markus traf auf eine schulfreie Zeit durch den Schulabbruch. Damit fiel der parallele Schulstress weg und zusätzlich konnte intensivtherapeutisch gearbeitet werden. Auch bei weniger günstigen Bedingungen (z. B. Stress der Kursstufe, Zeitknappheit) ist ein Aufbau von mathematischem Verständnis möglich – die Komplexität und der Vertiefungsgrad der mathematischen Kompetenzen sind dann jedoch begrenzt. Die Zielsetzung ist dann entsprechend anzupassen.

Praxisbeispiel

Markus war 17, als er zur Diagnose kam. Er hatte zwei Jahre zuvor die 8. Klasse mit überwiegend sehr guten Noten und einem „Ausreichend“ im Fach Mathematik abgeschlossen. Diese Note war mit mehr Mühe erarbeitet als die Einsen seines übrigen Zeugnisses.
Markus hatte von früher Kindheit an mehr als andere Kinder Schwierigkeiten, motorische Prozesse zu kontrollieren und zu entwickeln. Nur vorsichtig eroberte Markus räumliche Zusammenhänge seiner Umgebung. Andere Kinder tobten, turnten, neckten sich, während Markus sich diese Aktivitäten zweimal überlegen musste.
Bald nach der Einschulung fielen der Lehrerin Markus' motorische Unsicherheit und die Unorganisiertheit auf. Prozesse, die der visuomotorischen Kontrolle bedürfen, wie z. B. genaues Ausschneiden und Schreibenlernen, fielen Markus schwerer als seinen Mitschülern. Rechnungen und Zahlen fanden kaum Zugang zu seiner Vorstellungswelt – sie fühlten sich immer sperrig und verquer an.
Markus' Eltern sorgten sich und ließen Markus untersuchen. Es zeigte sich, dass Markus bei kognitiven Prozessen, die „räumlich-gestalthafte“ Vorstellungen verlangen, deutlich schlechter abschnitt als z. B. bei sprachlich codierten Abläufen. Seitens der Schule wurde kurzzeitig sogar eine Sonderbeschulung (Förderschule) erwogen. In der Folge erhielt Markus diverse ergotherapeutische Unterstützungen. Sein körperliches Empfinden und Steuern verbesserten sich. Er schloss die Grundschule mit einem sehr guten Zeugnis ab, obwohl sein Verhältnis zur Mathematik nach wie vor sehr distanziert war. Die ersten vier Klassenstufen der Sekundarstufe schaffte Markus mit entsprechend großem Aufwand und viel Nachhilfe in Mathematik gut. Die Nachhilfeeinrichtung gab an, auf Rechenschwäche spezialisiert zu sein. Im daran anschließenden weiterführenden Gymnasium wurde der Lernaufwand höher – aber in Mathematik, Physik und Chemie vervielfachte er sich dermaßen, dass Markus die Schule gegen Ende der 10. Klasse abbrach und sich entschloss, über Auslandsaufenthalte seine Sprachkenntnisse zu vertiefen. Die Frustrationstoleranz gegenüber Mathematik (und Naturwissenschaften) war endgültig überschritten. Durch den hohen Übungsaufwand konnten gewisse schematische Fertigkeiten, aber kein dauerhaft tragfähiges mathematisches Fundament geschaffen werden.
So bekam ich Markus 17-jährig zu sehen.
Die qualitativen und quantitativen diagnostischen Erhebungen (Stuttgarter Arithmasthenie-Diagnostikum) zeigten, dass die abstrakte Richtungsvorstellung bei Markus kaum entwickelt war. Alle Handlungen, die Umkehrdenken benötigen, waren erschwert – und in der Mathematik wimmelt es davon geradezu. Die verzögerte Entwicklung der sensomotorischen Integration hatte dazu geführt, dass sich während der ersten beiden Klassen keine räumlich-analoge, innere Zahlenrepräsentation gebildet hatte.Stattdessen waren hilfsweise dysfunktionale Zahlenbilder gebildet worden, mit denen Markus schematisierte Abläufe trainieren konnte, aber keinen Zugang zu abstrakten Operationen bekam. Die Vorstellungen von Rechenoperationen waren in Form von verbalen Sätzen

Praxisbeispiel

gespeichert, jedoch nicht als abstrahierte Größenbeziehungen. Es lag also eine Rechenstörung vor. Unter diesen Voraussetzungen hatte es Markus weit gebracht.
Da Markus die Schule abgebrochen hatte, konnten wir intensivtherapeutisch arbeiten: Altersgemäße abstrakte Kategorisierungsfähigkeiten gehörten genauso dazu wie abstrakte Raum- und Richtungsvorstellungen. Stück für Stück half ich Markus nun, mithilfe dieser kognitiven „Grundbausteine" ein funktionales abstraktes Zahlenbild zu bilden. Dazu mussten die kognitiven Grundelemente in abstraktere Denkebenen hinübergezogen werden. Außerdem musste das Denken davor bewahrt werden, unbemerkt weiterhin die gewohnten, nicht funktionalen gedanklichen Elemente zu benutzen. Dies gelang einfacher als in schulbegleitenden Therapien, weil Markus nicht parallel Schulstoff zu verarbeiten hatte. Markus' Fähigkeit zur Selbstreflexion, seine Art, Zusammenhänge zu hinterfragen, sowie seine Selbstdisziplin unterstützten diesen Prozess zusätzlich.
Nachdem der innere Entwurf eines räumlich-analogen Zahlenbildes gelegt war, konnte dieser benutzt werden, um abstrakte Operationsvorstellungen aufzubauen. So eroberte Markus eine Abstraktionsebene nach der anderen, bis er sich dem Schulstoff des nun gewählten Aufbaugymnasiums gewachsen fühlte. Inzwischen hat Markus das Abitur mit „Gut" in Mathematik abgeschlossen.

3.2.2 Eingrenzen der Therapieziele bei einer Dyskalkulietherapie in den Sekundarstufen I+II+

Das zentrale Ziel einer Dyskalkulietherapie ist der **Aufbau des eigenständigen logischen Denkens im Umgang mit quantitativen Beziehungen** – so weit, dass die Fähigkeit für persönliche und berufliche Ziele trägt und ein selbstständiges Leben in der Gesellschaft möglich ist. Eigenständiges mathematisches Problemlösen ist dann möglich, wenn der Verständnis tragende semantische Anteil beim Rechnen im Vordergrund die bewussten Richtungsentscheidungen und im Hintergrund die Plausibilitätskontrolle übernimmt. Auswendig gelernte Rezepte dienen als Werkzeuge – ihre Funktion ist dem Verständnis untergeordnet. Ein wesentliches Ziel einer Therapie ist damit das Entwickeln und Verankern semantischer Verarbeitungsanteile durch die mathematischen Verständnisebenen hindurch.

Betroffene wie z. B. Markus wagen sich gar nicht mehr an mathematische Probleme heran, deshalb muss zuerst ein Zugang bereitet werden: Zu Beginn der Therapie wurde Markus erläutert, wie sich die Verarbeitungsweise von Betroffenen und Nichtbetroffenen unterscheidet. Markus konnte dadurch erkennen, dass keine prinzipielle Denkschwäche vorliegt und dass bestimmte Verarbeitungsstrukturen schrittweise aufgebaut werden können. Das war schon ein Schritt zum Ziel, die **Selbststigmatisierung „dumm" und „kann kein Mathe" abzubauen**.

Untrennbar mit dem zentralen Therapieziel verbunden ist der Aufbau des Selbstverständnisses, wirksam sein zu können **(Selbstwirksamkeitserwartung)**. Außerdem der **Abbau negativer Selbstbewertungen, von Versagensängsten und Abwehr- bzw. Vermeidungsstrukturen**.

Die Selbstwirksamkeitserwartung wuchs bei Markus in dem Maße, wie er erlebte, dass er selbstständig logische Schlussfolgerungen treffen konnte und auch dass fehlerhafte Wege durchaus erkenntnisbereichernd sein können. Damit ist ein *eigenständiges* Erkennen von Fehlern gemeint und weniger eine Bestätigung von außen. Situationen, die mit Versagensängsten verbunden waren, wurden in Sitzungen visualisiert und/oder nachgestellt und schrittweise „erobert".

So weit die Grobziele, die in der Praxis in viele Feinziele unterteilt und miteinander verwoben und kombiniert werden. Der Therapieplan weiter unten (Abb. 14) illustriert dies beispielhaft für einen Jungen der 7. Klasse.

Ein sehr wesentliches Feinziel betrifft die Entscheidung, wie weit das mathematische Verständnis aufgebaut werden soll und welche mathematischen Inhalte eine Rolle spielen. Das können z. B. die Beherrschung grober alltagspraktischer Rechnungen oder betriebswirtschaftlicher Zusammenhänge oder komplizierte Modellierungen oder Statistiken oder geometrischer Konstruktionen sein. Berufliche Vorlieben, angestrebte Schulabschlüsse und die kognitive Flexibilität bestimmen die Auswahl der mathematischen Inhalte und die Verständnistiefe.

Manchmal besteht eine erhebliche Unsicherheit, welches Niveau an mathematischen Kompetenzen durch eine Therapie angestrebt werden kann. Die praktische Erfahrung zeigt, dass das Niveau der erreichbaren nicht mathematischen Kompetenzen eine brauchbare Richtschnur darstellt – das heißt, wenn die nicht mathematischen Leistungen z. B. für einen mittleren Bildungsabschluss sprechen, sollte dieser mithilfe einer geeigneten Dyskalkulietherapie möglich und damit angestrebt werden. Bei Markus sprachen seine beruflichen Neigungen und seine kognitive Flexibilität für den Bildungsabschluss Abitur. Diese Entscheidung war für den weiteren Lebensverlauf von Markus dienlich.

3.2.3 Grundlegende Aspekte zur Verständnisbildung bei der Dyskalkulietherapie (Sekundarstufen I+II+)

Verstehen der Denkstrukturen und der Mathematik

Eine wichtige Voraussetzung für eine erfolgreiche therapeutische Begleitung ist, dass Therapeuten funktionale und dysfunktionale Verarbeitungsprozesse bei Lernenden sowie auch die angestrebten mathematischen Inhalte verstehen. Das ist schwieriger als in der Grundstufe, weil mit der kognitiven Entwicklung bis in die Unter-, Mittel- oder Oberstufe sowohl Kompensationsstrategien wie auch Abwehrstrategien wachsen und in Verbindung mit der vielgestaltig entfalteten Mathematik ein recht kompliziertes Gemenge bilden. In Kapitel 1 und 2 dieses Buches sind funktionale und dysfunktionale mathematische Verarbeitungsstrukturen bis in die Oberstufe beschrieben.

Mithilfe einer guten Förderdiagnose sollte aufgedeckt werden, welche Elemente im schichtweisen Aufbau des mathematischen Verständnisses brüchig sind und welche sich davon in den untersten Schichten befinden. Bei Markus aus obigem Fallbeispiel war z. B. wichtig zu erkennen, dass die räumliche Vorstellungskompetenz inklusive der abstrakten Richtungsvorstellung sehr brüchig war. Beides wirkte sich auf die (Nicht-)Bildung der abstrakten Verarbeitung von Operationen auf Basis der räumlich-analogen Zahlenvorstellung aus und beeinflusste deshalb die Gestaltung der Therapie. Der Abschnitt *Die zentrale Rolle der Geometrie* in Kapitel 1.3 verdeutlicht den Zusammenhang zu operativen Kompetenzen.

Ebenfalls notwendig für ein Verständnis der Verarbeitungsprozesse bei Schülerinnen und Schülern ist, wie oben bereits angedeutet, ein gut ausgebildetes Mathematikverständnis bei Therapeutinnen und Therapeuten. Eine Methode, dieses zu vertiefen, besteht z. B. darin, Aufgaben aus Schulbüchern unter möglichst geringer Zuhilfenahme von Regeln zu lösen. Dadurch kann der quantitative Sinnzusammenhang hinter den Aufgaben ergründet werden sowie auch das eigenständige Gestalten von Lösungswegen aus dem logischen Zusammenhang heraus. Das erleichtert es, die quantitativen Beziehungsstrukturen so zu durchdringen, dass sich vor dem inneren Auge die wesentlichen Verknüpfungen herausschälen. Das wiederum dient dazu, situativ gezielt Fragen stellen zu können, die zum individuellen Verstehen anregen (s. nächster Abschnitt). Zusätzlich ist das eigenständige Formen von logischen Wegen etwas Zentrales, das im therapeutischen Prozess bei den Schülerinnen und Schülern angeregt werden soll – auch deshalb sollten Therapeuten dies aus eigener Erfahrung kennen.

Insgesamt ist eine gute lerntherapeutische Ausbildung, z. B. ein Masterstudiengang „Integrative Lerntherapie" ergänzt durch spezielle Fortbildungen für Dyskalkulietherapie in den Sekundarstufen I+II+, grundlegend.

Sokratisches Fragen

Gemeinhin wird darunter die Hebammenkunst verstanden, die dem Gegenüber hilft, sein Wissen in die Welt zu bringen. Beim therapeutischen Arbeiten mit Menschen mit Rechenstörung geht es darum, das kognitive Potenzial situativ zu erkennen und das Gegenüber mittels geeigneter Fragen zur Bildung von Erkenntnissen und Wissensstrukturen anzuregen. Die Wahl der angestrebten Wissensstrukturen richtet sich nach den brüchigen Stellen und dem schichtweisen mathematischen Aufbau (s. nächster Abschnitt).

Im therapeutischen Prozess kann es leicht passieren, dass statt sokratischer Fragen rhetorische Fragen gestellt werden – die dem Klienten vielleicht passende Begriffe oder auch richtige Ergebnisse, jedoch nicht unbedingt Verständnis entlocken. Diese Tücke ist besonders groß, wenn der therapeutische Prozess stockt bzw. wenn große Teile der Verarbeitungsdynamik noch im Dunkeln liegen. Auch hier kann ein gutes therapeutisches Verständnis der momentanen und angestrebten Verarbeitungsweise Sicherheit vermitteln. Im Folgenden werden einige Merkpunkte benannt, die beim therapeutischen Fragen beachtenswert sind:

- Entspricht die Frage der intellektuellen Beweglichkeit und den sprachlichen Gewohnheiten des Gegenübers?
- Der Hintergrund dieses Punktes liegt in der Schwierigkeit, gleichzeitig die intellektuelle Beweglichkeit (z. B. einer Zehntklässlerin) aufzugreifen und dennoch mathematische Defizite der Grundstufe zu bearbeiten. Grundlegende Defizite können normalerweise nicht auf die gleiche Weise wie bei Grundschülern bearbeitet werden.
- Enthält die Frage (versteckte) Bewertungen oder Vergleiche, die ein freies Gedankenspiel beeinträchtigen können?
- Vergleiche zur Anstachelung des Ehrgeizes („Du willst doch nicht wie ein Kleinkind …") behindern zum einen das freie Erkunden quantitativer Strukturen und zum anderen befördern sie einen unproduktiven Vergleich zwischen den Lernenden in Mathematik.
- Regt die Frage ein logisches Gedankenspiel mit quantitativen Beziehungen an? (Oder ist sie vom Gegenüber durch assoziierte Begriffe beantwortbar?)
- Bringt sie das Gegenüber zum Tüfteln – aber überfordert es auch nicht?

Das Beachten der Fragen ist bei Lernenden der Sekundarstufen wichtig. Je älter sie sind, umso mehr „Blendstrategien" pflegen sie, um mit ihren mathematischen Defiziten in Klassensituationen nicht allzu sehr aufzufallen. Da lohnt es sich, genau zu prüfen, welche Antworten wirklich verständnisbasiert sind, damit die Entwicklung darauf aufbauender Elemente tatsächlich gelingen kann. Eine richtige Antwort sagt noch wenig über die Verarbeitungsstrategie dahinter aus. Schließlich wurde über Jahre eine dysfunktionale Verarbeitungsweise eingeübt, die jetzt in Konkurrenz zur verständnisgetragenen Verarbeitung steht. Eine Frage, die nicht zum Tüfteln anregt, ist bis auf wenige Ausnahmen wertlos, weil sie keine neuen Wissensstrukturen anregt. Ein Vorteil des zunehmenden Alters der Klientinnen und Klienten ist, dass solche Interaktionen transparent gestaltet werden können, denn ein Betrachten von Ereignissen von der Metaebene aus ist ihnen bereits bekannt.

Die Wahl der angestrebten Wissensstrukturen

Der Verständnisaufbau verläuft schichtweise – jedoch nicht nur in einer Linie, sondern auch in sich beeinflussenden Schrägvernetzungen. Wenn bspw. die räumlich-analoge Zahlenvorstellung kaum vorhanden und benutzt wird, kann nicht mit Kopfrechenübungen zu allen Grundrechenarten oder mit dem Aufbau des Stellenwertsystems begonnen werden. Je höher die besuchte Klassenstufe, je vielfältiger sind die darunterliegenden Schichten und Vernetzungen des Verständnisaufbaus.

Bei Markus wurden zuerst räumliche Vorstellungskompetenzen ausgebaut, bevor die räumlich-analoge Zahlenvorstellung und operative Beziehungen gebildet werden konnten. Auch beim folgenden Aufbau komplexerer rechnerischer Beziehungsvorstellungen wurde die räumliche Vorstellung parallel weiter vertieft und gepflegt. Ein Ziel bei Markus war, dass er so weit selbstständig mit rechnerischen Beziehungen der Mittelstufe umgehen lernte, dass der Einstieg ins Aufbaugymnasium möglich wurde. Das bedeutete, dass die gebildeten grundlegenden Beziehungsvorstellungen so effektiv und geschickt wie möglich in mathematische Inhalte der Mittelstufe überführt werden mussten. Beim „Hinüberziehen" der quantitativen Beziehungsvorstellungen in den aktuellen Schulstoff werden die Zusammenhänge immer komplexer und es ist besonders darauf zu achten, dass die Semantik unterwegs nicht verloren geht. Die Nutzung der Rezeptstrategie ist eingeschliffen und wird automatisch zur Verarbeitung herangezogen, wenn nicht durch spezielle Interaktionen und Aufgabenstellungen dafür gesorgt wird, dass semantische Verarbeitungsanteile gestärkt werden – so weit, dass sie entscheidungstragend wirken und (später automatisch) die Plausibilitätskontrolle übernehmen (→ Therapieziele).

Informationen zur Vernetzung und Schichtung der Wissenselemente sind als Überblick in Abb. 25 (Kap. 2) und in detaillierten Verständnisschritten in den Abschnitten zu den entsprechenden Operationen in Kapitel 1 zu finden. Die Entwicklung einzelner Verständniselemente kann mithilfe der Tabelle 6 des letzten Kapitels (Kap. 3.1) vorstrukturiert werden.

Unterschiede zur Therapie bei Grundschülerinnen und -schülern

Die Einteilung in Lernende der Grundschule und Menschen der Sekundarstufen+ ist als begriffliche Vereinfachung zu verstehen. Für die benannten Unterschiede gilt ein Übergangsbereich der Klassenstufen 4 und 5 bzw. für leistungsschwächere Lernende deutlich darüber hinaus.

Lernende der Grundschule sind noch näher am Beginn der mathematischen Verarbeitungsentwicklung. Die mathematischen Inhalte sind einfacher strukturiert, weniger Verarbeitungsschichten und -vernetzungen wurden schon durchlaufen. Das Locken von Verständnis oder die Abstraktion quantitativer Beziehungen kann an Sachzusammenhängen erfolgen, die für Lernende der Grundschule noch lebensnah und interessant sind. Gleichzeitig ist der Übertrag der aufgebauten Wissensstrukturen in den Schulstoff nicht zu komplex und nicht zu weit entfernt. Sämtliche dysfunktionale Muster haben sich noch nicht über so viele Jahre gefestigt.

Bei Menschen aus Sekundarstufen I+II+ sind komplexere Kompensationsstrategien, stärkere Abwehrstrukturen und Selbststigmatisierungen gebildet und verfestigt. Häufig kommen Auswirkungen auf nicht mathematische Felder hinzu: Selbstzweifel, Antriebsverlust, Ängste, Ablehnen der Schule, dissoziale Neigungen. Die kognitive Flexibilität ist gewachsen – damit wird der Unterschied zu Mitschülerinnen und -schülern noch deutlicher erkannt. Gleichzeitig sind mathematische Grundzusammenhänge brüchig bzw. völlig dysfunktional entwickelt, deren Verarbeitung üblicherweise in der (zum Teil frühen) Grundschulzeit gebildet wird.

Wie kann das Verständnis der Grundzusammenhänge im Altersbereich Jugendliche+ in diesem Kontext entwickelt werden? Nehmen wir z. B. die Nutzung der räumlich-analogen Größenvorstellung im einstelligen oder zweistelligen Zahlenbereich. Eine präsentierte Rechnung aus diesem Zahlenbereich wird die fest installierten Ersatzstrategien abrufen (abzählen, auswendig Gelerntes holen). Die Ersatzstrategien sind von einem begründeten Gefühl der Unsicherheit begleitet und somit wird beim Rechnen die negative Selbstbewertung gleich mit verstärkt: „Noch nicht mal Grundschulaufgaben kann ich …".

Die Bildung neuer *Verarbeitungsmuster* geht üblicherweise mit etwas Tüfteln oder Brüten einher. Das heißt, wenn eine Frage oder Problemstellung keinen Impuls ausüben, innezuhalten und sich die Sache vorzustellen, passiert nichts Neues im Kopf. Um bei Menschen im Altersbereich der Sekundarstufen+ die Nutzung der räumlich-analogen Zahlenvorstellung im ein- bis zweistelligen Bereich zu provozieren, muss man – individuell angepasst – mit ganz besonderen Problemstellungen experimentieren und auch mit dem Gegenüber auf altersangemessene Weise die Metaebene aufsuchen. Hat man die Nutzung der räumlich-analogen Zahlenvorstellung bewirkt, wäre die nächste Frage, wie diese Nutzung im angesprochenen Zahlenbereich verankert, automatisiert werden kann. Sodann, wie diese Nutzung stufenweise in den aktuellen Schulstoff übertragen werden kann. Dabei besteht die Gefahr, sich durch die Geschwindigkeit oder die Eloquenz von Antworten über ein nicht vorhandenes Verständnis zu täuschen.

Bemerkungen zum Aufbau der Selbstwirksamkeitserwartung

Die Erwartung, wirksam sein zu können, wächst mit dem Erleben, selbstständig für Ideen oder für Schwierigkeiten Lösungen gefunden zu haben. Das logisch-mathematische Handeln trägt wesentlich dazu bei, sich wirksam zu fühlen, weil es einer *allgemeinen Problemlösedynamik* ähnelt. Sie ist gekennzeichnet durch:

1. Was sind die relevanten Merkmale eines Zusammenhangs?
2. Welche Ziele gibt es?
3. Welche logischen Szenarien sind von der Ausgangssituation aus denkbar?
4. Gibt es Fakten, die in keinem erkennbaren logischen Zusammenhang stehen?

Beim Problemlösen werden zuerst Lösungsszenarien erdacht (in der Regel logisch-schlussfolgernd). Dann wird ein Lösungsweg ausprobiert und möglicherweise nach Hürden oder Fehlschlägen weitere. So wächst ein Ergebnis. Dadurch wächst die Erfahrung, wirksam gewesen zu sein. Je häufiger sich das ereignet, desto größer die Erwartung, dies wieder schaffen zu können. Schließlich wächst das Vertrauen, auch unbekannte Problemsituationen angehen zu können – anstatt zu resignieren. Ein Lob, ein Häkchen oder eine gute Note, die ohne dieses logische Basteln und Bauen gegeben wird, kann das Erleben der Wirksamkeit nicht ersetzen. Ungerechtfertigtes Herunterbewerten bzw. kleinliches Kritisieren führt zu einer weiteren Aushöhlung des Selbstwertgefühls.

Zur Kunst des Therapierens gehört, den interaktiven Prozess so zu gestalten, dass Klienten möglichst häufig echte Wirksamkeit beim logisch-konstruktiven Tun erleben – und diese Handlungen gleichzeitig den (mathematischen) Therapiezielen dienen.

Bemerkungen zum „Kluger-Hans-Phänomen“ und zur Fehlerkultur

Die meisten von Ihnen kennen die Geschichte vom klugen Hans – dem Pferd, das zu Beginn des 20. Jahrhunderts vermeintlich rechnen und zählen konnte. Es dauerte eine ganze Weile, bis man herausfand, dass das Pferd minimale Veränderungen der Körpersprache bei anwesenden Menschen wahrnahm. Kannten diese das richtige Ergebnis, änderten sich ihre Körpersignale, sobald die Anzahl von Hansens Hufklopfen das Ergebnis erreichte. Der kluge Hans versagte, wenn keiner der für ihn sichtbaren Anwesenden das Ergebnis kannte.

Kinder und Jugendliche mit Dyskalkulie haben ebenfalls in besonderer Weise gelernt, die Körpersprache und Mimik der Lernbegleiterinnen zu entziffern. Einmal beschwerte sich ein 18-jähriger Klient sogar in einer Sitzung: „Frau M., man sieht bei Ihnen gar nicht, ob man auf dem richtigen Weg ist!" Üblicherweise bemerken Lernende mit Dyskalkulie sofort, ob sich das pädagogische Gegenüber zufrieden entspannt oder aber einen Fehler nahen sieht. Die Reaktionen der begleitenden Pädagoginnen und Pädagogen sind natürlich, jedoch in der therapeutischen Situation nicht zielführend. Um sich als Therapeutin bzw. Therapeut nicht künstlich verstellen zu müssen, ist es nützlich, die eigene Erwartungshaltung an die therapeutische Interaktion zu überprüfen. „Aus Fehlern lernt man" ist zwar schnell gesagt, doch nicht so einfach. Man lernt nicht automatisch aus jedem Fehler und nicht jeder Fehler ist nützlich. Therapeutisch Tätige benötigen die Kompetenz, die Entstehung einer Handlung (die als Fehler angesehen wird) zu verstehen und dann durch geeignete Fragen Erkenntnisprozesse bei Klientinnen und Klienten in Gang zu bringen. Je besser das gelingt, umso einfacher lassen sich Fehler als potenziell nutzbringend in die eigene Bewertungshaltung integrieren. Dies trägt dazu bei, für Klientinnen einen authentischen Raum zum Experimentieren und Entdecken zu öffnen und ihr Vertrauen in den Prozess zu fördern.

In der therapeutischen und auch in der pädagogischen Arbeit gibt es bestimmte Fehler, die ich mir regelrecht wünsche, weil sie – gut aufbereitet – sehr erkenntnisfördernd wirken. Und dennoch gehört zu den Therapiezielen auch, dass unsere Klientinnen und Klienten und Lernende fähig werden, selbstständig richtige Ergebnisse produzieren zu können. Das kann zu widersprüchlichen Impulsen bei therapeutisch Tätigen führen. Deshalb sind Supervisionen, Intervisionen und die Analyse aufgezeichneter Therapiestunden nicht nur zu Beginn der therapeutischen Tätigkeit angebracht.

Verständnis üben?

Die meisten Mathematikerinnen und Mathematiker begreifen komplexe mathematische Zusammenhänge, ohne zu bemerken, wie viele Schichten und Verarbeitungsschritte sie gerade eben durchdrungen haben. Sie erblicken z. B. eine komplexe Gleichung und wissen sofort, welche Schritte sie in Angriff nehmen wollen. Gefragt „warum", weisen sie auf Schlüsselstellen hin, meist auf Merkmale der *äußersten* Verständnisschicht bzw. auf betroffene Regeln. Die Verarbeitung der darunterliegenden quantitativen Beziehungen und das Heranziehen passender auswendig gelernter Formeln sind automatisiert. Bei Menschen mit Dyskalkulie sind Formeln auswendig gelernt, jedoch die immanenten quantitativen Beziehungen sind durch mehrere Schichten hindurch nicht verstanden.

In der Therapie entdecken, erforschen, erfassen und modellieren sie quantitative Beziehungen und beschreiben diese verbal und in Symbolform. Das kann bedeutende „Aha-Erlebnisse" mit sich bringen, führt jedoch nicht selbstredend zur automatisierten Verarbeitung der verstandenen quantitativen Zusammenhänge. Das konkurrierende Verarbeitungsmodell des Rezepteverwendens ist schließlich über Jahre eingeübt. Gerade in der fortgeschrittenen Sekundarstufe benötigen wir aber mehrere tiefer liegende Verständnisschichten, die automatisch an Lösungen mitwirken. Das heißt, in einer Dyskalkulietherapie mit Menschen aus der Sekundarstufe+ stellt das Automatisieren von verstandenen Zusammenhängen eine besondere Herausforderung dar. Ständig ist man auf der Hut, um Problemstellungen zu schaffen, die den Fokus automatisch auf quantitative Beziehungen lockt und kein auswendig gelerntes Rezept abruft. Es ist ratsam, verstandene Zusammenhänge immer wieder aufzugreifen und weiter zu festigen. Zum Beispiel lohnt es sich, die Vorstellung von Punkt- und Strichoperation in komplexen Kombinationen immer wieder zu schärfen.

Kapitel 3.1 enthält Vorschläge für die Gestaltung solcher Problemstellungen. Das in Kapitel 2.1 dargelegte Zusammenwirken von bewussten und automatisierten Verarbeitungsprozessen mit und ohne Verständnis enthält ebenfalls für das Üben nützliche Hintergrundinformationen.

Therapieplan

Der Beginn des Therapieplans wird durch die im schichtweisen Aufbau (s. Kap. 2, Abb. 25) relativ zuunterst liegenden brüchigen Verständnisbausteine bestimmt, das Ende durch die Fernziele der Therapie. Für die Zwischenziele ist die logische Abfolge des Verständnisaufbaus verantwortlich und die persönliche Verfasstheit der Klientinnen und Klienten:

- Ist die Person sehr aktiv oder passiv? Entdeckungsfreudig oder eher gemütlich-konservativ?
- Geht die Person offensiv auf Probleme zu oder vermeidet sie die Konfrontation? Welcher Art und wie groß sind die aufgebauten Abwehrstrukturen?
- Wie groß ist die Ablenkbarkeit?
- Wie viel kognitive Neustrukturierung lässt die Lebenssituation zu – das heißt, wie viel zeitliche und/oder kräftemäßige Räume stehen zu Verfügung? – Das schließt die Frage ein, wie intensiv die Sitzungen nachgearbeitet werden.

- Für die *inhaltliche* Planung ist relevant, welche Bildungsziele angestrebt werden und welche mathematischen Probleme in Beruf und Alltag auftauchen. Gibt es Handlungsbereiche aus Schule, Beruf oder Alltag, die gezielt für die Übertragung und Festigung von Inhalten aus der Therapie herangezogen werden können?

Die Antworten können erst nach einigen Sitzungen gegeben werden. Sie beeinflussen Inhalte, Art und Geschwindigkeit, mit der gearbeitet werden kann. Eine vernünftige Planung kann deshalb erst nach einigen Sitzungen erfolgen und muss evtl. auch immer wieder angepasst werden. Für einen Jungen der 7. Klasse Realschule mit Dyskalkulie, mäßiger Selbstwertproblematik, pubertär überlagerten Abwehrstrukturen, ohne auffällige geometrische Vorstellungsmängel könnte ein Therapieplan so aussehen:

Abb. 14: Beispielhafter Therapieplan für einen Jungen der 7. Klasse Realschule

Verstandene mathematische Zusammenhänge werden bei Jugendlichen mit Dyskalkulie nicht von selbst automatisiert, weil die konkurrierende dysfunktionale Verarbeitungsweise schon über Jahre eingeprägt ist. Deshalb sind aufgebaute Verständnisinhalte immer wieder zu festigen, sodass unverstandenes mechanisches Bearbeiten nicht (wieder) in den Vordergrund tritt. Aus dem gleichen Grund müssen viele der wichtigsten, schon behandelten mathematischen Inhalte der Sekundarstufe noch einmal *mit Verständnis* erarbeitet werden. Das automatische Übertragen von Verständnis auf verwandte, schon behandelte Inhalte ist möglich, jedoch nicht zwangsläufig – z. B. können gut aufgebaute proportionale Vorstellungen dazu führen, dass bei zuvor formal bearbeiteten Strahlensätzen plötzlich Zusammenhänge erkannt werden. Die Therapiepläne fallen also individuell sehr unterschiedlich aus. Unterstützend wirkt, wenn regelmäßig eine Standortbestimmung zur Prüfung des Verständnisses vorgenommen wird. Die Leitfragen aus Kapitel 1.4 (letzter Abschnitt) können dafür angepasst und benutzt werden.

Umgang mit Abwehrstrukturen

In Kapitel 2 wurde deutlich, dass Abwehrstrukturen natürliche Begleiter einer Dyskalkulie sind – je älter die Kinder, Jugendlichen und Erwachsenen, umso massiver. Die Begegnung mit mathematischen Inhalten ruft dann eine Bandbreite an negativen Gefühlen und Vermeidungsreaktionen hervor.

Nach meiner Erfahrung wirkt ein klarer und raumgebender Umgang am konstruktivsten: Akzeptieren der auftretenden Gefühle, Beobachten ohne Abscheu und Angst und gemeinsam einen angemessenen Platz für störende bzw. bedrückende Emotionen finden. Auch Vermeidungsreaktionen oder Selbststigmatisierungen verlieren an Kraft, wenn sie ohne Urteil wahrgenommen werden können. Sie wurden ja nicht grundlos gebildet. Irgendwann kommen passende Momente, um behutsam Reaktionen einzuführen, die die negativen Muster ersetzen können – z. B. wenn neu erlebte Wirksamkeiten eine Vermeidung überflüssig machen und die negativen Selbstzuschreibungen nicht mehr stimmen (bzw. für den Klient offensichtlich wird, dass sie noch nie gestimmt haben). Diese Prozesse sind während des gesamten Therapieverlaufs zu pflegen.

Manchmal sind die Abwehrstrukturen so stark, dass eine Therapie sehr langsam voranschreitet. Dann sollte das Setting mit den Klientinnen und Klienten sowie den Eltern neu geklärt werden. Ebenso, wie ein verbesserter Zugang der Therapierenden zur Klientin möglich ist (Supervision). Zuweilen können eine Therapieunterbrechung oder ein Abbruch sinnvoll sein. Die folgende Fallgeschichte beschreibt ein längeres Ringen mit Abwehrstrukturen.

3.2.4 Dyskalkulietherapie mit inneren Widerständen – Rückblick einer Studentin

Luisa studierte bereits, als sie die Geschichte ihrer Begegnung bzw. ihrer Vermeidung der Begegnung mit Mathematik niederschrieb. Übrigens studiert sie ein naturwissenschaftliches Fach.

Praxisbeispiel

Mein Weg mit der Rechenschwäche

„Schon in der Grundschule äußerten sich die Probleme in Mathematik bei mir. In allen Fächern war ich gut und fleißig, nur in Mathe reichten die Noten nicht. In der zweiten Klasse kam es schließlich fast dazu, dass ich wiederholen musste, doch meine Eltern setzten sich sehr für mich ein und führten viele Gespräche mit meiner Mathelehrerin, die mich dann glücklicherweise versetzen lies. Ich selbst bekam erst später mit, dass ich die Klasse fast nicht geschafft hätte. Ich weiß aber, dass es mir sehr zu schaffen gemacht hätte, meine Freunde – mit denen ich teilweise bis heute noch befreundet bin – nur wegen eines Defizits in Mathe zu verlieren.

Auch in den nächsten Klassen hat sich meine Schwäche in Mathe nicht verbessert. Auch in der dritten und vierten Klasse zählte ich heimlich unter dem Tisch mit den Fingern, wenn ich Kopfrechnen musste. Fehler waren natürlich vorprogrammiert. Die Uhrzeit, Größenvorstellung von Zahlen, Mal- und Geteiltrechnen waren die größten Hindernisse für mich. Die Lehrer schenkten meiner Mutter kein Gehör, stattdessen wurde ihr geraten, mehr mit mir zu Hause zu lernen und zu üben. Regelmäßig flossen Tränen, während ich an meinem Schreibtisch saß … immer neben meiner Mutter natürlich. Die Hausaufgaben dauerten Stunden, obwohl es eigentlich nicht viel war, doch in meinen Augen immer ein riesiger Berg an Aufgaben, den ich eh nie schaffte. Das Einmaleins lernte ich spielerisch mit meiner Mutter auswendig und ich kann mich gut erinnern, dass ich stolz war, endlich mal etwas in Mathe sicher zu wissen.

Ich kann mich auch noch gut erinnern, dass wir im Matheunterricht des Öfteren alle aufstehen mussten und eine Reihe im Einmaleins aufsagen oder eine andere Aufgabe rechnen mussten und uns dann wieder hinsetzen durften. Da ich immer sehr lange brauchte, etwas im Kopf zu rechnen oder mich an die Zahlenreihen zu erinnern, war so etwas natürlich mein Albtraum ... vor allem vor der ganzen Klasse.

So ging die Grundschule zu Ende und ich hatte sogar eine Empfehlung fürs Gymnasium. Ich entschied mich ohne große Überlegungen… auch wegen Mathe… mit meinen Eltern zusammen für die Realschule.

Die Geschichte geht weiter mit ätzenden Brüchen, Gleichungen, Minuszahlen usw. Immer noch zählte ich unterm Tisch mit meinen Fingern und half mir irgendwie, indem ich Nebensitzerinnen fragte oder einfach abschrieb. Für Klassenarbeiten lernte ich die Lösungswege ‚einfach' auswendig und hielt mich so über Wasser, sodass die Noten im befriedigenden Bereich blieben. Hausaufgaben schrieb ich auch entweder ab oder brauchte stundenlang zu Hause, wodurch ich und meine Mutter des Öfteren aneinandergerieten. Mein Vater organisierte von Bekannten irgendwelche Skripte mit unzähligen Kopfrechenaufgaben, die ich dann über die Ferien machen sollte, denn meine Mutter meinte, dass ich auch in den Ferien ‚Hausaufgaben' machen müsse. Doch auch das brachte mir nichts außer Frustration.

In der siebten Klasse meldete sich meine Mutter zum ersten Mal bei Frau M. und schilderte mein Problem mit Mathe. Später erzählte sie mir, wie erleichtert sie nach dem folgenden Gespräch war, dass sie endlich von jemandem verstanden wurde. Ich musste also zu Frau M. gehen, um den Test zu machen. Als sich der Test bestätigte, war ich totunglücklich. Ich hatte keinen Bock, noch mehr Zeit für Mathe zu opfern, wollte mir nicht eingestehen, dass ich ein richtiges Problem mit Mathe habe und hatte auch keine Lust irgendwas an meinem Defizit zu verbessern. Widerwillig ging ich also doch zu den ersten Therapiestunden mit dem Gedanken nicht oft hin zu müssen. Ich erhoffte mir aus den Diskussionen mit meinen Eltern, dass ich nur wenige Monate hingehen musste.

Ich konnte mich nicht wirklich auf Frau Ms Ansätze einlassen, da diese zunächst für mich sehr weit vom Unterricht entfernt schienen. Ich stellte mir vor, einfach die Aufgaben aus dem Unterricht mit ihr zu besprechen, die Hausaufgaben gleich zu erledigen und den Lösungsweg gezeigt zu bekommen, sodass ich meine „Rezeptesammlung" erweitern konnte. So lief das leider nicht ganz und der Schulstoff ging auch weiter. Ich versuchte mich dann doch damit abzufinden und stellte mir vor, dass meine wöchentliche Reitstunde, die mir so gefiel, die Belohnung für Mathe in jeder Woche war. Das hört sich bestimmt komisch an, aber es beschreibt gut wie unmotiviert ich war.

Ende der Realschule hatte ich mich relativ gut mit der Rechenschwäche abgefunden und es waren auch schon Erfolge zu verzeichnen. Ich versuchte in diesem Zeitraum zum ersten Mal auch meine Mathelehrer mit der Rechenschwäche zu konfrontieren. Dabei stieß sich ausnahmslos auf Irritation und verwirrte Blicke. Die meisten Lehrer versuchten mein Defizit zu ignorieren, denn es gab ja auch genug andere schlechte Schüler in der Klasse. Manche kamen mir etwas entgegen und ich konnte ein bisschen mehr Zeit für die Klassenarbeiten bekommen, was mir sehr half.

Trotzdem ärgerte ich mich oft, da einige Mitschüler eine Leserechtschreibschwäche hatten und selbst in Klassenarbeiten immer einen Ausgleich bekamen, ich jedoch nicht in Mathe. Im Unterricht war ich mit näher rückender Abschlussprüfung immer motivierter. Trotzdem fiel es mir schwer, an Mathe dranzubleiben. Für mich war es so aufwendig, Mathe zu lernen und selbst, wenn ich mich dahinterklemmte, schrieb ich nie eine eins in der Klassenarbeit. In anderen Fächern klappte das wunderbar. Glücklicherweise konnte ich mich in Mathe immer auf einer drei oder vier halten (in der Realschulprüfung sogar eine 2,6), weshalb mir auch keiner glaubte eine Rechenschwäche zu haben. Für viele war es unverständlich, dass eine Rechenschwäche nicht direkt mit der Note 6,0 verbunden ist und dass ich inzwischen mehrere Jahre an meinem Matheverständnis gearbeitet habe.

Trotzdem meldete ich mich im Unterricht fast gar nicht, da ich immer Angst hatte, dass ich

etwas an der Tafel vorrechnen muss und mich dann alle auslachen. Meine Freundinnen in der Schule waren während des Unterrichts bestimmt öfter von mir genervt, da mir immer alles zu schnell ging und ich mich immer bei ihnen nochmals erkundigte. Hausaufgaben machte ich entweder gar nicht (je nach Lehrer), da ich immer andere Hausaufgaben vorher erledigte und dann zufälligerweise keine Zeit mehr für Mathe war, oder ich schrieb eben wieder von Mitschülern ab. Meine Eltern lernten zu dieser Zeit fast gar nicht mehr mit mir zu Hause. Die Abschlussprüfung lief für meine Verhältnisse ziemlich gut und ich entschied mich nach längerem Zögern und gutem Zureden von Frau M. für das dreijährige Gymnasium.
Ich ging nun offener mit der Rechenschwäche um, da ich keine Angst hatte, damit in irgendeiner Weise einen Nachteil zu haben. Die Reaktion meines Lehrers in der Oberstufe auch wieder ähnlich: ‚Ja okay und was soll ich da jetzt für Sie tun?' oder ‚Wenn ich Ihr Zeugnis anschaue, dann sind Sie ja gar nicht so schlecht und es gibt hier genug andere Schüler die schlechter sind als sie.' Auch über Mitschüler die meinten: ‚Ach ich hab bestimmt auch ne Rechenschwäche … hab auch nur fünf Punkte in der letzten Klassenarbeit' oder ‚Ach ich kann auch nicht Kopfrechnen' usw., beschwerte ich mich regelmäßig. Dazu kam noch, dass die Noten in der Oberstufe tatsächlich ein bisschen schlechter wurden. Vor Matheklassenarbeiten ging es mir meistens richtig schlecht. Oft war ich hin- und hergerissen, wie genau die beste Strategie ist den Stoff zu lernen. Ich versuchte, viele Übungen zu machen, doch war ich schnell demotiviert, wenn dann die letzte Aufgabe wieder nicht klappte. Besonders schlimm fand ich, die korrigierten Klassenarbeiten nochmals durchzugehen. Für mich zählte nur die Note selbst. Wenn sie schlecht war, wollte ich es lieber schnell vergessen. Ich entdeckte meine eigenen Fehler nie und selbst Ergebnisse, die extrem unlogisch waren, störten mich nicht.
Umso größer die Angst vor dem nahenden Abitur, dessen Hälfte auch noch ohne Taschenrechner zu bewältigen war. Kurz vor der Prüfung hatte ich kein schlechtes Gefühl, da ich viel gelernt hatte, doch ich hatte mir ein besseres Ergebnis erhofft. Natürlich ärgerte ich mich, als ich mein Zeugnis sah, nicht nur einmal, dass Mathe mir meinen Schnitt versaute, zumal ich noch nicht wusste, was ich studieren will.
Auch im Alltag habe ich natürlich so meine Tricks entwickelt, Mathe aus dem Weg zu gehen. Zum Glück besitzt mein Handy, das ich eigentlich immer dabeihabe, einen Taschenrechner … plötzlich war es ganz einfach mit der Parkuhr. Auch in der Schule oder Uni tippe ich bis heute noch jede Kleinigkeit in den Taschenrechner ein, da es noch peinlicher ist, wenn die Rechnung falsch wäre. Ich versuche auch, Situationen aus dem Weg zu gehen, in denen ich unter Zeitdruck rechnen muss, weil dann gar nichts mehr klappt.
Mittlerweile – in der Uni – versuche ich, Rechenwege nachzuvollziehen, Übungen, auch wenn's schwerfällt, gleich zu erledigen und Kommilitonen zu fragen.
Ich bin schlussendlich sehr froh, dass ich trotz der Rechenschwäche den Studiengang wählen konnte, den ich wollte und die Mathenote im Abiturzeugniss nur ein Schönheitsfehler ist. Ich bin meinen Eltern dankbar, dass sie mir die Therapie ermöglicht und mich unterstützt haben. Großes Dankeschön auch an Frau M., weil sie immer ein offenes Ohr für persönliche als auch

für Probleme in anderen Fächern hatte und es wahrscheinlich auch nicht immer einfach war, mich zum Matheüben zu bewegen. Besonders am Ende war es mir wichtig, dass mich jemand versteht, warum ich in Mathe langsam und verunsichert denke. Ich würde mir auf jeden Fall wünschen, dass Mathelehrer kooperativer wären und auch im Studium mit der Thematik Rechenschwäche konfrontiert werden, um sie früher zu erkennen. Dann könnte nämlich viel Frust erspart werden, denn in höheren Klassen wird der Schulstoff sowieso schwieriger. Es hätte mir auf jeden Fall geholfen, wenn meine Grundschullehrerin mein Defizit frühzeitig erkannt hätte."

Luisa kam etwa sechs Jahre zur Dyskalkulietherapie – mit einer halbjährigen, von der Therapeutin vorgeschlagenen Unterbrechung. Der therapeutische Prozess bedeutete immer wieder eine Gratwanderung zwischen dem konsequenten Erarbeiten der nötigen Verständniselemente und dem Aufrechterhalten der Motivation. Luisa wollte sich in Mathematik verbessern, aber sich doch so wenig wie möglich mit der schrecklichen Mathematik konfrontieren. Der Aufbau von Verständniselementen, die erkennbar mit dem aktuellen Schulstoff zusammenhingen, lag am ehesten innerhalb ihres Toleranzbereichs. Trotz der Schwierigkeiten hat Luisa ein Verständnis der meisten mathematischen Inhalte bis zum Abitur erarbeitet. Ihr Anteil an bewusstem Verarbeiten ist höher als bei Menschen ohne Dyskalkulie. Deshalb benötigt sie mehr Zeit als andere. Das gilt auch für das Kopfrechnen, das sie meist durch das Handy ersetzt. Gegen Ende der Realschulzeit konnte sich Luisa noch überhaupt nicht vorstellen, dass für sie ein Abitur infrage kommen könnte. In der Oberstufe schrieb sie in Mathematik zwischen 5 und 8 von 14 Punkten. In den anderen Fächer hatte sie stets mehr Punkte.

3.2.5 Zur Wirksamkeit der Therapie – Fallbeispiel einer erwachsenen Frau mit Dyskalkulie

An dieser Stelle möchte ich einige Faktoren eingrenzen, die nach meiner Erfahrung die Wirksamkeit einer Dyskalkulietherapie in den Sekundarstufen I+II+ erhöhen oder vermindern können.

- Aufseiten therapeutisch Tätiger: Sie benötigen die Fähigkeit, Betroffene kognitiv und emotional abzuholen, wo sie stehen, sodass sich ihre Verarbeitungsstrategien und ihre Befindlichkeit förderlich entwickeln können (s. Kap. 1 und vorangegangene Abschnitte in Kap. 3). Darüber hinaus ist eine umsichtige psychotherapeutische Begleitung wichtig. Grundlagen aus der Verhaltenstherapie, aber auch aus anderen Therapieformen gehören deshalb als wesentlicher Teil in die Ausbildung integrativer Lerntherapeutinnen und Lerntherapeuten.

- Aufseiten der Betroffenen beeinflussen verschiedene Faktoren in den Lebensumständen und der persönlichen Verfassung den Therapiefortschritt. Folgende Faktoren wirken therapieverlangsamend: eine Dyskalkulie, die sehr gravierend ist; zusätzliche räumliche Vorstellungsschwierigkeiten; Komorbiditäten wie LRS, ADHS oder andere Entwicklungshindernisse; fehlende Struktur im häuslichen Umfeld; Abwehrstrukturen gegenüber Mathematik; passive Lernhaltung; psychische Krisen; hoher Lerndruck; zeitgleich praktiziertes Auswendiglerntraining in Mathematik; Mangel an Nacharbeiten der therapeutischen Sitzungen.
- Unterstützend auf den Therapieverlauf wirken: Entdeckungsfreude und Neugier; die Bereitschaft, sich mit Problemen zu konfrontieren; aktives übertragungsfreudiges Lernverhalten; eine hohe Motivation; ein Ziel, das die Anwendung mathematischer Fähigkeiten beinhaltet; die Möglichkeit und Fähigkeit, therapeutische Sitzungen gründlich nachzuarbeiten; ein psychoemotional unterstützender Hintergrund. Als optimal hat sich erwiesen, wenn wenig Zeitdruck zusammenfällt mit einer Zielvorstellung (Beruf oder Schule) und der Motivation, Mathematik endlich begreifen zu wollen. Das wird z. B. beim Fallbeispiel „Markus" erkennbar. Der Raum für eine kognitive Umstrukturierung öffnet sich leichter, wenn kein paralleler Lerndruck vorhanden ist. Diese Spannung kann dann therapieverlangsamend wirken, wenn in Mathematik parallel unverstandene Schematismen geübt werden.

Das Alter spielt bei ansonsten guten Therapiebedingungen nicht die Rolle, die man erwarten würde – etwa dass zunehmendes Alter automatisch therapieverlangsamend wirke. Der Übergang vom Kindes- ins Jugendlichenalter bringt eine Zunahme an metakognitiven Fähigkeiten mit sich. Diese ermöglichen und beschleunigen zusammen mit der inneren Zielsetzung ein systematisches Ändern kognitiver Gewohnheiten. Etwa ein Zehntel der Jugendlichen mit Dyskalkulie, die ich begleitet habe, erzielten nach der Therapie sogar Leistungen im Bereich „gut" bis „sehr gut", etwa drei Viertel den Notenbereich bis „ausreichend" und alle bestanden den angestrebten Abschluss.

Die Verbesserungen zeigen, dass eine sehr weitgehende kognitive Umstrukturierung möglich ist, wenn eine Person dies wünscht und verfolgt sowie die Therapie und die persönliche Situation passen. Das persönliche Wunschziel ist meist so gefasst: so weit mit mathematischen Zusammenhängen umgehen zu können, dass mathematische Defizite der Verwirklichung beruflicher und persönlicher Lebensziele nicht im Weg stehen. Das gelingt in den allermeisten Fällen, wenn einigermaßen förderliche Therapiebedingungen gegeben sind. Dazu gehören übrigens auch finanzielle Ressourcen, weil

Dyskalkulietherapien (noch?) nicht von der Krankenkasse finanziert werden, nur beschränkt durch das Jugendamt und (noch?) nicht in die Beschulungssituation eingebaut sind.

Bei Erwachsenen dauerten die durchgeführten Therapien nicht automatisch länger als bei Kindern. Die nächste Entwicklungsgeschichte zeigt das beispielhaft: Eine erwachsene Frau beschreibt ihren Lebensweg, wie sie nach handfesten Einschränkungen durch die Dyskalkulie noch mit etwa 30 Jahren mathematische Kompetenzen mit großem Erfolg aufbaute. Diese Therapie war sogar deutlich kürzer als durchschnittliche Therapien von Grundschulkindern – sie dauerte nur ein Jahr. Allerdings muss berücksichtigt werden, dass fast alle erwachsenen Klienten eine ausgeprägte Bereitschaft mitbringen, sich aktiv mit ihren Verarbeitungsstrukturen auseinanderzusetzen.

Praxisbeispiel

Eine erwachsene Frau mit Dyskalkulie beschreibt ihren Weg

„Es muss in der 2. Klasse gewesen sein, als ich feststellte, dass meine Freundinnen den Stoff des Matheunterrichts begriffen hatten, ganz im Gegensatz zu mir. Dies wird wohl während der Zeit entstanden sein, in der ich die Hausaufgaben (klein gedruckt, enges Layout am unteren Ende des Arbeitsblattes) nach kurzer Zeit der Aufmerksamkeit nur noch verschwommen gesehen habe. Selbst einfache Aufgaben raubten mir ungeheuer viel Zeit und Energie. Heute weiß ich, dass es etwas gibt, das sich kindliche Weitsichtigkeit nennt. In der 2. Klasse wusste ich das noch nicht, zu der Zeit lag es mir näher mich dafür zu schämen. Das Empfinden von Scham erschien mir passend und richtig, die Ergebnisse meiner Aufgaben waren meistens falsch und ich war nicht imstande, die richtigen Lösungen herauszubekommen – jedenfalls nicht in derselben Geschwindigkeit wie andere Kinder. Erschwerend hinzu kam, dass die Erwachsenen meine Schwierigkeiten nicht hinterfragten. Sie nahmen wohl an, meine Unlust die Hausaufgaben zu erledigen, wäre normal und ich wahrscheinlich einfach etwas zu bequem.

Im Laufe der Zeit schienen die falschen Ergebnisse und die entsprechenden Noten die Erwachsenen in ihrem Bild von mir zu bestätigten. Meine Eltern reagierten unbeholfen auf meine schlechten Noten, wechselweise Anschreien oder Schweigen sollte mich in die richtige Spur bringen. Mein Vater (erfolgreicher Ingenieur) versuchte sich regelmäßig darin mir Nachhilfe zu geben. Bereits nach kurzer Zeit war er derart genervt von meinem Unverständnis, dass er vor Wut tobte. Ich lernte schnell, wie überlebenswichtig es ist, mich beim gemeinsamen Lernen voll und ganz auf seine Stimmung und Launen zu konzentrieren.

Von allen Seiten wurde mir belegt, dass an mir etwas genauso falsch war wie an den Lösungen meiner Aufgaben. Ich entzog mich dem Druck dieser Umstände und meiner Angst davor, die Erwartungen meiner Eltern zu enttäuschen, indem ich immer unkonzentrierter wurde. An einer aktiven Beteiligung am Unterricht konnte ich keinen Sinn erkennen. Insgesamt waren diese Umstände die perfekte Mischung für eine misslingende Schulkarriere.

Ich erinnere mich noch gut daran, wie meine Klasse gegen Ende der Grundschulzeit das benachbarte Gymnasium besuchte. Die Empfehlungen für die weiterführenden Schulen waren zu der Zeit bereits ausgegeben. Ungeachtet dessen, dass wir ja gar nicht alle aufs Gymnasium kommen sollten, nahm meine gesamte Klasse dort für eine Stunde am Deutschunterricht teil. Wozu dieser Ausflug dienen sollte, ist mir bis heute nicht klar. Da saßen wir also. Nacheinander rief die Lehrerin die einzelnen Schüler der Gymnasialklasse auf, die dann jeweils ihre Lösungen aufsagen durften. Während ich diese Szene in meiner Rolle als Zuschauerin auf mich wirken ließ, überkamen mich heftige Selbstzweifel. Ich fragte mich, ob die Gymi-Kinder mir wohl ansehen konnten, dass ich es nur zu einer Hauptschulempfehlung gebracht habe. Ich empfand mich als deplatziert und falsch gekleidet und meine Unsicherheit war mir schrecklich peinlich. Dabei habe ich im Stillen für mich alle Fragen der Lehrerin richtig beantwortet.
Nach den Ferien begann dann für mich die 5a der dörflichen Hauptschule. Die meisten landeten dort, weil sie offenkundig faul waren, in etwa so wie ich. Bei manchen genügten schlicht die Deutschkenntnisse nicht. Geeint waren wir fast alle aber in dem Schicksal, dass wir irgendwelche Probleme mit unseren Eltern hatten. Die einen kamen mit blauen Flecken zur Schule, den anderen wurde die Gewalt unsichtbar angetan. Ich denke, das genügt auch schon zur Beschreibung der Lernvoraussetzungen dieser Klasse.
Während der ersten Jahre saß ich praktisch nur physisch im Unterricht. Meine mangelnde Motivation wurde von den Lehrern und meinen Eltern nicht weiter thematisiert, der Druck ließ nach. Interesse an meiner Situation zeigte allerdings auch niemand. Ein kleiner Wandel stellte sich ein, als ich Englisch für mich entdeckte. Die Lehrerin brachte spielerische Methoden an, was mir Spaß machte, ganz im Gegensatz zum dem üblichen Frontaltrott. Außerdem schien ich in dem Fach irgendwas grundsätzlich richtig zu machen, meine Antworten waren passend, also antwortete ich öfter. In Deutsch schaffte ich es regelmäßig, die Lehrkräfte zu irritieren, indem ich mich punktuell am Unterricht beteiligte oder meine Hausaufgaben erledigte. Zu diesen Gelegenheiten konnte ich meine ungeahnten Stärken durchblicken lassen und meine Noten durch geringen Einsatz ein bisschen aufbessern.
In Mathe blieb alles beim Alten. Es fällt mir schwer zu beschreiben, was ich in diesen Stunden eigentlich gemacht habe. Zu bestimmt 95 % der Zeit habe ich mein Gehirn weiter im Abschalten trainiert. Die restliche Zeit habe ich hier und da versucht, den Erklärungen der Lehrer zu folgen, es nicht geschafft und mich aber nicht weiter an meinem Scheitern aufgehalten. Gelegentlich habe ich Anstrengungen unternommen, Zusammenhänge auswendig zu lernen, damit hatte ich immerhin mäßigen Erfolg. Ich hangelte mich so durch und war froh um jede Mathestunde, die vorbei war.
Schwierigkeiten machten mir später auch Chemie und Physik. Die Formeln erschienen mir kryptisch, Erklärungen waren mir zu flüchtig, nicht greifbar. Selbst in Geschichte stellte mir die Rechenschwäche regelmäßig ein Bein. Immer dann, wenn es darum ging, Jahreszahlen auswendig zu lernen oder wiederzugeben. Lange Zeit habe ich die Zahlen beim Lesen einfach ausgeblendet. Gegen Ende der 8. Klasse wurde uns verkündet, wer sich durch auffall-

lende Begabung während des laufenden Schuljahres für den 9+1 (Realschulzusatzunterricht) qualifiziert hat. Bis heute ärgere ich mich darüber, dass sie uns nie im Vorfeld von dieser Möglichkeit erzählt haben. Ich wäre absolut bereit gewesen, meine Lethargie dafür etwas zu bändigen. Dass ich es in diese Vorbereitungsklasse geschafft habe, verdanke ich wahrscheinlich allein meinem räumlichen Vorstellungsvermögen. Durch Geometrie konnte ich zu dieser Zeit meine Mathenoten übers Jahr immer wieder etwas nach oben korrigieren. Das ist allerdings nur eine Vermutung, Rückmeldung seitens der Lehrer habe ich nie bekommen.

In der 9. Klasse bekamen wir einen neuen Mathelehrer. Herr B. unterrichtete neben Mathe auch Kunst und Geschichte in meiner Klasse. Er war der erste Lehrer, der sich anders verhielt als die anderen, indem er sich bemühte, eine Beziehung zu uns aufzubauen. Zwar kam auch er nicht auf die Idee, meine mangelnden Fähigkeiten in Mathe näher unter die Lupe zu nehmen, dennoch hatte ich zum ersten Mal das Gefühl, als Mensch gesehen zu werden.

In der 9. gab es für mich wieder einen Druckanstieg. Mein Zeugnis sollte am Ende gut genug sein, um damit auf der Werkrealschule weitermachen zu können. Mein Vater hatte zu dieser Zeit schon eingesehen, dass das Lernen mit ihm für uns beide eine sinnlose Aktion ist. Er beauftragte seinen Arbeitskollegen Wolfgang mit der Nachhilfe. Wolfgangs Geduld war unendlich. Aber alles, was ich zuvor nicht verstanden habe, wurde mir durch diese Maßnahme auch nicht begreiflich.

Wenige Monate nach Beginn der 9. Klasse verwüstete ein heftiger Brand das Haus von Herrn B. Sein Büro brannte komplett aus, somit auch alle Noten seiner Schüler. Mit löschwasserdurchtränkter Tasche erschien er bald darauf wieder in der Schule. Einzeln mussten wir ans Lehrerpult vortreten und unsere Noten gemeinsam mit ihm rekonstruieren. Aus meiner 4 in Mathe wurde da eine 3, Herr B. zwinkerte mir zu und mein Weg in die Realschule war gesichert.

Weiter ging es also in der 10. Klasse. Die Schule war nun nicht mehr im Dorf, sie war in der Kleinstadt. Für mich war das alles groß und aufregend. Zuständig für den Matheunterricht war unser Klassenlehrer. Es fiel ihm schwer, seine Antipathie mir gegenüber zu verbergen. Wahrscheinlich waren ihm meine Haare zu bunt und eine genauere Betrachtung meiner familiären Umstände hätte ihn mit den Grenzen seiner pädagogischen Kompetenz konfrontiert. Zu seiner eigenen Sicherheit mied er also konsequent den Kontakt zu mir. Für schlechte Leistungen in Mathe entwarf er kleine Aufkleber, die er nach jeder Klassenarbeit an seine 3–4 ‚faulen' Schüler verteilte. Auf denen war ein Hammer abgebildet und der Spruch: ‚Do ghert neigfettet.' Was auf Hochdeutsch in etwa heißt: Denen sollte man es mal so richtig zeigen.

Das gesamte Jahr über war ich mir nicht sicher, ob ich den Realschulabschluss schaffe. Ich strengte mich in allen Fächern an, weil klar war, dass ich am Ende meine Note in Mathe durch die Noten der anderen Fächer ausgleichen muss. Seit Langem versuchte ich also mal wieder, den Matheunterricht zu begreifen. Es war zum Verzweifeln und ich bekam Angst. Es folgte die Anmeldung bei einem professionellen Nachhilfeanbieter. Ein weiteres Mal bemühte sich ein geduldiger älterer Herr darum, mir die Zusammenhänge verständlich zu machen und ich bemühte mich darum, ihm das Gefühl zu geben in seinem Bemühen erfolgreich zu sein. In Mathe brachte mich das alles jedoch keinen Schritt weiter. Mathe blieb ein schwarzes Loch für mich. Durch die Angst vor den Abschlussprüfungen entwickelte ich während dieser Zeit Mathealbträume. Über Jahre träumte ich in regelmäßigen Abständen den immer gleichen Traum, in dem ich im Klassenzimmer saß und realisierte, dass in absehbarer Zeit die Abschlussprüfung in Mathe ansteht. Plötzlich stellte ich fest, dass ich nichts weiß. Lernstoff der letzten Jahre, Prüfungsinhalte, Rechenwege etc. – alles weg, nichts da. Erschrocken und ängstlich machte ich mich jedes Mal auf die Suche nach meinem Lehrer, ich hoffte, dort Antworten und Hilfe zu bekommen. In dem Klassenraum, und auch an allen anderen Orten, an denen ich suchte, fand ich keine einzige Lehrkraft. Im Traum wurde aus meiner Angst Verzweiflung und nicht selten weckten mich diese Träume.

Mein letzter Traum dieser Art ist jetzt etwas über ein Jahr her. Ich erreichte einen durchwachsenen Realschulabschluss. Sämtliches Schulmaterial verbrannte ich in einem Lagerfeuer, nie wieder wollte ich mit Fächern in Kontakt kommen, die mich so hart spüren ließen, wie unfähig ich bin.

Heute stecke ich mitten in den Abschlussprüfungen zur Fachwirtin für Sozialwesen. Ein großer Teil meiner Ausbildung beinhaltet Wirtschaftsrechnen. Jedes Ausbildungsjahr haben wir eine Klassenarbeit geschrieben, in jeder Klassenarbeit war ich Klassenbeste. Für meine Mündlichen Prüfungen bin ich in jedem Fach mit einer 1 angemeldet.

Es gab für mich zwei prägnante Erkenntnisse zwischen meinem Realschulabschluss und heute. Die erste Erkenntnis war die, dass ich weder schuld noch schlecht bin. Zu dieser Einsicht gelang ich durch das Ergebnis des Rechenschwächetests, den ich vor einigen Jahren habe machen lassen. Diese eindeutige Diagnose war eine Riesentlastung für mich. Damit einher entwickelten sich aber völlig neue Gefühle, mit denen ich noch lerne umzugehen. Im Rückblick und mit diesem Wissen macht es mich fassungslos und wütend, dass meine Eltern nie an mich geglaubt haben und dass alle meine Lehrer derart ignorant ihren Dienst nach Vorschrift gemacht haben.

Den Vorwurf in Richtung meiner Eltern kann ich mittlerweile differenzieren, Eltern haben den Rahmen ihrer Möglichkeiten zur Verfügung, um gute Eltern zu sein. Lehrer allerdings, sollten doch Fachpersonen für Bildung sein. Sie haben studiert, erhalten Fortbildungen und haben die Möglichkeit, sich im Kollegenkreis auszutauschen. Zwar sehe ich, dass sie unter teilweise undankbaren Bedingungen arbeiten, das kann aber nicht der Grund dafür sein, Kindern, für deren Bildungsweg sie Verantwortung übernehmen, dringend benötigtes Engagement vorzuenthalten.

Zu meiner zweiten Erkenntnis gelang ich im Laufe meiner Lerntherapie. Sie ist so wertvoll wie einfach: Ich kann es. Mein Hirn ist einfach so imstande, diese Art von Denkleistung zu erbringen. Nach allem, was ich erlebt habe, war das die Erfahrung, die mich am nachhaltigsten gestärkt und bestätigt hat. Bestätigt deshalb, weil ein kleiner Teil in mir doch immer wieder an den Zuschreibungen von außen gezweifelt hat. In meiner Kindheit und Jugend hat mein Umfeld darin versagt, sich ein komplettes Bild von mir zu machen. Sie haben es nicht geschafft, meine Misserfolge im Kontext zu sehen und mir die Hilfe zu organisieren, die ich gebraucht hätte.

Das habe ich nun selbst getan. Ich habe an mich geglaubt und mir vertraut, diesen Schritt erfolgreich gehen zu können. Dabei habe ich die beste Hilfe bekommen, die ich hätte kriegen können. Dafür bin ich dankbar.
Ich hoffe, dass unsere Bildungsinstitutionen in nächster Zeit noch all das nachholen, was nötig ist, um wirklich allen Kindern den Zugang zu Bildung zu ermöglichen. Und ich wünsche jedem jungen Menschen, in diesem bewertenden Bildungssystem den Mut und die Kraft, Glauben an sich selbst zu entwickeln."

So weit die Erzählung der jungen Frau. In der therapeutischen Situation erlebte ich die junge Frau als beweglich und zielstrebig: sehr interessiert an neuen Erkenntnissen, gedanklich aktiv zugreifend und übertragend. Trotz ihres gefüllten Lebens schaffte sie es, die gewonnenen Erkenntnisse zu Hause zu vertiefen.

3.2.6 Zusammenfassung

Menschen mit Dyskalkulie verfügen spätestens ab der Sekundarstufe über manifeste Kompensationsstrategien zur Überbrückung des fehlenden mathematischen Verständnisses – damit existiert eine innere Konkurrenz zur verständnisgetragenen Verarbeitung. Zusätzlich erschweren Auswirkungen auf die psychische Verfassung die Auseinandersetzung mit mathematischen Inhalten. Da geht es z. B. um den Selbstwert, den Antrieb, Misserfolgserwartungen, Ängste, Frustrationen oder auch enorme Abwehr. Aus diesen Gründen unterscheidet sich der Verständnisaufbau bei Menschen mit Dyskalkulie erheblich vom Verständnisaufbau bei „Normalrechnern" – dennoch können verständnisorientierte Anregungen, wie sie im vorigen Kapitel dargelegt wurden, als Elemente in eine Dyskalkulietherapie verwendet werden.

Durch eine Förderdiagnose zu oder vor Therapiebeginn werden brüchige Verständniselemente innerhalb des schichtweisen Aufbaus mathematischen Verständnisses identifiziert (s. Kap. 2.5). Zusätzlich wird die bisherige Entwicklung und die aktuelle Befindlichkeit erhoben. Die Therapieziele werden auf schulische und berufliche Ziele sowie die kognitive Flexibilität abgestimmt und mit Eltern und Betroffenen besprochen. Ein Therapieplan beinhaltet aufzubauende Verständniselemente – dabei sind die innermathematische Logik und die psychische Verfassung umsichtig zu beachten.

Beim therapeutischen Vorgehen ist die Bildung von wirksamem Verständnis, das gemäß dem *Triple-Code-Modell* quantitative Repräsentationen beinhaltet, zentral. Dafür kommen insbesondere Methoden der kognitiven Verhaltenstherapie zur Anwendung.

Verzeichnis verwendeter Begriffe und Abkürzungen

Arbeitsgedächtnis: Im Arbeitsgedächtnis finden bewusste Verarbeitungsprozesse statt. Nach bisherigen Untersuchungen weist es eine begrenzte Kapazität auf, die jedoch indirekt wächst, wenn auf bereits gebildete Informationszusammenschlüsse (Cluster) zurückgegriffen werden kann. Es existieren unterschiedliche modellhafte Beschreibungen: das *Komponentenmodell* nach Baddeley, *Prozessorientierte Theorien* und das *Facettenmodell.*
Das *Arbeitsgedächtnismodell* nach Baddeley nimmt vier Komponenten für die bewusste Verarbeitung von Informationen an, die in ihrer Speicherkapazität begrenzt sind: Die *visuell-räumliche Notiztafel (visual scatchpad)* zur Verarbeitung visueller und räumlicher Informationen, zur Lösung visuell-räumlicher Probleme mittels mentaler Transformationsprozesse und für die räumliche Orientierung. Die *phonologische Schleife* zur Verarbeitung sprachlich vermittelter Informationen in Lautform. Die *zentrale Exekutive* zur Überwachung der Aufmerksamkeit und ein *episodischer Puffer* (s. a. *Cognitive Load Theory*).

Automatismen beim Rechnen: Verarbeitungshandlungen, die nicht bewusst ablaufen müssen, weil die beteiligten Handlungen bereits vertieft erlernt sind (Entlastung für das Arbeitsgedächtnis). Automatismen beim Rechnen können Handlungen mit Verständnis oder auch rein mechanische Handlungen beinhalten. Der Begriff sagt nichts über den Grad des Verständnisses aus.

AWMF: Arbeitsgemeinschaft der wissenschaftlichen medizinischen Fachgesellschaften e. V. Die Fachgesellschaft DGKJP ist Mitglied in der Arbeitsgemeinschaft.

Cognitive Load Theory (nach Sweller 2005a): Zentral wird die Existenz eines Langzeitgedächtnisses und eines Arbeitsgedächtnisses angenommen und deren Wechselspiel beschrieben, z. B. die Ausbildung und Speicherung von automatisierten Schemata. Erlernen wird als Veränderung des Langzeitgedächtnisses betrachtet. Die im Arbeitsgedächtnis vorhandenen Informationen sind im Gegensatz zum Langzeitgedächtnis bewusst.

DGKJP: Deutsche Gesellschaft für Kinder- und Jugendpsychiatrie, Psychosomatik und Psychotherapie. Die DGKJP verfasste unter Mitwirkung verschiedener Verbände und Expertinnen die S3-Leitlinie zur Diagnostik und Behandlung von Rechenstörungen.

DIMDI: Deutsches Institut für Medizinische Dokumentation und Information (Geschäftsbereich des Bundesministeriums für Gesundheit). Auf der Webseite kann der ICD 10 (Internationale Klassifikation von Krankheiten) heruntergeladen werden.

DSM V: Diagnostischer und statistischer Leitfaden psychischer Störungen. Psychiatrisches Klassifikationssystem der USA. Herausgegeben von der amerikanischen psychiatrischen Gesellschaft.

Förderdiagnose: Eine Mischung aus qualitativen und quantitativen Erhebungen, die dazu dienen, die Verarbeitungsstruktur offenzulegen. Abhängig von Antworten auf Fragen folgen systematisch tiefergehende Fragen (abgestimmt auf individuelle Gegebenheiten wie Alter, Intelligenz). Meist als Grundlage für eine spezielle Förderung (Therapie) bei Dyskalkulie.

Formaler Blickwinkel: Hier erfolgt ein überwiegendes Beachten von Symbolen, symbolkodierten Lösungsabläufen und Regeln.

ICD 10/ICD 11: Internationale statistische Klassifikation der Krankheiten und verwandter Gesundheitsprobleme. Herausgegeben von der WHO (Welt-Gesundheits-Organisation).

Kopfrechnen, funktionales: Verknüpft mit operationalen Größenvorstellungen, sodass nicht gespeicherte Ergebnisse einfach „gebaut" werden können.

Mathematisches Gefühl: Automatisiertes mathematisches Verständnis von Größen und deren Beziehungen. Ereignet sich beim Hören oder Lesen von Texten oder Rechnungen automatisch. Repräsentation von mathematischen Größenzusammenhängen, die im gedanklichen Hintergrund mitlaufen.

Mechanisches Rechnen: Hier erfolgt das Abarbeiten von vorgegebenen Rezepten, meist ohne Beteiligung von mathematischem Verständnis.

Operationsvorstellung: Verständnisgetragene Repräsentationen zu Rechnungen bzw. Zusammenhängen.

Plausibilitätskontrolle: Ob eine Gleichung oder ein Term zu einer Textaufgabe passt, kann durch Strahlskizzen geprüft werden. Wenn Term und Geschichte entlang der Strahlskizze erzählt/erklärt werden können, ist Plausibilität gegeben. Bei komplexen Termen nicht durchführbar.

Punkt-Strich-Unklarheit: Wenn die Operationsvorstellungen der Punkt- bzw. der Strichrechnung nicht eindeutig und trennscharf gefestigt sind, kommt es beim Umformen von Termen zu Fehlern durch einen verschwommenen Umgang mit den verschiedenen Operationen.

Räumlich-analoger Zahlenstrahl: Innere analoge Repräsentation von Zahlgrößen in Form von Längen und Längenvergleichen, die einem Zahlenstrahl ähneln. Der Begriff wurde von Dehaene für die semantische Repräsentation von Zahlen im *Semantischen Modul* des *Triple-Code-Modells* verwendet.

Rezeptstrategie: Eine Verarbeitungsstrategie, die vorwiegend auf dem Abspulen von (auswendig gelernten) Rezepten basiert.

Richtungsvorstellung: Wahrnehmung und Unterscheidung der Richtung im Raum bzw. der Denkrichtung (visual scatchpad).

Selbstverständliches mathematisches Verständnis: Wird hier im Buch zur Beschreibung automatisierter Verarbeitungsprozesse verwendet, die verständnisbasiert sind.

Semantischer Blickwinkel: Beachten der Bedeutungen, hier quantitativer Zusammenhänge und deren Abstraktionen.

Semantisches Modul: Enthält größenadäquate Repräsentationen in linearer Form (räumlich-analoger Zahlenstrahl). Siehe *TPM* von Dehaene.

Sprachliches Modul: Enthält sprachliche und schriftsprachliche Codierungen. Eins der drei Module des *Triple-Code-Modells* von Dehaene.

TCM: *Triple-Code-Model* nach Stanislas Dehaene (s. Kap 1.1).

Untergeordnete mathematische Handlungen: zuarbeitende Rechenhandlungen, die nötig sind, um komplexere Inhalte rechnen zu können.

Visual scatchpad: Im Arbeitsgedächtnismodell von Baddeley der Anteil, in dem Strukturen und räumliche Zusammenhänge verarbeitet werden.

Zeichenmodul: entspricht dem *visuell-arabischen Modul* des *Triple-Code-Modells*. Der Ausdruck *Zeichenmodul* betont, dass allgemeine mathematische Zeichen dargestellt werden und nicht nur arabische Ziffern. Enthält symbolische Codierungen.

Literaturverzeichnis

v. Aster, M.; Kucian, K. & Martin, E. (2006): Gehirnentwicklung und Dyskalkulie. In: Sprache, Stimme und Gehör 30, S. 1–6.

v. Aster, M. & Lorenz, J. H. (Hrsg.) (2013): Rechenstörungen bei Kindern. Göttingen. (Kapitel 1)

Blöchle, J. (2018): Substantiating and specifying the neurocognitive architecture of numerical cognition: Bridging the gap between domain specific and domain general cognitive processes. http://dx.doi.org/10.15496/publikation-25846 (Zugriff 6.6.2020).

Benz, C.; Peter-Koop, A. & Grüßing, M. (2015): Frühe mathematische Bildung. Berlin.

Cederbaum, C. (2008): Wie man einen Schokoladendieb entlarvt. Freiburg.

Cederbaum, C. & Fetzer, A. (2019): Ganita – Lernspiel für den Mathematikunterricht. https://imaginary.org/de/hands-on/ganita (Zugriff 6.6.2020).

Dehaene, S. (1992): Varieties of Numerical Abilities. In: Cognition 1992, 44, S. 1–42.

Dehaene, S. (1999): Der Zahlensinn und warum wir rechnen können. Kapitel 7. Basel.

Deutsche Gesellschaft für Kinder- und Jugendpsychiatrie, Psychosomatik und Psychotherapie eV (DGKJP) (Federführende Gesellschaft) (20): S3-Leitlinie: Diagnostik und Behandlung der Rechenstörung.

Enzensberger, H. M. (1997): Der Zahlenteufel. München.

Fritz, A. & Ricken, G. (2008): Rechenschwäche. München.

Fritz, A. & Schmidt, S. (Hrsg.) (2009): Fördernder Mathematikunterricht in der Sek. I. Weinheim.

Gaidoschick, M. (2015): Rechenschwäche verstehen – Kinder gezielt fördern. Hamburg.

Grond, U.; Schweiter, M. & v. Aster, M: Neuropsychologie und numerische Repräsentationen. In: v. Aster, M. & Lorenz, J. H. (Hrsg.): Rechenstörungen bei Kindern (2013). Göttingen. (Kapitel 1).

Hartmann, J.; Ehlert, A. & Fritz, A. (2019): Welche Rolle spielen sprachliche Parameter für die Entwicklung integrierter verbal-numerischer Konzepte im vierten Lebensjahr? In: Frühe Bildung (2019), 8 (1), S. 44–52.

Jacobs, C. & Petermann, F. (2012): Diagnostik von Rechenstörungen. Göttingen.

Käter, C. (2017): Die Förderung mathematischer Basiskompetenzen zu Beginn der Sekundarstufe I. Dissertation an der Universität Oldenburg. Die Doktorarbeit ist im Internet frei zugänglich.

Krajewski, K.; Grüßing, M. & Peter-Kopp, A. (2009): Die Entwicklung mathematischer Kompetenzen bis zum Beginn der Grundschulzeit. In: Heinze, A. & Grüßing, M. (Hrsg.): Mathematiklernen vom Kindergarten bis zum Studium. Kontinuität und Kohärenz als Herausforderung für den Mathematikunterricht (S. 17–34). Waxmann.

Kromer, G. (1996): Schwierigkeiten von Schülern mit Algebra. Dissertation an der Pädagogischen Hochschule Freiburg. (beziehbar z. B. über die Universitätsbibliothek Tübingen)

Landerl, K. & Kaufmann, L. (2013): Dyskalkulie. München.

Lebéus, A. (2001): Kinderbilder und was sie uns sagen. Weinheim.

Marwege, G. (2013): Legasthenie und Dyskalkulie in der Schule. Eine verfassungsrechtliche Untersuchung unter besonderer Berücksichtigung der UN-Behindertenrechtskonventionen. Universitätsdruck des Universitätsverlags Göttingen.

Meyer, M. L.; Salimpoor, V. N.; Wu, S. S.; Geary, D. C. & Menon, C. (2010): Differential Contribution of specific working memory components to mathematics achievement in 2nd and 3rd graders. In: Learning and Individual Differences 20, S. 101–109.

Moll, K.; Kunze, S.; Neuhoff, N.; Bruder, J. & Schule-Körne, G. (2014): Specific Learning Disorder: Prevalence and Gender Differences. In Open Access PLOS ONE July 2014, Volume 9, Issue 7 [www.plosone.org].

Müller, A. (2013): Entwicklung logisch-mathematischen Denkens. In: MNU 66/5, S. 260–264.

Mueller, A. & Moeller, K. (2017): Dyskalkulie bei Erwachsenen in drei Fallbeschreibungen. In: Lernen und Lernstörungen 2017, 6 (1), S. 1–6.

Nydegger-Haas, A. (2018): Algebraisieren von Sachsituationen. Wechselwirkungen zwischen relationaler und operationaler Denk- und Sichtweise. Wiesbaden.

Pikas (Projekt) im Deutschen Zentrum für Lehrerbildung Mathematik. https://pikas.dzlm.de/ (Zugriff 6.6.2020).

Richter, H.-G.: Die Kinderzeichnung. Berlin 1995.

S3-Leitlinie (2018): Deutsche Gesellschaft für Kinder- und Jugendpsychiatrie, Psychosomatik und Psychotherapie eV (DGKJP) (Federführende Gesellschaft): S3-Leitlinie: Diagnostik und Behandlung der Rechenstörung. (Für Hintergrundinformationen – Testkriterien, Literaturliste usw. – zur S3-Leitlinie: https://www.awmf.org/leitlinien/detail/ll/028-046.html, Zugriff 6.6.2020)

Schnittpunkt 8 (2007). Mathematik für Realschulen Baden-Württemberg. Stuttgart.

Spiegel, H. & Selter, C. (2015): Kinder & Mathematik. Was Erwachsene wissen sollten (Reihe Wie Kinder lernen). Seelze.

Süddeutsche Zeitung (2016): Artikel „Probleme mit X und Y": https://www.sueddeutsche.de/bildung/schule-us-professor-will-algebra-vom-lehrplan-streichen-1.2928279-2 (Zugriff 6.6.2020).

Steinhausen, H.-C. (2018): Psychische Störungen bei Kindern und Jugendlichen: Lehrbuch der Kinder- und Jugendpsychiatrie. Amsterdam.

Unterhausen, E. & Gasteiger, H. (2018): Verständnis des geometrischen Begriffs Viereck bei Kindern zwischen vier und sechs Jahren. In: Frühe Bildung 7 (3), S. 152–158.

Vogel, M. (2019): Mathematik treiben, nicht treiben lassen. Wirksamer Mathematikunterricht fö(o)rdert die produktive Auseinandersetzung mit Mathematik. In: Lehren und Lernen 2019 Nr 4; S. 9–12.

Wynn, K. (1992): Addition and subtraction by human infants. In: Nature 358, S. 749–750.

Downloadverzeichnis

- Beachtenswerte Fragen bei der mathematischen Frühförderung
- Checkliste für die Verständnisbildung in der Grundschule
- Checkliste für die mathematische Verständnisbildung für den Übergang von der Unter- zur Mittelstufe
- Beispielfragen, um das mathematische Verständnis zu Beginn der Oberstufe zu prüfen
- Strukturierung lernprozessorientierter Fragen

Unter **www.friedrich-verlag.de** finden Sie Materialien zum Buch als Download.
Bitte geben Sie den achtstelligen Download-Code in das Suchfeld ein.

DOWNLOAD-CODE: **d31424md**

Hinweis:

Das Download-Material enthält Checklisten und Tabellenvorlagen. Auf dieses Material wurde im vorliegenden Buch verwiesen.

Als Käuferin oder Käufer des Buches (ISBN 978-3-7727-1424-5) sind Sie zum Download dieser Datei berechtigt. Weder die gesamte Datei noch einzelne Teile daraus dürfen ohne Einwilligung des Verlages an Dritte weitergegeben oder in ein Netzwerk gestellt werden. Dies gilt auch für Intranets von Schulen und sonstigen Bildungseinrichtungen.

Der Verlag behält sich vor, gegen urheberrechtliche Verstöße vorzugehen.

Haben Sie Fragen zum Download? Dann wenden Sie sich bitte an den Leserservice der Friedrich Verlags GmbH. Schreiben Sie uns oder rufen Sie uns an!

Sie erreichen unseren Leserservice
Montag bis Donnerstag von 8–18 Uhr
Freitag von 8–14 Uhr
Tel.: 0511/40004-150
Fax: 0511/40004-170
E-Mail: *leserservice@friedrich-verlag.de*

Wir freuen uns über Ihre Rückmeldung und helfen Ihnen gern weiter!